JN495785

COMMUNITY NUTRITION

NEXT 지역사회영양학

COMMUNITY NUTRITION

NEXT 지역사회영양학

박수진 · 심유진 · 김미현 · 김현주 · 백진경

수학사

머리말

현대 사회의 급격한 변화 속에서 지역사회의 건강을 유지하고 증진시키는 일은 그 어느 때보다 중요합니다. 2018년 초판이 출간된 『실천하는 지역사회영양학』은 이러한 목표를 달성하기 위한 중요한 지침서로서 많은 이들의 사랑을 받아왔습니다. 그러나 이후, 전 세계는 COVID-19 팬데믹을 겪었고, 인공지능융합기술(AIoT)을 적극적으로 활용하는 디지털 헬스케어 시대를 맞이하게 되었습니다. 이에 지역사회영양학의 역할을 재정립하고 보다 적극적인 지역사회 영양중재의 필요성이 더욱 커졌습니다.

이번에 새로 출간하는 『NEXT 지역사회영양학』은 이러한 시대적 변화를 맞아 최신 연구 결과와 변화하는 사회적 요구에 부응하기 위해 내용을 대폭 보완하고 최신화하였습니다. NEXT는 'Nutritional Excellence and Transformative Strategies'의 약자로, 뛰어난 영양학적 성취와 혁신적인 전략을 통해 지역사회의 건강을 증진시키는 데 중점을 두고 있습니다. 다시 말해, 최신 연구 결과와 데이터를 바탕으로 한 영양학적 우수성(Nutritional Excellence)을 바탕으로 현대적인 영양 문제를 해결하기 위한 혁신적이고, 실질적인 전략(Transformative Strategies)을 제시하고자 노력하였습니다.

본문은 총 3부로 구성하였습니다. 제1부는 지역사회영양학의 개요와 우리나라 영양사업의 발달 과정을 소개하고, 그 근간이 되는 영양 정책과 행정 및 영양역학의 실제를 설명하였습니다. 제2부는 지역사회 영양중재 프로그램 개발을 위한 이론과 모델을 설명하고, 프로그램의 설계 과정과 실행 및 평가의 전 과정을 상세히 다루었습니다. 제3부는 대상별 지역사회 영양중재 사례를 중심으로 현실적인 영양중재 활동을 소개하는 한편, 글로벌 영양문제와 다양한 중재 프로그램을 통해 미래 지역사회영양활동 개발에 토대가 될 수 있도록 하였습니다.

특히 주안점을 둔 부분은 다음과 같습니다. 첫째, 최신 통계와 연구 결과를 반영하여 보다 정확하고 신뢰성 있는 정보를 제공하고자 하였습니다. 둘째, 다양한 사례 연구와 실천적 접근법을 통해 이론이 실제 현장에서 어떻게 적용될 수 있는지를 구체적으로 제시하였습니다. 셋째, 지속 가능한 발전과 환경문제를 고려한 영양학적 접근을 추가하여 현대 사회의 요구에 부응하고자 하였습니다. 또한 새로운 영양 정책과 프로그램, 현대적인 영양문제 해결 방안 등을 포함하여 보다 실질적이고 현장에 적용할 수 있는 정보를 제공하고자 하였습니다. 생애주기별 영양중재, 건강증진 프로그램, 지역사회영양사업의 발전 등 다양한 주제 또한 균형 있게 다루어 지역사회영양학의 이론과 실제를 충실히 반영하였습니다.

이 책은 지역사회영양학을 공부하는 학생들뿐만 아니라 현장에서 활동하는 영양사나 보건 전문가, 지역사회 활동가들에게 유용한 참고서가 될 것입니다. 앞으로 이 책이 지역사회 구성원들이 지역사회영양학의 중요성을 인식하고, 건강한 식생활을 실천하여 삶의 질을 개선하는 데 유용한 바탕이 되기를 기대합니다.

끝으로 이 책을 출간하기까지 많은 관심과 도움을 주신 동료 연구자들과 학생들, 그리고 수학사 관계자 여러분께 깊은 감사의 말씀을 드립니다.

2024년 8월

대표 저자

차례

제1부 지역사회영양학과 영양사업

제2부 지역사회 영양중재 프로그램 개발

제3부 대상별 지역사회 영양중재의 실제

제1부

지역사회영양학과 영양사업

01

지역사회영양학의 개요

1. 지역사회영양학의 개념

1) 지역사회와 지역사회영양학의 정의

지역사회(community)란 일정한 지리적 영역에 거주하며, 집합적 동질성을 가진 구성원들이 소속감을 가지고, 공동의 이익과 목적을 성취해 나가는 사회적 단위를 뜻한다. 여러 가지 유형의 지역사회가 존재할 수 있는데, 예를 들면 이웃 공동체나 시, 도, 심지어 지구 전체와 같이 '장소'를 기반으로 하는 지역사회가 있고, 최근에는 온라인에서 공동체가 형성되기도 한다. 동일한 문화나 민족성을 공유하는 집단이나 장애를 가진 집단과 같이 '정체성·동질성'을 기반으로 하는 지역사회, 그리고 '관심과 이익'을 기반으로 하는 지역사회, 예를 들면 체중 조절에 관심 있는 비만인 모임 또는 자녀의 키 성장에 관심이 있는 학부모 모임 등 크고 작은 다양한 규모의 지역사회도 있다. 이와 같이 지역사회는 사람, 장소, 사회적 교류 그리고 공유하는 가치 등 4가지 요소로 이루어진다.

Tip 지역사회(community)

지역사회(community)의 어원은 라틴어 'communitas(공유하다)'이며, 사전적 정의는 지리적·행정적 분할이나, 또는 인간관계에 의해 나누어진 일정 지역의 조직체를 뜻한다. '커뮤니티' 또는 '공동체'와 동의어이다.

개인의 건강 수준은 나이, 성별, 생활 습관 등과 같이 개인적 요인들에 의해 결정될 수 있지만 더 나아가 지역이라는 공간 내에서 공유되는 사회·경제 요인, 문화요인, 환경요인 등도 개인의 건강 수준을 결정할 수 있다(그림 1-1). 국내외 연구에 따르면, 주거 지역의 소득수준과 지역 내 다양한 자원의 유무는 개인의 교육이나 경제 수준에 상관없이 지역주민의 건강 지표에 영향을 미친다. 따라서 지역주민의 건강증진을 도모하기 위해서는 미시적 차원부터 거시적 차원까지 다양한 배경요인들을 종합적으로 고려하는 접근이 필요하다.

McLeroy 등(1988)은 사회생태모델(social ecological model, SEM)을 통하여 건강에 영향을 미치는 요인을 5가지 수준으로 구분하였다(그림 1-2). 즉 개인의 지식, 태도, 기술, 행동은 개인(individual) 수준의 건강 영향 요인이지만 이는 가족이나 친구, 사회적 네트워크와 같은 대인 간(interpersonal) 관계 요인으로 확장될 수 있다. 나아가 조직(organizational)이나 지역사회(community), 그리고 국가의 공공정책(policy) 수준으로 구분할 수 있다. 따

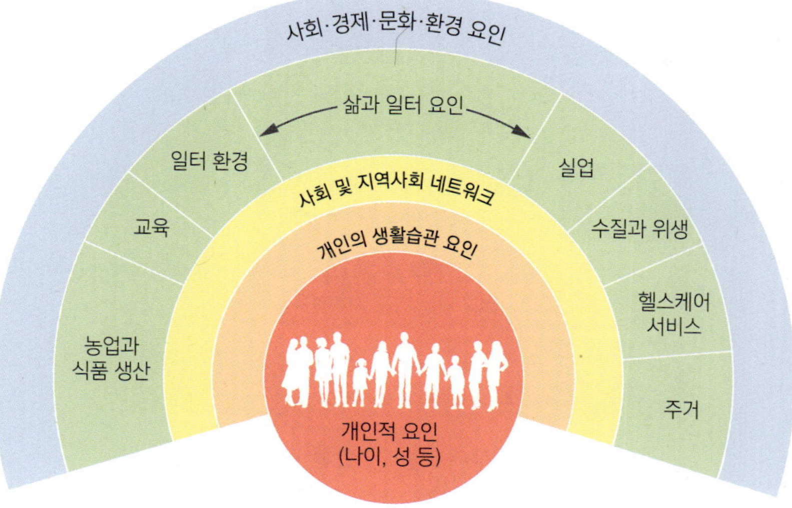

그림 1-1 건강의 사회적 결정 요인

자료 : https://www.gov.uk/government/publications/health-profile-for-england/chapter-6-social-determinants-of-health

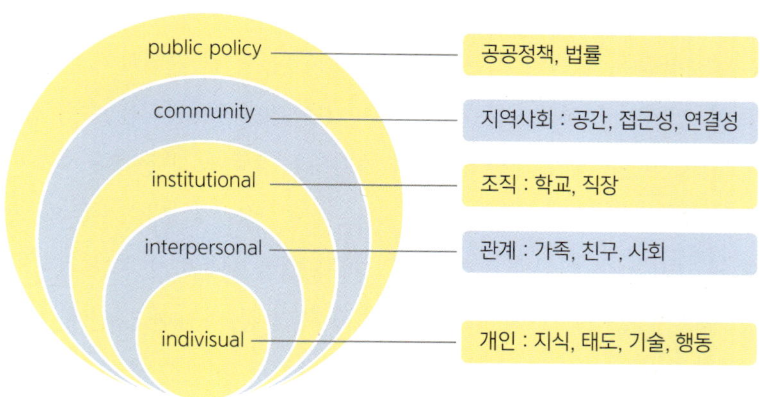

그림 1-2 건강의 사회생태모델

라서 사회생태학적 관점에서 건강증진은 개인의 책임만이 아니라 사회적 지지, 조직적 접근, 정책적 책임을 포괄하는 지역사회 차원의 중재 전략을 제시할 수 있다(그림 1-3).

지역사회영양학(community nutrition)은 지역사회 구성원들의 영양 상태 개선과 건강 유지 및 증진을 목표로 하는 학문이다. 지역사회 구성원의 안전하고 적절하며 건강한 식생활을 위한 식품과 영양에 대한 지식, 태도, 행동 및 건강 상태에 영향을 미치는 영양중재

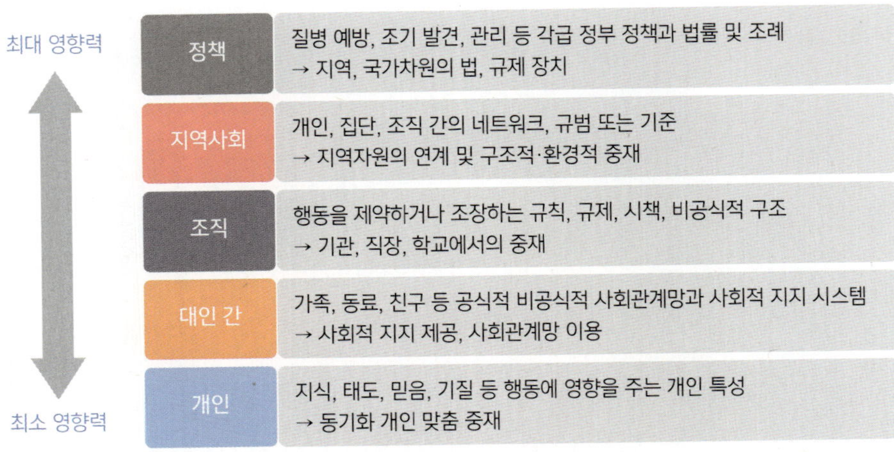

그림 1-3 사회생태모델에 기반한 건강증진 중재 전략

활동을 모두 포함한다. 예를 들면 개인은 물론 집단을 대상으로 하는 영양교육, 영양과 건강증진 프로그램, 급식 프로그램, 각종 식생활 관련 질환 예방 프로그램, 지역사회 영양 정책의 분석·개발·지원 활동 등이 지역사회 영양활동인 것이다.

지역사회 영양활동은 다음과 같은 순서로 진행된다. 우선 지역사회의 영양 요구와 문제를 진단하며, 선별된 영양문제를 개선할 수 있는 영양중재계획을 수립하고, 영양중재활동을 실행하며, 영양문제가 개선되었는지 평가하는 일련의 과정이다. 따라서 지역사회 영양활동가는 대상자들의 교육 수준, 경제 수준, 질병 상태 및 건강 수준과 영양 요구 등 다양한 측면을 고려할 수 있어야 하며, 또한 영양문제를 개선하기 위한 과학적 근거와 이론적 배경은 물론 실질적인 수행 방법과 기술적 측면 등 다양한 도전에 직면한다. 예를 들면 장애를 가진 어린이, 식품 알레르기가 있는 중학생, 비만한 중년 남성, 특별한 식품을 섭취해야 하는 종교인, 한국어가 서툰 결혼이민자, 혼자 사는 고령자 등 생애주기 전체의 다양한 영양과 건강문제를 가진 사람들이 지역사회 영양활동의 대상자가 될 수 있기 때문이다.

지역사회영양학은 영양학, 영양판정, 생애주기영양학, 임상영양학, 식사요법, 영양교육과 상담 등 식품영양학적 지식은 물론 역학, 보건통계, 보건교육 등 보건학 분야와 인간 행동과학에 대한 이해를 돕기 위한 사회학, 심리학, 교육학 등의 사회과학적 지식이 필요한 다학제적 학문이며 동시에 사고력과 행동하는 리더십이 요구되는 분야라고 할 수 있다(그림 1-4).

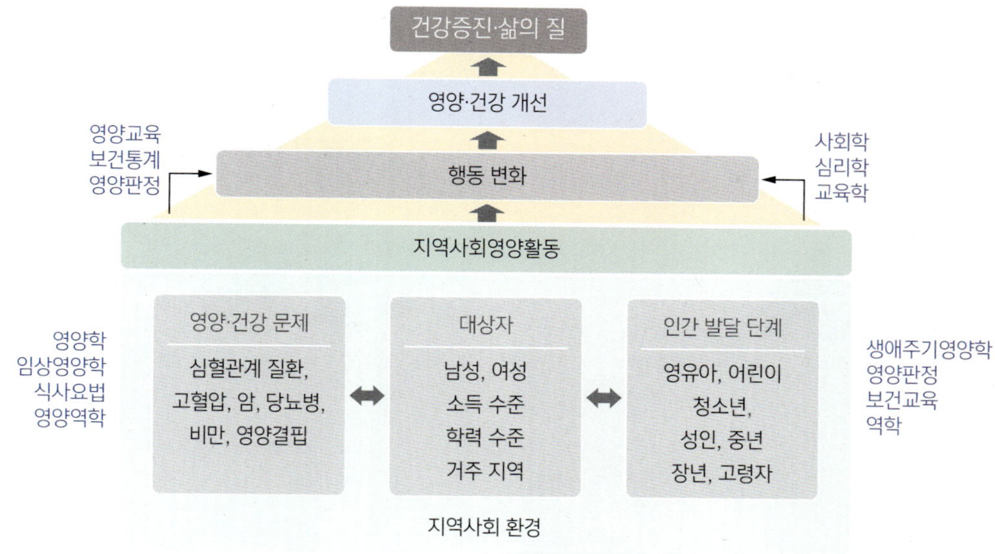

그림 1-4 지역사회영양학의 개념 모델

2. 지역사회영양학의 의미와 중요성

지역사회를 구성하는 인구구조와 사회·경제 환경 및 보건의료 환경 등은 끊임없이 변하고 있다. 저출생, 고령인구 증가, 1인 가구 증가, 만성질환 증가, 비만 및 저체중 인구의 증가와 공존, 거주 지역과 소득수준의 격차, 편의성을 추구하는 식문화, 외식과 단체급식의 증가, 간편식과 초가공 식품산업의 발달 등은 지난 수십 년간 우리 사회에 나타난 주요 변화이다. 최근에는 환경오염과 기후변화 문제도 지역사회에 심각한 영향을 미치고 있다. 특히 우리나라는 인구고령화 속도가 전 세계에서 가장 빠르게 진행되고 있어, 2050년에는 초고령 사회(65세 이상 인구가 전체 인구의 20% 이상)가 될 것으로 전망되고 있다(그림 1-5). 그러나 기대수명 증가에 비해 건강수명은 상대적으로 크게 증가하지 않고 있는 실정이다(그림 1-6).

이러한 변화들은 지역사회영양학의 중요성을 더욱 부각시킨다. 지역사회영양학은 지역사회의 다양한 환경요인을 고려하여 주민들의 건강과 영양 상태를 개선하고, 건강한 삶을 유지할 수 있도록 돕는 학문이다. 이를 통해 지역사회의 건강증진과 질병 예방에 기여하며, 궁극적으로는 국민들의 건강과 삶의 질을 향상시키는 데 중요한 역할을 한다.

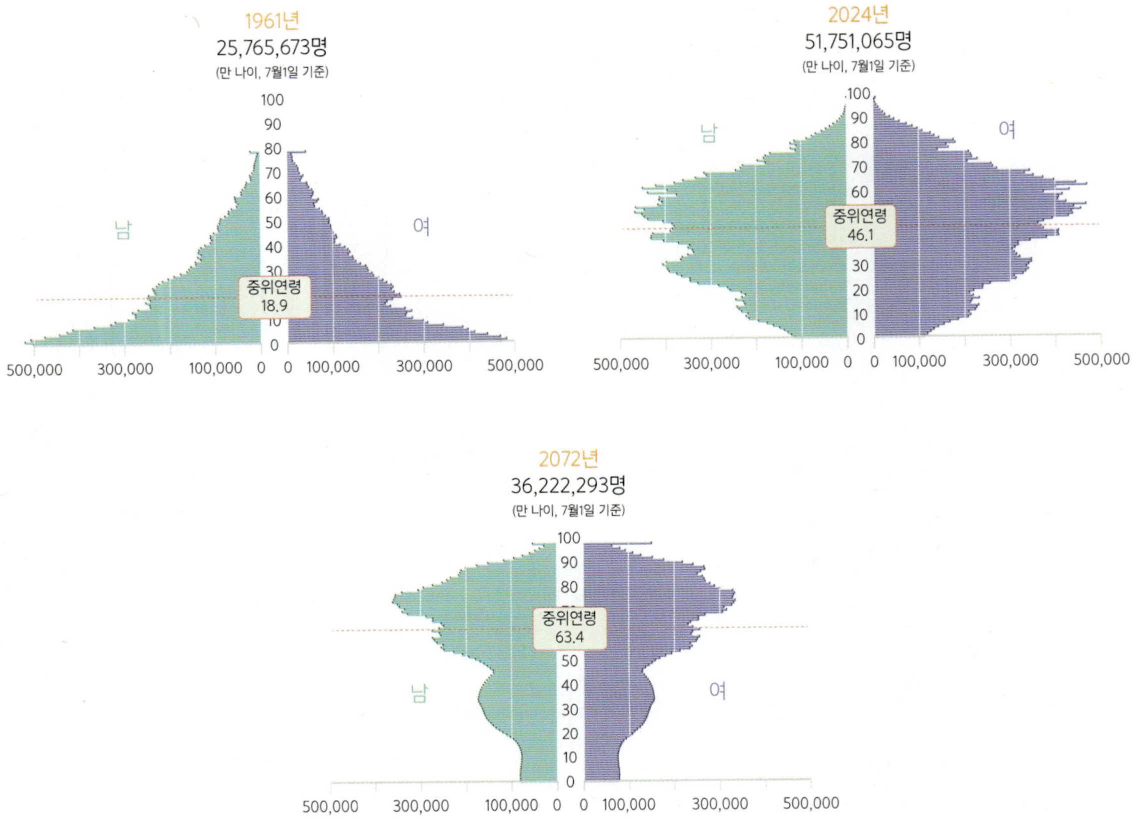

그림 1-5 우리나라 인구구조 변화와 전망

자료 : 통계청, 2024

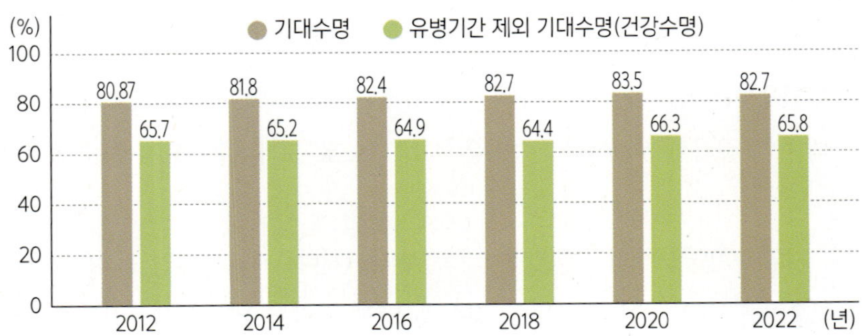

그림 1-6 우리나라 기대수명과 건강수명 추이

자료 : 통계청, 2024

3. 건강증진과 지역사회영양학

건강(health)은 '건강한, 완전한'이라는 뜻을 지닌 단어 'hal'로부터 유래되었다. 단순하게는 질병이나 고통이 없는 상태를 건강이라고 할 수 있지만, 세계보건기구(World Health Organization, WHO)는 건강의 개념을 단순히 질병과 허약의 범위에서 확장하여 신체적, 정신적, 사회적으로 완전하게 안녕한(well-being) 상태라고 정의하였다.

생태학적 차원에서 인간은 자신과 자신을 둘러싼 주변 환경과 상호작용한다. 1900년대 중반부터 서구 여러 선진국과 WHO는 한 개인의 건강 수준이 타고난 생물학적 특성뿐 아니라 환경의 영향을 받기 때문에 사망의 원인이 되는 주요 질병은 환경과 깊게 관련되어 있다고 판단하기 시작하였다. 그 결과 생활습관을 중심으로 하는 건강증진(health promotion)에 주목하게 되었고, 1970년대부터는 건강증진의 이론적 개념 정립과 함께 건강증진정책이 보건정책 안으로 흡수되기 시작하였다.

1986년 WHO는 첫 번째 건강증진에 관한 국제회의(Global Conference on Health Promotion)에서 오타와헌장(Ottawa Charter for Health Promotion)을 통해 건강증진은 사람들로 하여금 건강에 대한 조절력을 높이고 향상시키는 적극적인 과정이라고 정의하였다. 또한 개인, 단체, 지역사회의 건강 행동과 건강 상태 지원을 위한 정부와 사회단체의 보건학적, 정치적, 경제적, 사회적, 문화적, 환경적, 행동적, 생물학적 활동을 건강증진의 범주 안에 포함시켰다. 2013년 WHO는 헬싱키에서 개최된 제8차 건강증진에 관한 국제회의(Global Conference on Health Promotion)에서 '모든 정책 안에 건강(Health in All Policies, HiAP)'을 선언하고, 보건뿐 아니라 건강에 영향 미칠 수 있는 환경, 농업, 식품, 도시 설계, 교육, 국방, 기후정책 등 모든 부문의 정책 결정에 건강을 최우선으로 고려해야 함을 제안하였다.

우리나라는 1995년 「국민건강증진법」을 제정하고, 1997년 국민건강증진기금을 조성함으로써 국가적 수준에서 건강증진사업의 발판을 마련하였다. 이를 근거로 하여 질병예방과 건강증진을 위한 중장기 정책인 국민건강증진종합계획을 수립하고, 정부와 각 지방자치단체는 지역사회 실정에 맞는 다양한 건강증진사업을 수행하게 되었다. 2000년대에 들어서면서 영양 과잉과 부족의 공존, 영양소 섭취 불균형, 비만율 증가, 건강식생활의 실천 저조 등으로 인해 만성질환을 비롯한 각종 질환의 위험이 지속되면서 지역사회 건강증진을 위해 영양사업이 요구될 수밖에 없었다. 이에 2010년 「국민영양관리법」을 제정하고 이를 근간으로 국가적 수준에서의 중장기 정책인 국민영양관리기본계획을 수립하여 체계적인 국가영양정책을 추진할 수 있게 되었다.

개인의 건강증진을 위해서는 정부, 생산자, 학교, 유통업체 등으로 구성된 식품영양 네트워크가 건강한 상호작용을 해야 한다. 이 네트워크에서 국가는 구성하는 모든 요소에 영향을 미침으로써 개인의 영양 상태와 건강 상태를 긍정적으로 변화시킬 수 있고 궁극적으로는 국민 건강증진에 이바지할 수 있을 것이다(그림 1-7).

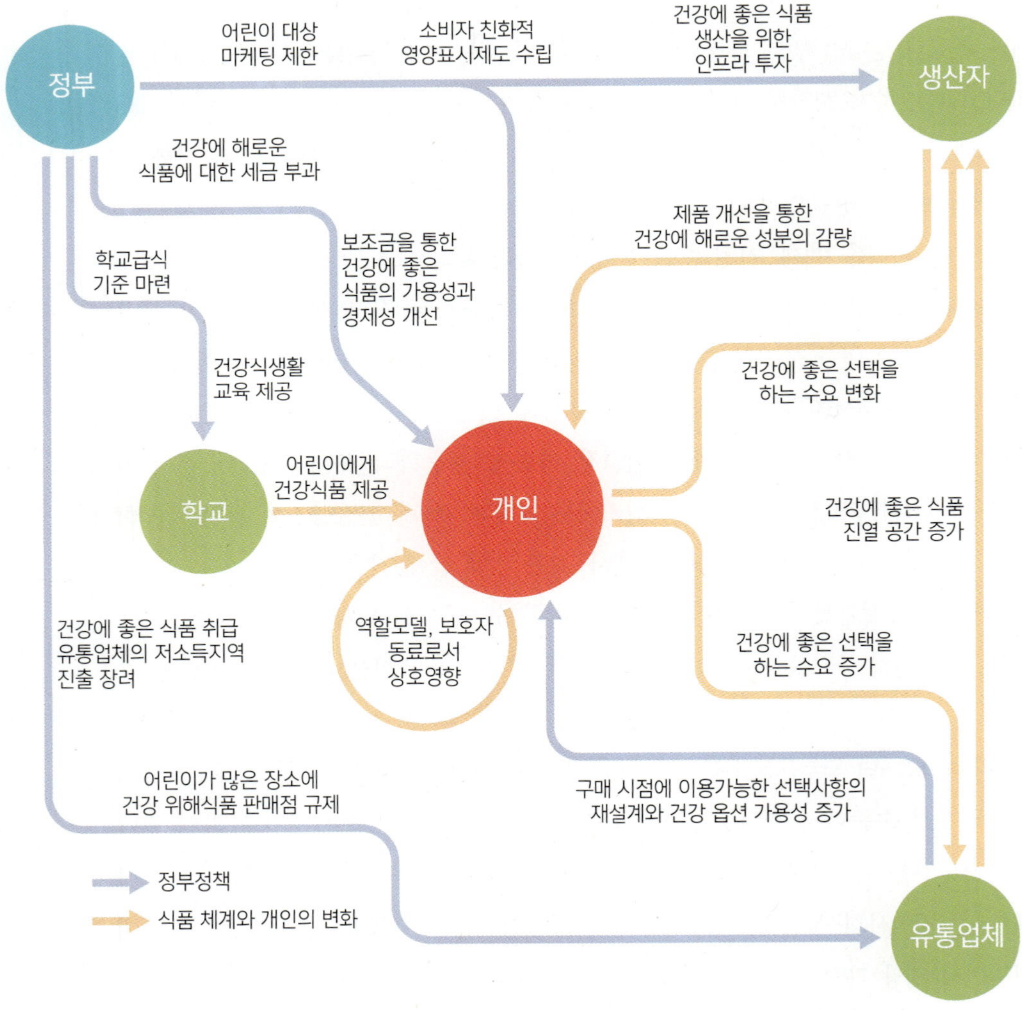

그림 1-7 개인, 정부, 생산자, 학교, 유통업체 간 식품영양 네트워크

자료 : Hawkes C, Smith TG, Jewell J, et al., Smart food policies for obesity prevention, *Lancet* 2015; published online Feb 19. http://dx.doi.org/10.1016/S0140-6736(14)61745-1 (발췌, 수정)

4. 지역사회 영양사의 역할과 전망

영양사는 국가 보건의료관계 법령에 따라 면허를 취득하거나 보건의료서비스에 종사하는 것이 허용된(「보건의료기본법」, 2000년) 보건의료전문가이다(「한국표준직업분류」 개정고시, 통계청, 2000년).

지역사회에서 영양사의 역할은 1962년 제정된 보건소법에서 '영양의 개선'을 명시한 데에서 비롯된다. 1969년 국민영양개선령은 '영양지도원'을 특별시·직할시·도 및 시·군·구에 두도록 하였고, 1979년 「국가공무원법」에 따라 영양사는 정규 보건직 공무원으로 임용되었다. 이후 1981년 「학교급식법」에 준하여 학교영양사가, 1982년 「의료법 시행규칙」에 따라 병원에 영양사가 배치되었고, 2012년 임상영양사 자격이 법제화되면서 병원에서 임상영양사의 활동이 증가하였다.

보건복지부는 1994년부터 보건사업 지침에 보건소 영양사업의 중요성을 부각시키면서 '시범보건소'를 28개 선정, 자원봉사 영양사를 배치하고 영양사업을 실시하였다. 1995년 제정된 「국민건강증진법」의 시행으로 국가 및 지방자치단체에서 영양개선사업이 의무적으로 실시되었고, 전국 24개 보건소에 영양사를 일용직으로 채용하면서, 보건소에서 영양사의 활동이 전개되었다.

1997년 개정된 「국민건강증진법」은 보건소의 주요 사업으로 영양교육과 영양 개선에 관한 조사·연구사업 등을 명시하였다. 즉 지역주민을 대상으로 영양상담, 영양조사 및 효과 측정, 홍보 및 영양교육, 기타 영양과 식생활 개선 등을 실시하는 내용이다.

2019년 「지역보건법」은 '보건소 방문건강관리 전담공무원'으로서 영양사의 배치를 명시하였고, 서울시 소방서를 시작으로 영양사 배치가 확대되고 있다.

2002년 지역사회에서 영양사는 한국산업안전공단 산하 5개 기술지도원에 뇌심혈관계 질환팀 영양지도 전문요원으로서 배치되었고, 같은 해 3월에는 전국 14개 군 병원에, 4월에는 노인복지시설, 아동복지시설에 배치되었다. 또한 2003년 5월에는 당뇨, 고혈압, 심장질환, 암, 장루수술, 투석 및 치주질환 교육·상담의 영양치료행위가 요양급여로 인정되었고, 같은 해 7월 영양교사제도가 도입되었다. 2004년 10월 영양사는 한국산업안전공단 KOSHA CODE 중 「직장에서의 뇌·심혈관질환 예방을 위한 발병위험도 평가 및 사후관리지침」에 '건강증진지도자'로서 명시되었다.

2023년 보건복지부는 동네 의원을 중심으로 포괄적 고혈압·당뇨병 관리 서비스(일차의료 만성질환관리 서비스)를 추진하였다. 이는 지역사회 케어코디네이터로서 영양사나 간호사를 통하여 당뇨병이나 고혈압과 같이 지속적으로 관리가 필요한 만성질환자의 교육이나 상담 및 진료와 연계된 서비스를 마련하는 것이다.

이와 같이 지역사회에서 영양사는 지역주민의 건강한 식습관을 촉진하고, 영양 상태를 관리하여 건강과 웰빙을 증진하는 역할을 수행하고 있다. 지역사회에서 영양사는 다양한 생애주기에 해당하는 인구를 대상으로 영양교육, 영양상담, 식단개발, 건강프로그램 개최 등 여러 가지 직무와 활동을 전개한다. 예를 들면 급식관리영양사(급식관리영양사, 학교급식영양사), 임상영양사, 보건 및 상담영양사(보건영양사, 상담영양사), 기타 영양사(식품위생영양사) 등의 역할은 대상자에 따라 세심하게 계획되고, 수행되어 우리의 일상에 포괄적이며 밀접하게 영향력을 발휘한다.

오늘날 지역사회는 저출생·고령화로 초고령 인구가 확대되고 있으며, 코로나19 이후 가속화된 생활환경의 변화를 토대로 초개인화가 전개되고 있다. 지능형 사물인터넷(AIoT) 기술에 기반한 정밀영양과 정밀의료 서비스, 즉 디지털 헬스 시대를 맞이한 것이다. 그러나 지역사회 차원에서 이러한 급속한 상황의 전개는 세대나 개인에 따라 그 변화를 수용하는 태도와 차이가 더욱 크게 벌어질 것으로 전망된다. 향후 지역사회에서 영양전문가는 생활환경 변화에 긴밀하게 대응할 수 있는 적극적인 태도와 실천력으로 새로운 직무와 역할의 발굴 및 고도화가 필요할 것이다.

일반적으로 '지역사회 영양사'의 주요 직무는 다음과 같다.

- 영양교육 및 상담 : 지역주민들에게 영양에 관한 정보를 제공하고, 개인별로 맞춤형 영양상담을 수행하여 건강한 식습관을 유도하고 지속할 수 있도록 돕는다.
- 식단개발 및 관리 : 다양한 연령대와 인구군의 영양 요구를 고려하여 영양 균형이 맞는 식단을 개발하고, 식단관리 방안을 제시하여 영양 결핍이나 과다를 예방하고 개선한다.
- 영양 상태 평가 및 개선 : 개인의 영양 상태를 평가하고 이를 기반으로 개인별 영양 계획을 제공하여 영양 상태를 개선하고 유지한다.
- 건강캠페인 및 프로그램 개최 : 지역사회 내에서 건강한 식습관을 촉진하기 위한 다양한 캠페인 및 프로그램을 기획하고 실행하여 주민들의 영양 관심을 높인다.
- 다부문과의 협력 : 의료진, 교육기관, 사회복지 시설 등 다양한 분야의 전문가와 협력하여 통합적인 접근을 촉진하며 지역사회 구성원의 건강증진에 기여한다.

- 식품안전 및 위생교육 : 안전한 식품소비 및 조리 방법에 대한 교육을 통해 식중독 등을 예방하고 식품안전을 유지한다.

이와 같은 영양사의 직무와 역할은 건강한 지역사회의 구조와 형성을 지원하며, 주민들의 건강과 웰빙을 증진하는 데 기여한다.

단원정리

- 지역사회란 일정한 지리적 영역에 거주하며, 집합적 동질성을 가진 구성원들이 소속감을 가지고 공동의 이익과 목적을 성취해 나가는 사회적 단위를 뜻한다.
- 지역사회 구성원의 건강 유지와 증진은 개인의 차원을 넘어 사회적 책임, 나아가 국가의 책임이 되었다. 지역사회영양학은 식품영양학, 보건학, 인간행동과학 등의 학문을 기반으로 지역사회 구성원 개인은 물론이고 집단의 건강증진과 삶의 질 향상을 목적으로 한다.
- 지역사회영양학은 지역사회의 개인 또는 집단을 대상으로 안전하고 적절하며 건강한 식생활을 위해서 계획된 식품과 영양에 대한 지식, 태도, 행동 및 건강 상태에 영향을 미치는 포괄적인 영양중재 활동, 즉 영양사업을 포함한다.
- 지역사회 영양활동가는 지역사회를 구성하는 사람들의 다양한 측면을 고려하여 영양문제를 파악하고, 근거 중심적인 실행 방법과 기술을 활용하여 대상자들의 영양 및 건강 상태 개선을 위한 활동을 할 수 있는 능력과 자질이 필요하다.

연습문제

1 인간이 추구하는 건강의 개념을 정의해 보자.

2 개인적 차원에서 조절할 수 있는 건강의 요소들 가운데 실천하기 쉬운 요소에 대하여 예를 들어 이야기해 보자.

3 현재 자신이 관심을 가지고 있는 영양문제나 건강문제에 대하여 이야기해 보자.

4 자신이 속한 지역사회에서 경험해 본 영양활동에 대하여 설명해 보자.

5 지역사회영양학이 정적이지 않고 계속 변모하는 학문인 이유를 이야기해 보자.

정답과 풀이

1 건강함은 해부학적으로 완전함, 육체적, 생물학적, 사회적인 스트레스를 다루는 능력이 있으며, 또한 질병이나 요절의 위험이 없음 등을 뜻한다. 따라서 건강한 사람은 살고, 일하고, 다른 사람과 즐겁게 교류할 수 있는 육체적, 정신적, 사회적 능력이 있다는 것이다.

2 규칙적인 생활습관, 안전하고 위생적인 식생활 환경, 건전한 사회적 관계 등

3 체중 조절, 아토피, 피부 건강, 감기, 비타민 섭취, 다이어트 식단 등

4 학교급식 체험활동, 노인복지관 급식봉사 체험활동, 보건소의 지역주민 대상 비만 클리닉, 영양플러스사업 봉사활동 등

5 지역사회영양학은 인구 구성이나 질병구조, 사회적 특성 등 변화하는 환경에 따른 새로운 문제를 파악하여 지역사회 집단의 변화와 요구도를 반영할 수 있는 사업을 계획해야 하기 때문이다.

02

지역사회영양사업의 발달

1. 지역사회영양사업의 시작

1) 국제연합 응용영양사업

기아와 영양불량은 오랜 기간 인류 보건에 중대한 위협이 되어 왔다. 더구나 20세기 중반에 많은 국가는 제2차 세계대전으로 인한 식량 부족과 각종 영양불량을 심각한 보건문제로 겪고 있었다. 이에 수십 년간 축적된 영양학 분야의 과학적 연구 성과들이 정책과 기술 지원 형태로 응용되기 시작하였다. 국제연합(United Nations, UN)은 세계 평화와 식량문제 해결 및 건강 향상을 기본 이념으로 하여 1945년에는 식량농업기구(Food and Agriculture Organization, FAO)를, 1946년에는 세계보건기구(World Health Organization, WHO)와 아동기금(United Nations Children's Fund, UNICEF)을 그 산하에 설립하였다.

1950년대 중반까지 FAO와 WHO는 회원국에서 국가 차원의 영양사업을 수행하고, 개발도상국에서 영양교육과 이유보충식사업을 수행하였다. 하지만 그 결과가 충분히 효과적이지 않았기에, 사업 방향을 전환하고 개선하려는 시도로 영양식품의 생산, 균형식 섭취의 지도, 적절한 영양교육과 기술에 대한 연구와 보급, 사업 실행에 필요한 지도요원의 교육과 훈련, 그리고 사업의 궁극적인 목적 달성을 위한 보건·교육·농수산 등 정부 관계 부처와 사회 공공단체와의 협조 등을 핵심사업으로 수행하게 되었다. 더불어, UNICEF는 1957년 아시아, 남미, 아프리카 등 개발도상국에서 기아와 영양불량 문제 해결을 위해 응용영양사업(applied nutrition programmes)의 수행을 선언하고, FAO의 후원하에 세계 각국에서 사업을 착수하였다. 1950년대 후반부터 수행된 응용영양사업은 기존에 진행되었던 영양 개선활동과는 달리 영양불량의 근본적인 원인을 파악하고 해결하기 위한 시도라는 점에서 그 의의가 있다.

2) 우리나라 응용영양사업

(1) 배경

1948년 대한민국 정부 수립 이후 우리 정부는 미맥(米麥, 쌀과 보리)을 중심으로 하는 농업증산 3개년계획(1949~1951년)을 수립하였다. 하지만 1960년대에도 식량 사정은 크게 개선되지 않았고, 특히 농촌 지역의 보릿고개는 연례행사로 양식이 떨어진 농가가 흔하였다. 더구나 미맥 중심의 식량 계획에 따라 생산구조는 곡류에 지나치게 편중되어 있었다.

식품수급표가 작성되기 시작한 1962년 총 식량 생산량의 약 45%는 곡류였으며 그중 대부분인 약 84%가 미맥이었다(표 2-1). 생산구조는 소비에 직결되므로 곡류에 대한 섭취 의존도는 높을 수밖에 없었고, 특히 농촌 주민들의 미맥 의존은 더욱 극심하였다.

표 2-1 1962년 식품수급표

인구: 26,432천명

食品名 Products	生産 Production	輸入 Import	移入 Carry-In	總供給量 Total Supply	移越 Carry-Over	輸出 Export	飼料 Feed	種子 Seed	減耗 Loss	加工用 Food Manufacture 食用 Food	加工用 Food Manufacture 非食用 NonFood	純食用 總量 Total
	1,000톤											
1 穀類												
밀	268	372	277	917	265		10	5	12	615[1]	10[2]	
밀가루	440	34	340	814	325							489
쌀	3,015		2,836	5,851	2,373			77	107	5[2]		3,289
보리	1,378		751	2,129	633		54	38	46	50[2]		1,308
其他	141	54	101	296	105		6[2]	2	4	6[2]		173
2 薯類												
감자	412			412			1	46	41			325
고구마	1,151			1,151			45	57	115	110		824
3 雪糖類	46			46					0			46
4 豆類												
콩	156	24		180			5	22	5	1[2]		148
팥	16			16					0			16
其他	11			11					0			11
5 堅果類	2			2					0	4[2]		2
6 種實類	6			6			0	0	0			2
7 菜蔬類	1,300			1,300					194			1,106
8 果實類	196			196		1			20			175
9 肉類												
쇠고기	24			24								24
돼지고기	53	1		55								55
닭고기	16			16								16
其他	3	7		10								10
副産物	22			22								22
10 鷄卵類	59	0		59		3		0				56
11 牛乳類	3	1		4			0		0			4
12 魚貝類	418			418		34			21			363
13 海藻類	38			38		4			2			32
14 油脂類	6	2		8					0			8
15 酒類	629			629	3	0			19			607
合計												

[1] 제분용 : 610천 톤, 양조용 : 5천 톤

[2] 추정치임

자료 : 한국농촌경제연구원, 식품수급표, 1963

곡류 위주의 식습관은 영양불량에 직접적인 영향을 미쳤다. 1970년 국민영양조사 결과(표 2-2)에 따르면, 우리 국민의 1일 평균 섭취 에너지는 2,150 kcal로, 이 중 탄수화물로부터 얻는 에너지는 80.8%에 해당하는 1,737 kcal(탄수화물 434.2 g을 에너지로 환산한 값)였다. 농촌은 도시보다 더욱 심각하여 탄수화물에 대한 에너지 의존도가 84.9%에 달할 정

표 2-2 1970년 국민영양조사

〈표Ⅳ-3〉 1일 1인당 평균영양소 섭취량(1970)

Average Nutrient intake per person per day

지역 District / 영양소 Nutrient	도시 City	농촌 Agriculture	어촌 Fishery	산촌 Mountainous	광촌 Mining	평균 Average
단백질 Protein						
동물성 Animal (g)	21.0	3.7	8.1	6.7	8.1	9.5
식물성 Vegetable (g)	55.2	47.4	70.1	51.5	51.2	55.1
계 Total (g)	76.2	51.1	78.2	58.2	59.3	64.6
지방 Fat (g)	27.2	9.9	18.8	14.8	15.2	17.2
탄수화물 Carbohydrate (g)	434.1	413.7	516.4	387.9	419.0	434.2
카로리 Calories (cal)	2,286	1,949	2,547	1,917	2,050	2,150
칼슘 Ca (mg)	558.3	330.5	625.2	410.7	402.6	465.5
철 Fe (mg)	13.2	8.2	15.4	9.8	9.6	11.2
비타민A V.A (I.U)	3,330.3	1,738.4	2,616.8	2,450.3	2,612.0	2,549.6
비타민 B_1 V.B_1 (mg)	1.06 (0.74)	0.90 (0.63)	1.55 (1.09)	1.05 (0.74)	0.92 (0.64)	1.10 (0.77)
비타민 B_2 V.B_2 (mg)	0.95 (0.86)	0.60 (0.54)	0.95 (0.86)	0.69 (0.62)	0.69 (0.62)	0.78 (0.70)
나이아신 Niacin (mg)	17.5 (14.9)	13.4 (11.4)	20.5 (17.4)	15.4 (13.1)	14.7 (12.5)	16.3 (13.9)
비타민C V.C (mg)	71.7 (35.9)	57.4 (28.7)	134.1 (67.1)	82.6 (41.3)	68.9 (34.5)	82.9 (41.5)

( ) 내는 Cooking loss※ 계산한것.

※ B_1 30% B_2 10% Niacin 15% C 50%

자료 : 보건사회부, 1970년 국민영양조사, 1972

도로 높았지만, 단백질과 지질의 에너지 의존도는 각각 10.5%와 4.6%에 불과하였다. 특히 동물성 단백질로부터 섭취하는 에너지 수준은 1%에도 미치지 못하였다. 탄수화물 위주의 식생활은 단백질과 지질의 부족은 물론, 칼슘, 철, 비타민 B_2 등 각종 필수영양소의 만성적 부족도 초래하였다. 영양불균형 문제는 특히 농촌 지역 주민들 사이에서 심각하였기에 이들을 위한 국가 차원에서의 영양개선사업이 시급히 이루어질 필요가 있었다.

(2) 추진 과정

1967년 7월 농림부(현 농림축산식품부) 외청인 농촌진흥청 주도로 응용영양사업 계획이 수립되고(그림 2-1) 전담 직원이 해외에 파견되었다. 1968년 응용영양사업의 효과적 수행을 위해 UN 산하 UNICEF, FAO, WHO와 지원 협정을 체결하여[1](그림 2-2) 필요 물자와 기술 등을 지원받고, 각 지역사회 실정에 맞는 사업을 본격적으로 운영하였다.

정부는 농촌 주민의 높은 곡류 의존도와 필수영양소 섭취 부족 등 영양문제를 해결하기 위하여 대두, 깨, 녹황색 채소, 과일 등 재배와 물고기 양식, 닭과 유산양 등 사육을 활성화하여 생산구조를 바꾸고자 하였다. 또한 생산물의 조리 및 가공과 보존 방법을 교육하는 한편, 임산부와 어린이를 대상으로 올바른 식습관 형성을 위한 영양교육도 실시하였다. 농가 단위 효율적인 순회 교육을 위해 식생활 교육 지원 차량을 운영하기도 하였다. 각 지역 거점에는 응용영양시범마을과 아동영양지도마을을 육성하고, 교육을 담당할 전문 인력 양성을 위한 농촌진흥청 산하 농촌영양개선연수원을 설립하기도 하였다(그림 2-3).

1970년 농촌영양개선연수원은 응용영양사업의 국민 영양교육, 영양평가 지원을 목적으로 한국 최초의 『식품분석표』를 발간하였다(그림 2-4). FAO 한국협회와 한국영양학회의 협조로 476종 식품의 영양 분석치를 수록하였는데, 이는 오늘날 『국가표준식품성분표』의 모태가 되었다.

1) 농촌진흥청이 177,196달러, UNICEF가 178,000달러, FAO가 66,000달러의 비율로 비용 부담키로 협정

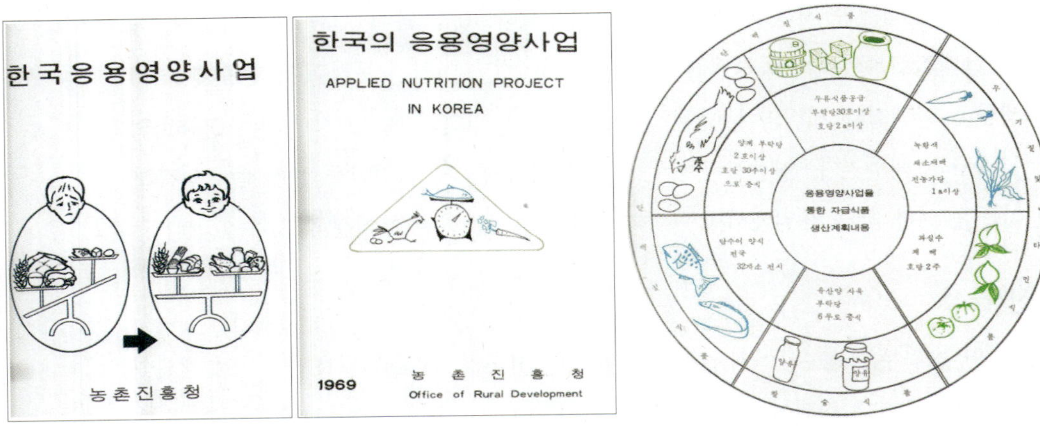

그림 2-1 응용영양사업 계획서 및 보고서

그림 2-2 대한민국 정부와 UNICEF, FAO, WHO의 응용영양사업 협약식(1968.3.19.)

그림 2-3 농촌영양개선연수원 설립

그림 2-4 식품분석표 발간

(3) 성과

1968년부터 1970년까지 기본 협정사업 동안 농촌 주민의 식생활 및 영양 상태 개선 효과는 괄목할 만하였다. 이에 1986년까지 5차에 걸쳐 사업을 연장하면서 총 20년간 응용영양사업을 추진하였으며(표 2-3), 그 성과는 세계적으로 성공한 사례로 꼽히고 있다.

우리나라 응용영양사업은 농촌 중심의 식생활 개선사업으로서 국내 최초의 본격적 지역사회영양사업으로 볼 수 있다. 식량 자급과 영양교육을 동시에 시행하여 지역사회 주민들의 영양 상태와 건강 상태를 개선하고 식생활 변화를 근본적으로 유도하였으며, 정부가 단독으로 수행하기보다는 지역사회가 중심이 되어 각 실정에 맞는 사업계획을 스스로 수립하고 실천하였다는 점에서 중요한 의미가 있다.

표 2-3 응용영양사업의 추진 실적

구분	기간	성과
기본 협정사업	1968. 1.~1970. 12. (3년)	• 171개 응용영양시범마을과 영양 개선의 집 설치, 육성함. • 식품섭취실태조사, 건강상태조사, 식습관 및 금기식품 조사 등 기초조사 실시 시작 • 358개 위생우물 설치
1차 연장사업	1971. 1.~1973. 12. (3년)	• 276개 응용영양시범마을과 영양 개선의 집 추가(총 447개 육성) • 730개 위생우물 설치
2차 연장사업	1974. 1.~1976. 12. (3년)	• 380개 응용영양시범마을과 영양 개선의 집 추가(총 827개 육성) • 기초조사 계속 실시 • 1974년 시군 농촌지도소에 훈련조리실 및 39개소 단체급식장 설치
3차 연장사업	1977. 1.~1977. 12. (1년)	• 220개 응용영양시범마을과 영양 개선의 집 추가(총 1,047개 육성) • 기초조사 계속 실시 • 50개소 단체급식장 추가하여 총 89개소 운영
4차 연장사업	1978. 1.~1981. 12. (4년)	• 1978년 12월 농촌진흥청 산하 농촌영양개선연구원 설립 • 800개 응용영양시범마을과 영양 개선의 집 추가(총 1,847개 육성) • 기초조사 계속 실시 • 73개소 단체급식장 추가하여 총 162개소 운영
5차 연장사업	1982. 1.~1986. 12. (5년)	• 기초조사 계속 실시 • 2개소 아동영양시범마을과 영양 개선의 집 추가 설치 • 30개소 단체급식장 추가하여 총 192개소 운영

2. 지역사회영양사업을 위한 제도 구축

1) 관련 법률의 제정

1948년 대한민국 정부 수립 이후에도 대한민국에는 일제강점기의 법령과 미군정에 의한 법령이 적용되고 있었다. 국민의 건강증진을 위한 국가 차원의 정책들을 안정적으로 수행하기 위해서는 조직과 법 등 제도를 재편할 필요가 있었기에 1951년 「국민의료법」을 필두로 하여 여러 법률이 제정되기 시작하였다. 1950년대 후반에는 대량 급식의 안전성 문제가 대두되면서 국민 보건 증진을 위한 새로운 법률이 필요하게 되었다.[2] 이에 1962년 1월 20일 「식품위생법」이 제정되어 기존에 존재하던 관련 법령은 모두 폐지되었고, 1962년 6월 13일에는 「식품위생법 시행령」, 10월 10일에는 「식품위생법 시행규칙」이 차례로 제정되었다. 이후 시대적 필요에 따라 지역사회 건강증진과 영양 상태 개선을 위한 법률들은 차례로 제·개정되면서 정비되어 왔다(표 2-4).

표 2-4 지역사회 건강증진 및 영양 관련 법률의 변천

제정 또는 개정일	법률명 / 제정 또는 전부개정	(현) 소관 부처
1951. 9. 25.	국민의료법[법률 제221호] (현재 의료법) 제정	보건복지부
1956. 12. 13.	보건소법[법률 제406호] (현재 지역보건법) 제정	보건복지부
1961. 12. 30.	아동복리법[법률 제912호] (현재 아동복지법) 제정	보건복지부
1962. 1. 20.	식품위생법[법률 제1007호] 제정	식품의약품안전처
1962. 3. 20.	의료법[법률 제1035호] 전부개정	보건복지부
1962. 9. 24	보건소법[법률 제1160호] 전부개정	보건복지부
1973. 2. 8.	모자보건법[법률 제2514호] 제정	보건복지부
1973. 2. 16.	의료법[법률 제2533호] 전부개정	보건복지부
1981. 1. 29.	학교급식법[법률 제3356호] 제정	교육부
1981. 4. 13.	아동복지법[법률 제3438호] 전부개정	보건복지부
1981. 6. 5.	노인복지법[법률 제3453호] 제정	보건복지부
1986. 5. 10.	모자보건법[법률 제3824호] 전부개정	보건복지부
1986. 5. 10.	식품위생법[법률 제3823호] 전부개정	식품의약품안전처
1991. 1. 14.	영유아보육법[법률 제4328호] 제정	보건복지부

2) 제1조(목적) 이 법은 식품으로 인하여 생기는 위생상의 위해(危害)를 방지하고 식품영양의 질적 향상을 도모하며 식품에 관한 올바른 정보를 제공함으로써 국민 건강의 보호·증진에 이바지함을 목적으로 한다.

제정 또는 개정일	법률명 / 제정 또는 전부개정	(현) 소관 부처
1991. 3. 8.	보건소법[법률 제4355호] 전부개정	보건복지부
1995. 1. 5.	국민건강증진법[법률 제4914호] 제정	보건복지부
1995. 12. 29.	지역보건법[법률 제5101호] 전부개정	보건복지부
1999. 2. 5.	농업·농촌기본법[법률 제5758호] (현재 농업·농촌 및 식품산업기본법) 제정	농림축산식품부
1999. 9. 7.	국민기초생활보장법[법률 제6024호] 제정	보건복지부
1997. 12. 13.	초·중등교육법[법률 제5438호] 제정	교육부
2000. 1. 12.	아동복지법[법률 제3438호] 전부개정	보건복지부
2002. 8. 26.	건강기능식품에 관한 법률[법률 제6727호] 제정	식품의약품안전처
2004. 1. 29	유아교육법[법률 제7120호] 제정	교육부
2004. 1. 29.	영유아보육법[법률 제7153호] 전부개정	보건복지부
2006. 7. 19.	학교급식법[법률 제7962호] 전부개정	교육부
2007. 4. 11.	의료법[법률 제8366호] 전부개정	보건복지부
2007. 4. 27.	노인장기요양보험법[법률 제8403호] 제정	보건복지부
2007. 12. 21.	농업·농촌 및 식품산업 기본법[법률 제8749호] 전부개정	농림축산식품부
2008. 3. 21.	어린이 식생활안전관리 특별법[법률 제8943호] 제정	식품의약품안전처
2009. 2. 6.	식품위생법[법률 제9432호] 전부개정	식품의약품안전처
2009. 5. 27.	식생활교육지원법[법률 제9719호] 제정	농림축산식품부
2010. 3. 26.	국민영양관리법[법률 제10191호] 제정	보건복지부
2011. 3. 9	외식산업 진흥법[법률 제10454호] 제정	농림축산식품부
2011. 8. 4.	아동복지법[법률 제11002호] 전부개정	보건복지부
2015. 5. 18.	지역보건법[법률 제13323호] 전부개정	보건복지부
2015. 2. 3.	수입식품안전관리 특별법[법률 제13201호] 제정	식품의약품안전처
2006. 3. 24.	식품등 기부활성화에 관한 법률[법률 제7918호] 제정	보건복지부
2007. 12. 27.	식품산업진흥법[법률 제8796호] 제정	농림축산식품부
2018. 3. 13.	식품 등의 표시·광고에 관한 법률[법률 제15483호] 제정	식품의약품안전처
2022. 6. 10.	식품안전기본법[법률 제18966호] 제정	식품의약품안전처

2) 영양사 제도의 확립

6·25전쟁 이후 1950년대 후반부터 가정과 출신의 이학사를 영양사로 지칭하여 병원 급식 업무가 수행되고 있었으나 정식으로 국가에서 면허를 부여한 것은 아니었다. 1962년 1월 20일 「식품위생법」이 제정됨과 더불어 법적으로 영양사 면허제도가 명시되었고, 1963년 6월 12일에는 보건사회부령[3] 제112호로 「영양사에 관한 규칙」이 공포되면서 영양사의 자격조건이 규정되었다(그림 2-5). 1962년 제정 당시 「식품위생법」은 13장 전문 80조와 부칙으로 구성되었는데, 제2장에는 영양사의 정의, 제8장에는 조리사 및 영양사의 고용과 면허에 대한 내용을 담고 있어 우리나라 역사상 처음으로 영양사를 법적으로 기술하였다. 1964년 영양사 양성학교로 지정받은 명지초급대학 졸업생 32명과 덕성여자초급대학 졸업생 25명 등 57명의 영양과 졸업생이 졸업과 동시에 영양사 면허를 부여받

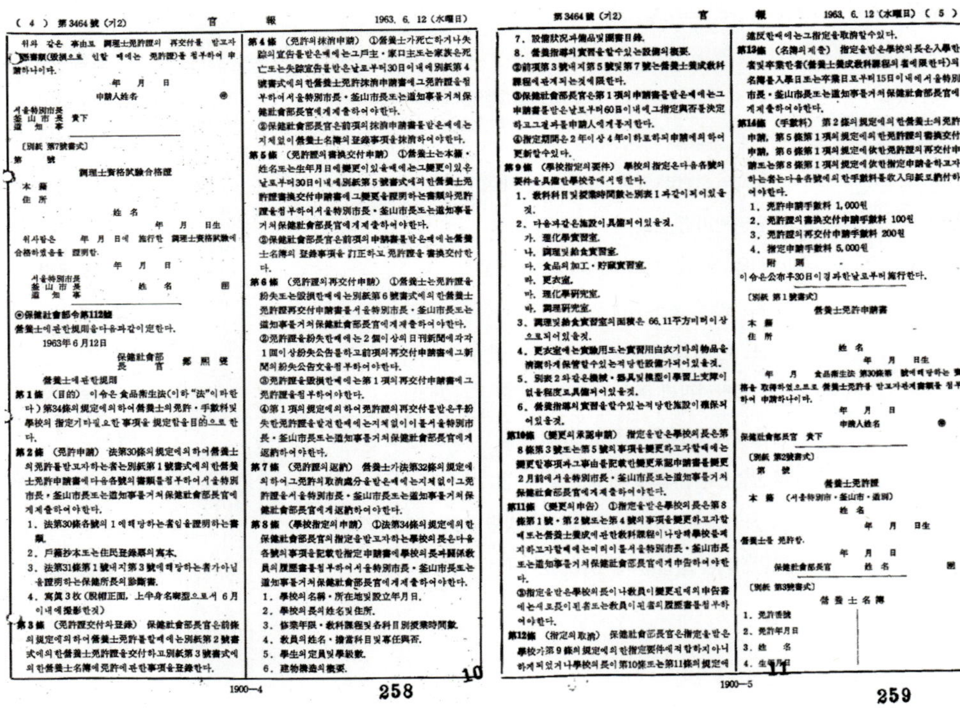

그림 2-5 보건사회부령 제112호, 영양사에 관한 규칙

자료 : 국가기록원, 관보 제3464호, 1963

3) 보건사회부 장관이 발한 명령. 령은 보통 시행법 또는 시행세칙이라고 하며, 행정 각부의 장이 소관 사무에 관하여 법률이나 대통령령의 위임 또는 직권으로 발하는 명령

음으로써 최초로 영양사 면허증이 발급되었다. 영양사 면허증 소지자의 영양사로서 취업은 1965년 공군 본부에 채용된 것이 처음이었으며, 사업체에는 1966년 태창방직이 처음이었다.

「식품위생법」에 규정된 영양사 자격 요건은 1962년 제정 이후 1973년과 1976년 두 차례에 걸쳐 개정되었는데, 1976년 12월 31일 개정에는 음식물의 위생관리 강화를 위해 영양사의 자격 요건을 양성기관 지정제에서 면허시험제로 변경하는 내용을 담았다(표 2-5). 기존에는 보건사회부 장관이 지정하는 학교 또는 양성기관을 수료하면 시·도지사가 면허를 발급하였으나, 개정 이후에는 시험을 합격한 자에게만 면허를 주도록 변경한 것이다. 이를 적용하여 1977년 제1회 영양사 자격고시가 실시되어 868명의 영양사가 배출되었다. 현재 영양사 면허는 2010년 제정된 「국민영양관리법」에 의거하여 발급되고 있다. 「식품위생법」과 「식품위생법 시행규칙」에 명시된 집단급식소 영양사의 배치 기준과 직무에 관련된 내용은 표 2-6과 같다.

2017년 7월 3일 개정·고시된 「제7차 한국표준직업분류(통계청 고시 제2017-191호)」에서 '영양사'는 대분류 2의 전문가 및 관련 종사자, 중분류 24의 보건·사회복지 및 종교 관련직, 소분류 244의 영양사에 분류되어 있다(표 2-7). 세분류 2440에서 영양사는 건강증진 및 질병 치료를 목적으로 개인 및 단체에 균형 잡힌 음식물을 공급하기 위하여 식단을 계획하고 조리 및 공급을 감독하는 업무를 수행하는 직업으로 정의되어 있다. 현재 영양사는 병원에서 근무하는 임상영양사, 학교에서 근무하는 영양교사를 비롯하여 급식경영 영양사, 보건 영양사, 관리 영양사, 상담 영양사, 산업보건 영양사, 식품위생 영양사 등 전문 분야에 따라 다양하게 분류되고 있다.

1969년 10월 18일에는 최초의 영양사 전문단체인 '한국영양사협회'가 창립되었는데 1974년 5월 4일 제5회 정기총회에서 명칭을 '대한영양사회'로 변경하고 1979년 5월 13일 '사단법인 대한영양사회'로 보건사회부에서 설립인가를 받았다. 2001년 8월 9일에는 정관을 개정하고 '대한영양사협회'로 명칭을 변경하였다.

표 2-5 영양사 면허제도 관련 법률 및 해당 조항의 변천

과거 법규				현행 법규
식품위생법 [시행 1962.4.21.] [법률 제1007호, 1962.1.20., 제정]	식품위생법 [시행 1973.2.16.] [법률 제2532호, 1973.2.16., 일부개정]	식품위생법 [시행 1976.12.31.] [법률 제2971호, 1976.12.31., 일부개정]	국민영양관리법 [시행 2010.9.27.] [법률 제10191호, 2010.3.26., 제정]	국민영양관리법 [시행 2024.7.3.] [법률 제19886호, 2024.1.2., 일부개정]
제30조(영양사의 면허) 영양사가 되고자 하는 자는 다음 각 호의 1에 해당하는 자로서 보건사회부장관의 면허를 받아야 한다. 1. 보건사회부장관이 지정하는 학교 또는 양성기관을 수료한 자 2. 영양사 자격시험에 합격한 자 3. 외국에서 영양사 면허를 받은 자로서 보건사회부장관이 적당하다고 인정하는 자	**제30조(영양사의 면허)** 영양사가 되고자 하는 자는 다음 각 호의 1에 해당하는 자로서 보건사회부장관의 면허를 받아야 한다. 1. 보건사회부장관이 지정하는 학교 또는 양성기관을 수료한 자 2. 삭제 3. 외국에서 영양사 면허를 받은 자로서 보건사회부장관이 적당하다고 인정하는 자	**제30조(영양사의 면허)** 영양사가 되고자 하는 자는 다음 각 호의 1에 해당하는 자로서 영양사자격시험에 합격한 후 보건사회부장관의 면허를 받아야 한다. 1. 교육법에 의한 전문학교, 초급대학 또는 대학(교육대학 및 사범대학을 포함한다)에서 식품학 또는 영양학을 전공한 자 2. 외국에서 영양사면허를 받은 자 3. 외국에서 영양사양성학교를 졸업한 자로서 보건사회부장관이 인정하는 자	**제15조(영양사의 면허)** ① 영양사가 되고자 하는 사람은 다음 각 호의 어느 하나에 해당하는 사람으로서 영양사 국가시험에 합격한 후 보건복지부장관의 면허를 받아야 한다. 1. 「고등교육법」에 따른 학교에서 식품학 또는 영양학을 전공한 자로서 교과목 및 학점이수 등에 관하여 보건복지부령으로 정하는 요건을 갖춘 사람 2. 외국에서 영양사면허를 받은 사람 3. 외국의 영양사 양성학교 중 보건복지부장관이 인정하는 학교를 졸업한 사람 ② 보건복지부장관은 제1항에 따른 국가시험의 관리를 보건복지부령으로 정하는 바에 따라 시험 관리능력이 있다고 인정되는 관계 전문기관에 위탁할 수 있다. ③ 영양사 면허와 국가시험 등에 필요한 사항은 보건복지부령으로 정한다.	**제15조(영양사의 면허)** ① 영양사가 되고자 하는 사람은 다음 각 호의 어느 하나에 해당하는 사람으로서 영양사 국가시험에 합격한 후 보건복지부장관의 면허를 받아야 한다. 1. 「고등교육법」에 따른 대학, 산업대학, 전문대학 또는 방송통신대학에서 식품학 또는 영양학을 전공한 자로서 교과목 및 학점이수 등에 관하여 보건복지부령으로 정하는 요건을 갖춘 사람 2. 외국에서 영양사면허(보건복지부장관이 정하여 고시하는 인정기준에 해당하는 면허를 말한다)를 받은 사람 3. 외국의 영양사 양성학교(보건복지부장관이 정하여 고시하는 인정기준에 해당하는 학교를 말한다)를 졸업한 사람 ② 보건복지부장관은 제1항에 따른 국가시험의 관리를 보건복지부령으로 정하는 바에 따라 시험 관리능력이 있다고 인정되는 관계 전문기관에 위탁할 수 있다. ③ 영양사 면허와 국가시험 등에 필요한 사항은 보건복지부령으로 정한다.

표 2-6 집단급식소 영양사 관련 식품위생법 및 동법 시행령의 조항

식품위생법 [시행 2024.1.2.] [법률 제19917호, 2024.1.2., 일부개정]
제1장 총칙 **제2조(정의)** 이 법에서 사용하는 용어의 뜻은 다음과 같다. 12. "집단급식소"란 영리를 목적으로 하지 아니하면서 특정 다수인에게 계속하여 음식물을 공급하는 다음 각 목의 어느 하나에 해당하는 곳의 급식시설로서 대통령령으로 정하는 시설을 말한다. 가. 기숙사 나. 학교, 유치원, 어린이집 다. 병원 라. 「사회복지사업법」 제2조제4호의 사회복지시설 마. 산업체 바. 국가, 지방자치단체 및 「공공기관의 운영에 관한 법률」 제4조제1항에 따른 공공기관 사. 그 밖의 후생기관 등 **제8장 조리사 등** **제52조(영양사)** ① 집단급식소 운영자는 영양사(營養士)를 두어야 한다. 다만, 다음 각 호의 어느 하나에 해당하는 경우에는 영양사를 두지 아니하여도 된다. 1. 집단급식소 운영자 자신이 영양사로서 직접 영양 지도를 하는 경우 2. 1회 급식인원 100명 미만의 산업체인 경우 3. 제51조제1항에 따른 조리사가 영양사의 면허를 받은 경우 ② 집단급식소에 근무하는 영양사는 다음 각 호의 직무를 수행한다. 1. 집단급식소에서의 식단 작성, 검식(檢食) 및 배식 관리 2. 구매식품의 검수(檢受) 및 관리 3. 급식시설의 위생적 관리 4. 집단급식소의 운영일지 작성 5. 종업원에 대한 영양 지도 및 식품위생교육
식품위생법 시행령 [시행 2023.12.12.] [대통령령 제33913호, 2023.12.12., 타법개정]
제2조(집단급식소의 범위) 「식품위생법」 제2조제12호에 따른 집단급식소는 1회 50명 이상에게 식사를 제공하는 급식소를 말한다.

표 2-7 한국표준직업분류에 명시된 영양사

분류	2 전문가 및 관련 종사자(Professionals and Related Workers) ↳24 보건·사회복지 및 종교 관련직(Health, Social Welfare and Religion Related Occupations) ↳244 영양사(Dietitians) ↳2440 영양사(Dietitians) ↳24401 임상영양사(Clinical Dietitians) 24402 일반영양사(General Dietitians) 24403 영양교사(School Nutrition Teachers)
주요 업무	• 영양기법과 응용에 관하여 연구·개발하고 이들을 적용한다. • 사용 식품의 신선도를 검사하고, 함유 열량의 단위를 계산하며 섭취영양소의 양을 분석한다. • 조리담당자의 조리·위생 상태를 관리·감독하며, 조리된 음식의 조화·맛·질감을 평가하기 위하여 검식을 한다. • 주방 기구·시설·설비의 위생을 점검, 감독하고 일일 식품소비량을 관리한다. • 영양문제 수집·분석 및 영양요구량 산정 등의 영양을 판정한다. • 영양상담 및 교육을 실시하고, 영양관리 상태 점검을 위한 영양 모니터링 및 평가를 한다. • 영양불량 상태 개선을 위한 영양관리 및 임상영양에 대하여 자문 및 연구를 하며 그 밖에 임상영양과 관련된 업무를 한다.
직업 예시	• 임상영양사 • 보건 영양사 • 영양교사 • 급식경영 영양사 • 관리 영양사 • 상담 영양사 • 산업보건 영양사 • 식품위생 영양사

자료 : 제7차 한국표준직업분류[통계청 고시 제2017-191호, 2017.7.3. 개정·고시, 2018.1.1. 시행]

3) 지역사회 건강증진사업의 발달

공중보건사업을 중요 사업으로 인식하였던 미군정은 1946년 10월 서울에 모범보건소를 설치하였다. 이는 우리나라 최초의 보건소로서 1948년 국립중앙보건소로 승격되었고 오늘날 서울 중구보건소의 전신이 되었다. 1949년 7월 중앙보건소의 직제가 정식으로 공포되고 보건소 활동이 점차 확대되던 중 6·25전쟁이 발발하면서 확산 활동은 잠시 중단되었다. 1953년에는 UN 원조로 15개 보건소와 471개의 보건진료소가 전국에 설치, 운영되었고, 1956년 12월 13일에는 보건소의 신규 설치와 업무에 대한 규정을 담은 「보건소법(현재 「지역보건법」)」이 새로이 제정되었다. 오늘날 보건소는 지방자치단체의 조례가 정하는 바에 따라 전국의 각 시·군·구에 설치되어 공공부문의 지역 보건 활동에 중추적 역할을 담당하고 있다.

1962년 9월 24일 「보건소법」이 전부개정되어 보건소가 서울특별시와 각 시·군에 설치되면서 지방보건행정기관으로서 보건사업을 관장하는 기관으로 발전하였다. 전부개정된 「보건소법」에는 제4조(업무) 항목에 영양 개선과 식품위생에 관한 사항이 명시되었으나, 이를 수행할 전문 인력인 영양사가 배치되지 않다가 1969년 「국민영양개선령」이 제정되면서 영양 개선의 지도 및 관리를 위한 영양지도원의 배치가 법률로 규정되었다. 「국민영양개선령」은 1995년 「국민건강증진법」 제정으로 폐지되었으며, 「국민건강증진법 시행령」 제22조와 「국민건강증진법 시행규칙」 제17조에 영양지도원을 규정하고 있다(표 2-8). 1995년에는 기존의 「보건소법」이 폐지되고 「지역보건법」으로 전부개정되었는데 여기에 규정된 보건소의 업무는 표 2-9와 같다.

표 2-8 국민건강영양조사원 및 영양지도원 관련 법령 및 해당 조항의 변천

과거 법규	현형 법규
국민영양개선령 [시행 1969.8.14.] [대통령령 제4012호, 1969.8.14., 제정]	국민건강증진법 시행령 [시행 2024.1.2.] [법률 제19917호, 2024.1.2., 일부개정]
제6조(국민영양조사원) 국민영양조사원(이하 "조사원"이라 한다)은 도지사가 다음 각 호의 1에 해당하는 자중에서 임명 또는 위촉한다. 1. 의사·약사·간호원 또는 영양사 2. 초급대학이상의 학교에서 가정학·식품학 또는 영양학의 과정을 이수한 자 3. 고등학교 이상의 학교를 졸업한 자로서 보건사회부장관이 지정하는 양성기관을 수료한 자 **제9조(영양지도원)** ① 영양지도원(이하 "지도원"이라 한다)은 도지사가 그 소속 공무원으로서 의사·영양사 또는 이와 동등한 자격이 있다고 보건사회부장관이 인정하는 자 중에서 임명한다. ② 영양지도원은 다음 각 호의 사항에 대한 지도업무를 행한다. 1. 영유아·임산부·수유부 및 성인의 영양관리 2. 식생활 개선 3. 질병과 영양관리 4. 영양계몽 5. 집단급식 영양관리 6. 영양지도 계획의 검토·분석 및 평가 7. 기타 영양지도에 관한 사항	**제22조(국민건강영양조사원 및 영양지도원)** ① 질병관리청장은 국민건강영양조사를 담당하는 사람(이하 "국민건강영양조사원"이라 한다)으로 건강조사원 및 영양조사원을 두어야 한다. 이 경우 건강조사원 및 영양조사원은 다음 각 호의 구분에 따른 요건을 충족해야 한다. 1. 건강조사원: 다음 각 목의 어느 하나에 해당할 것 가. 「의료법」 제2조제1항에 따른 의료인 나. 「약사법」 제2조제2호에 따른 약사 또는 한약사 다. 「의료기사 등에 관한 법률」 제2조제1항에 따른 의료기사 라. 「고등교육법」 제2조에 따른 학교에서 보건의료 관련 학과 또는 학부를 졸업한 사람 또는 이와 같은 수준 이상의 학력이 있다고 인정되는 사람 2. 영양조사원: 다음 각 목의 어느 하나에 해당할 것 가. 「국민영양관리법」 제15조에 따른 영양사(이하 "영양사"라 한다) 나. 「고등교육법」 제2조에 따른 학교에서 식품영양 관련 학과 또는 학부를 졸업한 사람 또는 이와 같은 수준 이상의 학력이 있다고 인정되는 사람 ② 특별자치시장·특별자치도지사·시장·군수·구청장은 법 제15조 및 법 제16조의 영양개선사업을 수행하기 위한 국민영양지도를 담당하는 사람(이하 "영양지도원"이라 한다)을 두어야 하며 그 영양지도원은 영양사의 자격을 가진 사람으로 임명한다. 다만, 영양사의 자격을 가진 사람이 없는 경우에는 「의료법」 제2조제1항에 따른 의사 또는 간호사의 자격을 가진 사람 중에서 임명할 수 있다. ③ 국민건강영양조사원 및 영양지도원의 직무에 관하여 필요한 사항은 보건복지부령으로 정한다. ④ 질병관리청장 또는 특별자치시장·특별자치도지사·시장·군수·구청장은 국민건강영양조사원 또는 영양지도원의 원활한 업무 수행을 위하여 필요하다고 인정하는 경우에는 그 업무 지원을 위한 구체적 조치를 마련·시행할 수 있다.

과거 법규	현형 법규
국민영양개선령 시행규칙 [시행 1970.1.8.] [보건사회부령 제344호, 1970.1.8., 제정]	국민건강증진법 시행규칙 [시행 2023.12.22.] [보건복지부령 제980호, 2023.11.29., 일부개정]
제5조(조사원) ① 영 제6조의 규정에 의한 국민영양조사원(이하 "조사원"이라 한다)의 임명 또는 위촉은 별지 제3호서식에 의한다. ② 조사원은 건강조사원·식품섭취조사원 및 식품경제조사원으로 구분하되, 각 조사원의 직무는 다음 각 호와 같다. 다만, 필요하다고 인정할 때에는 도지사는 식품섭취조사원으로 하여금 식품경제조사원의 직무를 행하게 할 수 있다. 1. 건강조사원 별지 조사서식 제1호에 의한 조사사항을 조사·기록한다. 2. 식품섭취조사원 별지 조사서식 제2호의 1, 2에 의한 조사사항을 조사·기록한다. 3. 식품경제조사원 별지 조사서식 제3호의 1, 2에 의한 조사사항을 조사·기록한다. **제9조(지도원)** ① 영 제9조의 규정에 의한 영양지도원(이하 "지도원"이라 한다)의 임명은 별지 제5호서식에 의한다. ② 도지사가 지도원을 임명한 때에는 그 명단을 보건사회부장관에게 제출하여야 한다. ③ 서울특별시·부산시 및 도의 지도원은 다음의 업무를 담당한다. 1. 영양지도의 기획·분석·평가 2. 홍보 및 영양교육 3. 보건소의 영양업무의 지도 4. 영양조사 및 효과 측정 5. 기타 식품영양의 개선에 관한 사항 ④ 시 및 군의 지도원은 다음의 업무를 담당한다. 1. 보건식·영유아식·임산부식·성인병예방식·환자식 등에 대한 영양상담 2. 식품의 조리방법, 주방의 조리시설, 식품의 보관시설 등 식생활을 중심으로 한 생활개선에 대한 상담 3. 영양부족·영양실조 및 영양과잉으로 인한 건강장애에 대한 영양상담 4. 공장·사업장·병원·학교·급식쎈터·복지시설등 집단 급식시설의 관리상황·식단내용 및 조리작업에 대한 영양지도 5. 영양조사 및 효과측정 6. 홍보·영양교육 및 지역사회의 영양관계 지도자의 육성 7. 식량의 영양적계획생산 및 식품의 공동가공지도 8. 영양지도의 계획·분석·평가 9. 기타 식품영양의 개선에 관한 사항	**제13조(국민건강영양조사원)** 영 제22조제1항에 따른 건강조사원(이하 "건강조사원"이라 한다) 및 영양조사원(이하 "영양조사원"이라 한다)의 직무는 다음 각 호와 같다. 1. 건강조사원: 제12조제1항에 따른 건강조사의 세부 내용에 대한 조사·기록 2. 영양조사원: 제12조제2항에 따른 영양조사의 세부 내용에 대한 조사·기록 **제17조(영양지도원)** 영 제22조제2항에 따른 영양지도원의 업무는 다음 각 호와 같다. 1. 영양지도의 기획·분석 및 평가 2. 지역주민에 대한 영양상담·영양교육 및 영양평가 3. 지역주민의 건강상태 및 식생활 개선을 위한 세부 방안 마련 4. 집단급식시설에 대한 현황 파악 및 급식업무 지도 5. 영양교육자료의 개발·보급 및 홍보 6. 그 밖에 제1호부터 제5호까지의 규정에 준하는 업무로서 지역주민의 영양관리 및 영양개선을 위하여 특히 필요한 업무

표 2-9 보건소 업무 관련 법률 및 해당 조항의 변천

과거 법규			현행 법규
보건소법 [시행 1956.12.13.] [법률 제406호, 1956.12.13., 제정]	보건소법 [시행 1991.3.8.] [법률 제4355호, 1991.3.8., 전부개정]	지역보건법 [시행 1996.7.1.] [법률 제5101호, 1995.12.29., 전부개정]	지역보건법 [시행 2024.7.3.] [법률 제19903호, 2024.1.2., 일부개정]
제2조(사업과 직권) 보건소는 다음의 사항을 관장한다. 1. 전염병 기타 질병의 예방진료 및 그 만연방지에 관한 사항 2. 모자보건에 관한 사항 3. 학교보건에 관한 사항 4. 환경위생과 산업보건에 관한 사항 5. 보건통계에 관한 사항 6. 보건사상의 보급에 관한 사항 7. 기타지방에 있어서의 공중보건의 향상에 관한 사항 도지사 또는 서울특별시장은 그 직에 속하는 전항 각호에 규정된 사항의 전부 또는 일부를 보건소에 위임할 수 있다.	**제6조(업무)** 보건소는 다음 각호의 사항을 관장한다. 1. 전염병 및 질병의 예방·관리와 진료에 관한 사항 2. 보건통계 및 보건의료정보의 관리 3. 지역보건의 기획 및 평가 4. 보건교육 5. 영양의 개선, 식품위생 및 공중위생 6. 학교보건에 대한 협조 7. 보건에 관한 실험 또는 검사에 관한 사항 8. 구강보건·정신보건·노인보건 및 장애인의 재활 9. 모자보건 및 가족계획 10. 보건지소·보건진료소의 직원 및 업무에 대한 지도·감독 11. 의약에 대한 지도 12. 기타 의료사업 및 국민보건의 향상·증진에 관한 사항	**제9조(보건소의 업무)** 보건소는 당해 지방자치단체의 관할구역 안에서 행하여지는 다음 각 호의 사항을 관장한다. 1. 국민건강증진·보건교육·구강건강 및 영양개선사업 2. 전염병의 예방·관리 및 진료 3. 모자보건 및 가족계획사업 4. 노인보건사업 5. 공중위생 및 식품위생 6. 의료인 및 의료기관에 대한 지도 등에 관한 사항 7. 의료기사·의무기록사 및 안경사에 대한 지도 등에 관한 사항 8. 응급의료에 관한 사항 9. 농어촌 등 보건의료를 위한 특별조치법에 의한 공중보건의사·보건진료원 및 보건진료소에 대한 지도 등에 관한 사항 10. 약사에 관한 사항과 마약·향정신성의약품의 관리에 관한 사항 11. 정신보건에 관한 사항	**제11조(보건소의 기능 및 업무)** ① 보건소는 해당 지방자치단체의 관할 구역에서 다음 각 호의 기능 및 업무를 수행한다. 1. 건강 친화적인 지역사회 여건의 조성 2. 지역보건의료정책의 기획, 조사·연구 및 평가 3. 보건의료인 및 「보건의료기본법」 제3조제4호에 따른 보건의료기관 등에 대한 지도·관리·육성과 국민보건 향상을 위한 지도·관리 4. 보건의료 관련 기관·단체, 학교, 직장 등과의 협력체계 구축 5. 지역주민의 건강증진 및 질병예방·관리를 위한 다음 각 목의 지역보건의료서비스의 제공 가. 국민건강증진·구강건강·영양관리사업 및 보건교육 나. 감염병의 예방 및 관리 다. 모성과 영유아의 건강유지·증진 라. 여성·노인·장애인 등 보건의료 취약계층의 건강유지·증진 마. 정신건강증진 및 생명존중에 관한 사항 바. 지역주민에 대한 진료, 건강검진 및 만성질환 등의 질병관리에 관한 사항 사. 가정 및 사회복지시설 등을 방문하여 행하는 보건의료 및 건강관리사업 아. 난임의 예방 및 관리 ② 보건복지부장관이 지정하여 고시하는 의료취약지의 보건소는 제1항제5호아목 중 대통령령으로 정하는 업무를 수행할 수 있다. ③ 제1항 및 제2항에 따른 보건소 기능 및 업무 등에 관하여 필요한 세부 사항은 대통령령으로 정한다.

1993년 5월 수원시 권선구 보건소에 영양사가 배치되면서 처음으로 보건 조직에 영양 분야가 들어온 후, 1994년 8월부터 12월까지 5개월간 전국 28개 시범보건소에 40여 명의 자원봉사 영양사가 배치되어 영양사업을 수행하였다. 1995년 제정된 「국민건강증진법」에 국가 및 지방자치단체의 영양개선사업 실시가 의무화되면서 보건소 영양사 활동의 기틀이 마련됨에 따라 1995년부터 시·도별 24개 보건소에 영양사가 일용직으로 채용되게 되었다. 1998년 18개 시범보건소를 시작으로 건강증진사업이 수행되었고, 이후 2005년 건강증진기금이 확충됨에 따라 전국 보건소로 건강증진사업이 확대되면서 영양사업은 필수사업으로 수행되었다. 2005~2007년에는 영양플러스사업이 시범사업으로 실시되면서 영양사는 비정규직으로 고용되었다. 현재 보건소의 영양사 배치는 「지역보건법 시행규칙」의 보건소 전문인력 등의 면허 또는 자격의 종별에 따른 최소 배치 기준에 따르고 있다.

2013년부터 보건소의 건강증진사업은 '지역사회 통합건강증진사업'이란 명칭으로 추진되고 있다. 이는 전국을 대상으로 획일적으로 실시되던 국가 주도형 사업 방식이 지역 여건에 맞는 사업을 추진할 수 있는 지방자치단체 주도 방식으로 개선된 것이다(그림 2-6). 오늘날 지역사회 통합건강증진사업은 「국민건강증진법」 제3조(책임), 제6조(건강친화 환경 조성 및 건강생활의 지원 등), 제15조(영양개선), 제19조(건강증진사업 등)와 「국민영양관

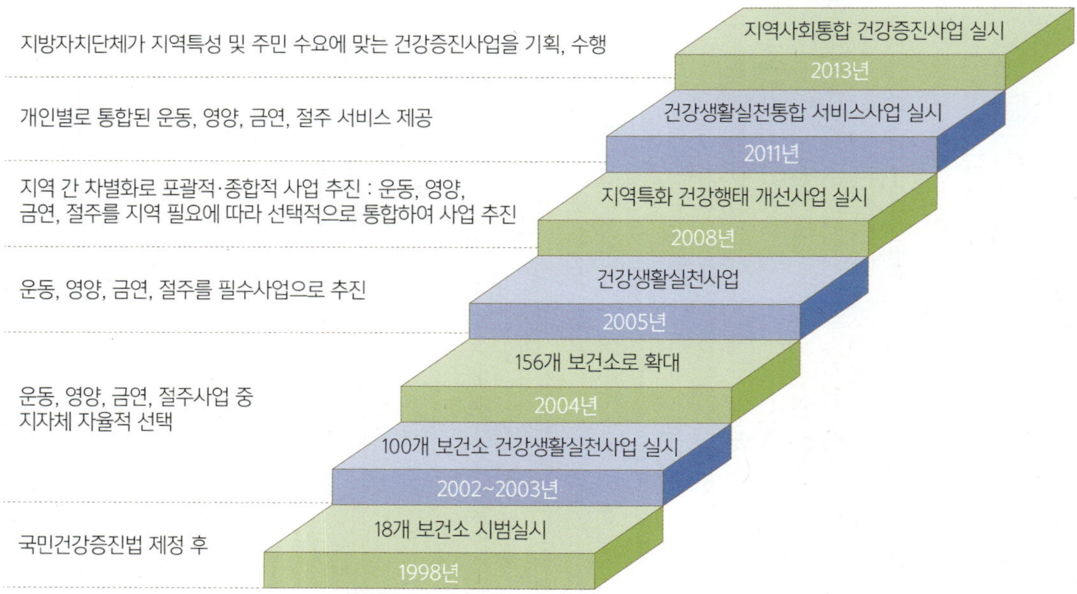

그림 2-6 보건소 건강증진사업의 변천

리법」 제3조(국가 및 지방자치단체의 의무), 제10조(영양·식생활 교육사업), 제11조(영양취약계층 등의 영양관리사업) 등 법적 근거에 따라 수행되고 있다(표 2-10). 이에 따라 '건강생활실천

표 2-10 건강증진 및 영양개선사업 관련 국민건강증진법과 국민영양관리법의 조항

국민건강증진법 [시행 2025.7.31.] [법률 제20171호, 2024.1.30., 타법개정]
제3조(책임) ① 국가 및 지방자치단체는 건강에 관한 국민의 관심을 높이고 국민건강을 증진할 책임을 진다. ② 모든 국민은 자신 및 가족의 건강을 증진하도록 노력하여야 하며, 타인의 건강에 해를 끼치는 행위를 하여서는 아니된다. **제6조(건강친화 환경 조성 및 건강생활의 지원 등)** ① 국가 및 지방자치단체는 건강친화 환경을 조성하고, 국민이 건강생활을 실천할 수 있도록 지원하여야 한다. 〈개정 2019.12.3.〉 ② 국가는 혼인과 가정생활을 보호하기 위하여 혼인 전에 혼인 당사자의 건강을 확인하도록 권장하여야 한다. ③ 제2항의 규정에 의한 건강 확인의 내용 및 절차에 관하여 필요한 사항은 보건복지부령으로 정한다. **제15조(영양개선)** ① 국가 및 지방자치단체는 국민의 영양 상태를 조사하여 국민의 영양개선방안을 강구하고 영양에 관한 지도를 실시하여야 한다. ② 국가 및 지방자치단체는 국민의 영양개선을 위하여 다음 각 호의 사업을 행한다. 1. 영양교육사업 2. 영양개선에 관한 조사·연구사업 3. 기타 영양개선에 관하여 보건복지부령이 정하는 사업 **제19조(건강증진사업 등)** ① 국가 및 지방자치단체는 국민건강증진사업에 필요한 요원 및 시설을 확보하고, 그 시설의 이용에 필요한 시책을 강구하여야 한다. ② 특별자치시장·특별자치도지사·시장·군수·구청장은 지역주민의 건강증진을 위하여 보건복지부령이 정하는 바에 의하여 보건소장으로 하여금 다음 각 호의 사업을 하게 할 수 있다. 1. 보건교육 및 건강상담 2. 영양관리 3. 신체활동장려 4. 구강건강의 관리 5. 질병의 조기발견을 위한 검진 및 처방 6. 지역사회의 보건문제에 관한 조사·연구 7. 기타 건강교실의 운영 등 건강증진사업에 관한 사항 ③ 보건소장이 제2항의 규정에 의하여 제2항제1호 내지 제5호의 업무를 행한 때에는 이용자의 개인별 건강상태를 기록하여 유지·관리하여야 한다. ④ 건강증진사업에 필요한 시설·운영에 관하여는 보건복지부령으로 정한다.
국민영양관리법 [시행 2024.7.3.] [법률 제19886호, 2024.1.2., 일부개정]
제3조(국가 및 지방자치단체의 의무) ① 국가 및 지방자치단체는 올바른 식생활 및 영양관리에 관한 정보를 국민에게 제공하여야 한다. ② 국가 및 지방자치단체는 국민의 영양관리를 위하여 필요한 대책을 수립하고 시행하여야 한다. ③ 지방자치단체는 영양관리사업을 시행하기 위한 공무원을 둘 수 있다. **제10조(영양·식생활 교육사업)** ① 국가 및 지방자치단체는 국민의 건강을 위하여 영양·식생활 교육을 실시하여야 하며 영양·식생활 교육에 필요한 프로그램 및 자료를 개발하여 보급하여야 한다. ② 제1항에 따른 영양·식생활 교육의 대상·내용·방법 등에 필요한 사항은 보건복지부령으로 정한다. **제11조(영양취약계층 등의 영양관리사업)** 국가 및 지방자치단체는 다음 각 호의 영양관리사업을 실시할 수 있다. 1. 영유아, 임산부, 아동, 노인, 노숙인, 장애인 및 사회복지시설 수용자 등 영양취약계층을 위한 영양관리사업 2. 어린이집, 유치원, 학교, 집단급식소, 의료기관 및 사회복지시설 등 시설 및 단체에 대한 영양관리사업 3. 생활습관질병 등 질병예방을 위한 영양관리사업

및 만성질환 예방'과 '취약계층 건강관리'를 목적으로 지방자치단체가 지역사회 주민을 대상으로 지역사회 특성과 주민의 요구가 반영된 프로그램 및 서비스 등을 기획·추진하는 사업으로 운영되고 있다(그림 2-7).

2010년 제정된 「국민영양관리법」 에서는 지방자치단체가 국민영양관리계획에 따른 영양관리사업을 의무적으로 실시하도록 규정하고 있다. 이에 따라 지역사회 통합건강증진사업의 영양 분야는 지역사회 주민의 건강수명 증가를 위한 최적의 영양관리 및 식습관 개선을 목적으로, 건강식생활 실천율을 제고하고 건강 체중을 유지/관리하는 인구비율을 유지하며, 생애주기별 영양관리를 강화하는 것을 목표로 한다. 이를 위해 국민의 식생활 변화 인식 제고, 인구 특성에 따른 영양 격차 최소화, 생활밀착형 영양관리 맞춤 서시스, 건강한 식생활 선택을 위한 환경 조성 등 사업 영역을 분류하고 지역의 건강행태 및

그림 2-7 지역사회 통합건강증진사업의 개요
자료 : 보건복지부, 자역사회 통합건강증진사업, 2024

여건·특성을 반영하여 나트륨 또는 당류 섭취 줄이기 캠페인, 영양플러스사업, 어르신 영양관리사업 등 다양한 영양사업들을 수행하고 있다(표 2-11). 지역사회에서 영양관리사업을 수행하는 보건소 영양사의 활동은 영양지도의 기획·분석과 평가, 지역주민에 대한 영양상담·영양교육 및 영양평가, 지역주민의 건강 상태 및 식생활 개선을 위한 세부 방안 마련, 집단급식시설에 대한 현황 파악 및 급식 업무 지도, 영양교육 자료의 개발·보급 및 홍보 등 지역사회 건강증진을 위한 다양한 영양관리 활동으로 확대되고 있다.

표 2-11 지역사회 통합건강증진사업의 영양 분야 추진 전략

사업 영역		세부 사업
국민의 식생활 변화 인식 제고		• 나트륨 또는 당류 섭취 줄이기 캠페인 • 한국인을 위한 식생활 지침 홍보 및 실천 캠페인
생활밀착형 영양관리 맞춤 서비스	임산부 및 영유아	• 영양플러스사업 • 어린이집·유치원 기반 영양관리사업 • 다문화가족 대상 영양관리사업
	어린이 및 청소년	• 지역아동센터, 다함께돌봄센터, 초등 돌봄교실 어린이 영양관리사업 • 학교 기반 영양관리사업 • 어린이급식관리지원센터 설치·운영
	성인	• 건강위험요인 개선을 위한 맞춤 영양관리사업
	노인	• 어르신 영양관리사업 • 실버건강식생활사업(취약계층 어르신 대상)
	기타	• 다문화가족 영양관리사업
건강한 식생활 선택을 위한 환경 조성		• 영양표시제도 시행·모니터링 • 학교 주변 그린푸드 존 시행·모니터링 • 건강음식점 시행·모니터링

자료 : 보건복지부, 한국건강증진개발원, 2024년 지역사회 통합건강증진사업 안내, 2024

4) 한국인 영양소 섭취기준과 식생활 지침의 제·개정

1941년 미국에서 제2차 세계대전 참전 군인들에게 필수영양소가 부족하지 않은 식사 공급을 위해 영양권장량(Recommended Dietary Allowances, RDAs)을 처음 설정한 이후 다른 나라들도 영양권장량을 제정하였다. 우리나라는 1962년 FAO 한국협회가 주관하여 영양학자, 생화학자, 임상의사 등이 모여 '한국인 영양권장량'을 제정하였다. 그 이후 영양권장량은 국민 체위의 향상과 과학적 자료의 축적 등을 반영하여 2000년에 이르기까지 총 7번 개정되었는데, 1967년 1차 개정, 1975년 2차 개정, 1980년 3차 개정 등은 FAO

한국협회가 주도하였고, 1985년 4차 개정, 1989년 5차 개정 등은 한국인구보건연구원(현재 한국보건사회연구원)이 주도하였으며, 1995년 6차 개정, 2000년 7차 개정 등은 한국영양학회가 주도하여 수행하였다. 영양권장량은 대부분의 건강한 국민을 대상으로 필요량을 충족시키는 각 영양소의 성별, 연령별 섭취 수준이므로 영양결핍 예방을 위한 최소 수준의 섭취량이다. 그러므로 과잉 섭취에 따른 만성질환과 과량 섭취로 인한 위해 위험을 예방하기에는 제한된 자료이다.

1993년부터 미국과 캐나다는 결핍과 과잉을 모두 고려하는 새로운 영양소 기준에 대해 검토하기 시작하여 1997년 일부 영양소에 '영양섭취기준(Dietary Reference Intakes, DRIs)'을 도입하였고 2004년에는 모든 영양소에 대해 새 기준을 마련하였다. 2005년 우리나라도 영양 부족뿐 아니라 과잉 섭취로 인한 만성질환의 위험을 고려한 새로운 섭취기준인 '한국인 영양섭취기준'을 한국영양학회 주관으로 제정, 발행하였다. 2010년 「국민영양관리법」이 제정되어 국가 차원에서의 영양소 섭취기준 제정과 보급이 규정되면서(표 2-12) 보건복지부가 '2015 한국인 영양소 섭취기준'을 새롭게 제정, 발행하였고 이후 5년 주기로 개정되어 오고 있다(그림 2-8).

한국인 영양소 섭취기준은 건강한 개인 및 집단을 대상으로 건강을 유지·증진하고 식사와 관련된 만성질환의 위험을 감소시켜 궁극적으로는 국민의 건강수명을 증진하기 위한 목적으로 설정된 에너지 및 영양소의 섭취량 기준이다. 결핍증을 예방하고 안전하고 충분한 영양 확보를 위해서 평균필요량, 권장섭취량, 충분섭취량, 상한섭취량 등 기준치를 설정하고, 과잉 섭취로 인한 건강문제 예방과 식사와 관련된 만성질환 위험 감소를 고려하여 에너지적정비율, 만성질환위험감소섭취량 등 기준치를 설정하고 있다.

영양소 섭취기준의 활용 범위는 개인의 개별적 영양소 섭취 실태 평가와 식단 계획뿐 아니라, 학교에서 급식 및 학생 대상 영양 상태 평가와 영양교육의 가이드라인, 병원에서 환자 급식계획, 영양 상태 평가, 식사지도, 산업체에서 제품 개발과 식품표시 등이다. 또한 정부의 식생활 관련 정책 및 영양/건강 사업의 계획, 실행, 평가 시에도 기준이 된다(그림 2-9).

한편, 식생활 지침은 건강한 식생활을 위해 일반 대중들이 쉽게 이해할 수 있고 일상생활에서 실천할 수 있도록 제시하는 권장 수칙이다. 그간 정부에서는 보건복지부의 '한국인을 위한 식생활 지침(2008~2011)', 농림축산식품부의 '한국인을 위한 녹색 식생활 지침(2010)', 식품의약품안전처의 '당류 줄이기 실천가이드(2014)' 등 부처별로 식생활 지침

표 2-12 한국인 영양소 섭취기준 및 식생활 지침 관련 국민영양관리법 및 동법 시행규칙의 조항

국민영양관리법 [시행 2024.7.3.] [법률 제19886호, 2024.1.2., 일부개정]
제14조(영양소 섭취기준 및 식생활 지침의 제정 및 보급) ① 보건복지부장관은 국민건강증진에 필요한 영양소 섭취기준을 제정하고 정기적으로 개정하여 학계·산업계 및 관련 기관 등에 체계적으로 보급하여야 한다. ② 보건복지부장관은 관계 중앙행정기관의 장과 협의하여 다음 각 호의 분야에서 제1항에 따른 영양소 섭취기준을 적극 활용할 수 있도록 하여야 한다. 1. 「국민건강증진법」 제2조제1호에 따른 국민건강증진사업 2. 「학교급식법」 제11조에 따른 학교급식의 영양관리 3. 「식품위생법」 제2조제12호에 따른 집단급식소의 영양관리 4. 「식품 등의 표시·광고에 관한 법률」 제5조에 따른 식품 등의 영양표시 5. 「식생활교육지원법」 제2조제2호에 따른 식생활 교육 6. 그 밖에 영양관리를 위하여 대통령령으로 정하는 분야 ③ 보건복지부장관은 국민건강증진과 삶의 질 향상을 위하여 질병별·생애주기별 특성 등을 고려한 식생활 지침을 제정하고 정기적으로 개정·보급하여야 한다. ④ 제1항에 따른 영양소 섭취기준 및 제3항에 따른 식생활 지침의 주요 내용 및 발간 주기 등 세부적인 사항은 보건복지부령으로 정한다.
국민영양관리법 시행규칙 [시행 2022.12.13.] [보건복지부령 제922호, 2022.12.13., 일부개정]
제6조(영양소 섭취기준과 식생활 지침의 주요 내용 및 발간 주기 등) ① 법 제14조제1항에 따른 영양소 섭취기준에는 다음 각 호의 내용이 포함되어야 한다. 1. 국민의 생애주기별 영양소 요구량(평균 필요량, 권장 섭취량, 충분 섭취량 등) 및 상한 섭취량 2. 영양소 섭취기준 활용을 위한 식사 모형 3. 국민의 생애주기별 1일 식사 구성안 4. 그 밖에 보건복지부장관이 영양소 섭취기준에 포함되어야 한다고 인정하는 내용 ② 법 제14조제3항에 따른 식생활 지침에는 다음 각 호의 내용이 포함되어야 한다. 1. 건강증진을 위한 올바른 식생활 및 영양관리의 실천 2. 생애주기별 특성에 따른 식생활 및 영양관리 3. 질병의 예방·관리를 위한 식생활 및 영양관리 4. 비만과 저체중의 예방·관리 5. 영양취약계층, 시설 및 단체에 대한 식생활 및 영양관리 6. 바람직한 식생활문화 정립 7. 식품의 영양과 안전 8. 영양 및 건강을 고려한 음식 만들기 9. 그 밖에 올바른 식생활 및 영양관리에 필요한 사항 ③ 영양소 섭취기준 및 식생활 지침의 발간 주기는 5년으로 하되, 필요한 경우 그 주기를 조정할 수 있다.

을 개발·보급하여 왔다. 그러나 2010년 제정된 「국민영양관리법」에 근거하여 보건복지부, 농림축산식품부, 식품의약품안전처 공동으로 2016년 '국민 공통 식생활 지침'을 발표하였으며 2021년에는 이를 개정한 '한국인을 위한 식생활 지침'을 발표하였다(표 2-13).

그림 2-8 영양권장량과 영양소 섭취기준의 변천

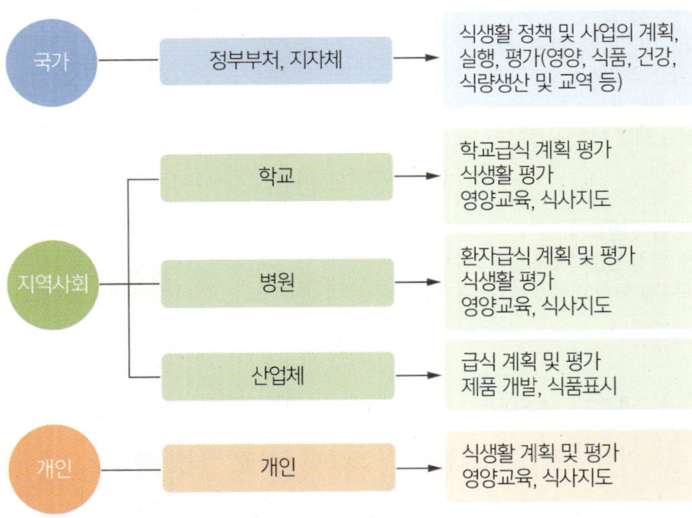

그림 2-9 영양소 섭취기준의 각 분야별 활용 범위

자료 : 보건복지부, 2020 한국인 영양소 섭취기준, 2020

표 2-13 한국인을 위한 식생활 지침

1. 매일 신선한 채소, 과일과 함께 곡류, 고기·생선·달걀·콩류, 우유·유제품을 균형 있게 먹자. 2. 덜 짜게, 덜 달게, 덜 기름지게 먹자. 3. 물을 충분히 마시자. 4. 과식을 피하고, 활동량을 늘려서 건강 체중을 유지하자. 5. 아침식사를 꼭 하자. 6. 음식은 위생적으로, 필요한 만큼만 마련하자. 7. 음식을 먹을 땐 각자 덜어 먹기를 실천하자. 8. 술은 절제하자. 9. 우리 지역 식재료와 환경을 생각하는 식생활을 즐기자.
자료 : 보건복지부, 농림축산식품부, 식품의약품안전처

5) 국민건강영양조사의 시행

(1) 국민영양조사의 시작

우리나라에서 영양조사는 1960년대 후반까지는 각 연구기관이 특수 대상에 한해 산발적으로 수행한 것들이었으며, 범국민적 수준에서의 '국민영양조사'는 1967년 발족한 '한국영양학회'에 의해 1969년에서야 처음으로 수행되었다. 최초의 '국민영양조사'는 보건사회부(현재 보건복지부)의 재정적 후원하에 수행되었지만 국가 주도는 아니었고, 국가가 수행한 첫 번째 '국민영양조사'는 그 이듬해인 1970년에 「식품위생법」과 「국민영양개선령」 및 「국민영양개선령 시행규칙」에 근거하여 실시되었다. 이후 '국민영양조사'는 1995년까지 매년 수행되었다.

1970년 '국민영양조사'는 국민 영양 개선 행정을 위한 기초 조사로서 실시되었다. 이에 전국을 도시, 농촌, 어촌, 산촌, 광촌 등 5개 지역으로 구분하여 30개 지구 589세대를 선정하고 식품섭취조사, 건강조사, 식품경제조사 등을 11월 1일부터 30일까지 총 30일간 수행하였다. 마지막 '국민영양조사'인 1995년 조사는 전국을 총 100개 조사구로 구분하여 2,000가구의 조사표본을 추출하고 건강상태조사, 식품섭취조사, 식생활조사 등을 11월 1일부터 20일까지 총 20일간 수행하였다.

'국민영양조사'의 식품섭취조사는 가구 전체가 섭취한 양을 직접 무게를 재서 섭취량을 추정하는 가구별 칭량법에 의하여 이루어졌기 때문에 개인별 섭취량 파악이 불가능하였고, 외식에 의한 섭취 파악이 전혀 불가능했으며 주류 및 음료 섭취가 과소평가되는 문제가 있었다. 또한 1년 중 일정 기간에만 조사가 이루어지기 때문에 계절별 식품 구성이 뚜렷한 우리 국민들의 전반적인 영양 섭취 실태를 반영하지 못한다는 단점을 가지고 있었다.

(2) 국민건강영양조사로의 전환

1980년대 후반 이후 경제 발전에 따라 생활습관에 변화가 일어나고 만성퇴행성 질환이 증가하면서, 국민을 대상으로 위험요인과 질병 유병 간 연관성 규명을 위한 대규모 역학조사의 필요성이 제기되었다. 이에 1995년 제정된 「국민건강증진법」과 「국민건강증진법 시행령」 및 「국민건강증진법 시행규칙」은 '국민건강영양조사'의 필수성을 명시하고 조사를 위한 기금 조성의 법적 근거를 마련하였으며(표 2-14), 국민건강영양조사원에 대해서도 규정하였다(표 2-8). 1998년 '제1기 국민건강영양조사'는 1969년 이후 1995년까지 매년 시행된 '국민영양조사'와 1971년 도입되어 총 다섯 차례 수행된 '국민건강 및 보건의식행태조사'를 통합·병행하고(그림 2-10), 조사 규모를 확대하는 동시에 검진조사를 새로이 포함하는 등 조사 방법을 과학화함으로써 건강행태 및 영양조사 자료와 질병 유병 자료를 연관 분석할 수 있게 되었다.

'국민건강영양조사'가 처음부터 현재와 같은 조사 체계를 갖춘 것은 아니었다. 제1-3기 '국민건강영양조사'까지는 3년 간격으로 해당 연도에 2~3개월 동안 단기조사를 실시하였지만, 제4기 조사부터는 질병관리본부에서 전문조사 수행팀을 구성하고 계절적 편향 없이 매년 통계 생산이 가능한 연중조사를 수행하여 지금과 같은 전문적인 조사 체계를 갖추게 되었다. 또한 자문위원회를 구성하고 이동 검진 차량을 도입하였으며, 시도 단위 통계 산출이 가능하도록 조사 규모를 확대하고 검진조사의 조사 항목을 단계적으로 추가함으로써 국가 차원의 유병 통계가 형성될 수 있게 되었다(표 2-15).

'국민건강영양조사'의 목적은 국민의 건강 수준, 건강행태, 식품 및 영양 섭취 실태에 대한 국가 단위의 대표성과 신뢰성을 갖춘 통계를 산출하고, 이를 통해 국민건강증진종합계획의 목표 설정 및 평가, 건강증진 프로그램의 개발 등 건강정책의 근거 자료로 활용하는 데 있다.

표 2-14 국민건강영양조사 관련 국민건강증진법 및 동법 시행령과 시행규칙의 조항

국민건강증진법 [법률 제20171호, 2024.1.30., 타법개정]
제16조(국민건강영양조사 등) ① 질병관리청장은 보건복지부장관과 협의하여 국민의 건강상태·식품섭취·식생활조사 등 국민의 건강과 영양에 관한 조사(이하 "국민건강영양조사"라 한다)를 정기적으로 실시한다. ② 특별시·광역시 및 도에는 국민건강영양조사와 영양에 관한 지도업무를 행하게 하기 위한 공무원을 두어야 한다. ③ 국민건강영양조사를 행하는 공무원은 그 권한을 나타내는 증표를 관계인에게 내보여야 한다. ④ 국민건강영양조사의 내용 및 방법, 그 밖에 국민건강영양조사와 영양에 관한 지도에 관하여 필요한 사항은 대통령령으로 정한다.
국민건강증진법 시행령 [대통령령 제33755호, 2023.9.26., 일부개정]
제19조(국민건강영양조사의 주기) 법 제16조제1항에 따른 국민건강영양조사(이하 "국민건강영양조사"라 한다)는 매년 실시한다. **제20조(조사대상)** ① 질병관리청장은 보건복지부장관과 협의하여 매년 구역과 기준을 정하여 선정한 가구 및 그 가구원에 대하여 국민건강영양조사를 실시한다. ② 질병관리청장은 보건복지부장관과 협의하여 노인·임산부등 특히 건강 및 영양 개선이 필요하다고 판단되는 사람에 대해서는 따로 조사기간을 정하여 국민건강영양조사를 실시할 수 있다. ③ 질병관리청장 또는 질병관리청장의 요청을 받은 시·도지사는 제1항에 따라 조사대상으로 선정된 가구와 제2항에 따라 조사대상이 된 사람에게 이를 통지해야 한다. **제21조(조사항목)** ① 국민건강영양조사는 건강조사와 영양조사로 구분하여 실시한다. ② 건강조사는 국민의 건강 수준을 파악하기 위하여 다음 각 호의 사항에 대하여 실시한다. 1. 가구에 관한 사항 2. 건강상태에 관한 사항 3. 건강행태에 관한 사항 ③ 영양조사는 국민의 영양 수준을 파악하기 위하여 다음 각 호의 사항에 대하여 실시한다. 1. 식품섭취에 관한 사항 2. 식생활에 관한 사항 ④ 제2항 및 제3항에 따른 조사사항의 세부내용은 보건복지부령으로 정한다.
국민건강증진법 시행규칙 [보건복지부령 제980호, 2023.11.29., 일부개정]
제11조(조사대상가구의 선정 등) ① 질병관리청장 또는 질병관리청장의 요청을 받은 시·도지사는 영 제20조제1항에 따라 법 제16조제1항에 따른 국민건강영양조사(이하 "국민건강영양조사"라 한다)를 실시할 조사대상 가구가 선정된 때에는 영 제20조제3항에 따라 별지 제5호서식의 국민건강영양조사 가구 선정통지서를 해당 가구주에게 송부해야 한다. ② 영 제20조에 따라 선정된 조사가구 중 전출·전입 등의 사유로 선정된 조사가구에 변동이 있는 경우에는 같은 구역 안에서 조사가구를 다시 선정하여 조사할 수 있다. ③ 질병관리청장은 보건복지부장관과 협의하여 조사지역의 특성이 변경된 때에는 조사지역을 달리하여 조사할 수 있다. **제12조(조사내용)** ① 영 제21조제2항에 따른 건강조사의 세부내용은 다음 각 호와 같다. 1. 가구에 관한 사항: 가구유형, 주거형태, 소득수준, 경제활동상태 등 2. 건강상태에 관한 사항: 신체계측, 질환별 유병(有病) 및 치료 여부, 의료 이용 정도 등 3. 건강행태에 관한 사항: 흡연·음주 행태, 신체활동 정도, 안전의식 수준 등 4. 그 밖에 건강상태 및 건강행태에 관하여 질병관리청장이 정하는 사항 ② 영 제21조제3항에 따른 영양조사의 세부 내용은 다음 각 호와 같다. 1. 식품섭취에 관한 사항: 섭취 식품의 종류 및 섭취량 등 2. 식생활에 관한 사항: 식사 횟수 및 외식 빈도 등 3. 그 밖에 식품섭취 및 식생활에 관하여 질병관리청장이 정하는 사항 **제15조(조사표 작성 등)** 질병관리청장은 국민건강영양조사가 끝난 때에는 조사표를 작성하여 분류·집계 등 통계처리를 하고 이를 매년 공표해야 한다. **제16조(조사자료의 분석과 이용)** 보건복지부장관 및 질병관리청장은 국민건강영양조사의 시기·대상·세부내용·결과 등을 분석하여 이를 국민건강영양개선을 위한 자료로 활용해야 한다.

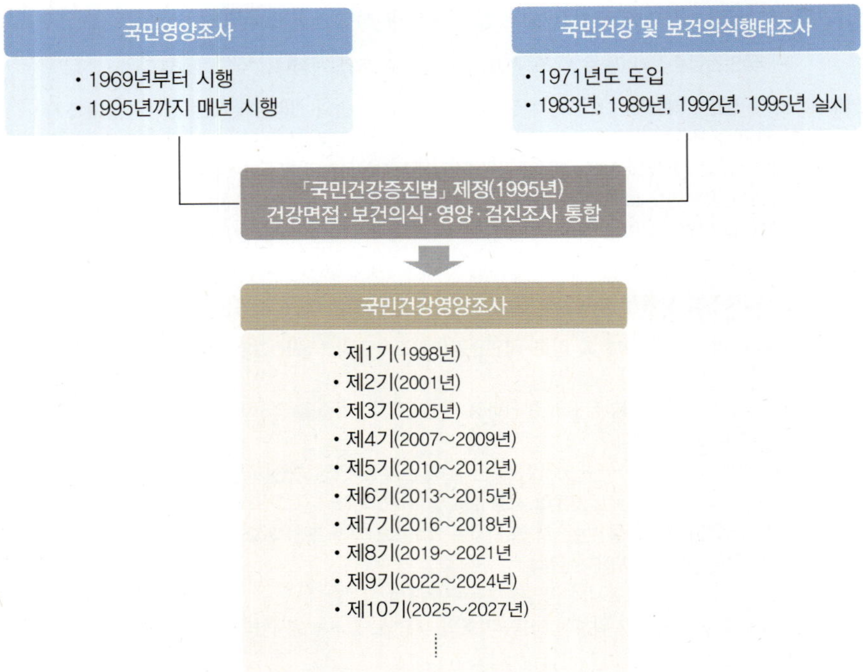

그림 2-10 국민건강영양조사의 변천
자료 : 질병관리청

표 2-15 국민건강영양조사 연혁

기수	조사기간	조사 대상	조사 내용[1]	수행기관
제1기 (1998)	11월~12월	• 건강면접조사 : 200조사구, 약 1만 2천 가구 • 건강행태·검진·영양조사 : 200조사구, 약 4천 가구	[건강설문조사] 건강행태(흡연, 음주 등), 만성질환, 의료이용, 활동 제한, 삶의 질 등 [영양조사] 식생활, 식품섭취빈도, 식품섭취조사 [검진조사] 신체계측, 혈압 및 맥박, 혈액검사, 소변검사	한국보건사회연구원 한국보건산업진흥원
제2기 (2001)	11월~12월	• 건강면접조사 : 600조사구, 약 1만 2천 가구 • 건강행태·검진·영양조사 : 200조사구, 약 4천 가구	[건강설문조사] 건강행태(흡연, 음주 등), 만성질환, 의료이용, 활동 제한, 삶의 질 등 [영양조사] 식생활, 식품섭취빈도, 식품섭취조사 [검진조사] 신체계측, 혈압 및 맥박, 혈액검사, 소변검사, 흉부 X-선검사, 폐기능검사	
제3기 (2005)	4월~6월	• 건강면접조사 : 600조사구, 약 1만 2천 가구 • 건강행태·검진·영양조사 : 200조사구, 약 4천 가구	[건강설문조사] 건강행태(흡연, 음주 등), 만성질환, 의료이용, 활동 제한, 삶의 질 등 [영양조사] 식생활, 식품섭취빈도, 식품섭취, 식품안정성조사 [검진조사] 신체계측, 혈압 및 맥박, 혈액검사, 소변검사	질병관리본부 한국보건사회연구원 한국보건산업진흥원

기수	조사기간	조사 대상	조사 내용[1]	수행기관
제4기 (2007-2009)	1차년도 : 7월~12월 2·3차년도 : 1월~12월	• 500조사구, 약 1만 2천 가구(매년 200조사구, 단, 2007년은 100조사구)	[건강설문조사] 건강행태(흡연, 음주 등), 만성질환, 의료이용, 활동 제한, 삶의 질 등 [영양조사] 식생활, 식품섭취빈도, 식품섭취, 식품안정성조사 [검진조사] 신체계측, 혈압 및 맥박, 혈액검사, 소변검사, 폐기능검사, 구강검사, 안검사, 이비인후검사, 흉부X-선검사, 골밀도 및 체지방검사, 골관절염검사	질병관리본부
제5기 (2010-2012)	1월~12월	• 576조사구, 약 1만 가구(매년 192조사구)	[건강설문조사] 건강행태(흡연, 음주 등), 만성질환, 의료이용, 활동 제한, 삶의 질 등 [영양조사] 식생활, 식품섭취빈도, 식품섭취, 식품안정성조사 [검진조사] 신체계측, 혈압 및 맥박, 혈액검사, 소변검사, 폐기능검사, 구강검사, 안검사, 이비인후검사, 흉부X-선검사, 골밀도 및 체지방검사, 골관절염검사, 가족력	
제6기 (2013-2015)	1월~12월	• 576조사구, 약 1만 가구(매년 192조사구)	[건강설문조사] 건강행태(흡연, 음주 등), 만성질환, 의료이용, 활동 제한, 삶의 질, 신체활동량 측정 등 [영양조사] 식생활, 식품섭취빈도, 식품섭취, 식품안정성조사 [검진조사] 신체계측, 혈압 및 맥박, 혈액검사, 소변검사, 폐기능검사, 구강검사, 안검사, 청력검사, 악력검사, 가족력	
제7기 (2016-2018)	1월~12월	• 576조사구, 약 1만 가구(매년 192조사구)	[건강설문조사] 건강행태(흡연, 음주 등), 만성질환, 의료이용, 활동 제한, 삶의 질, 신체활동량 측정 등 [영양조사] 식생활, 식품섭취빈도[2], 식품섭취, 식품안정성조사 [검진조사] 신체계측, 혈압 및 맥박, 혈액검사, 소변검사, 폐기능검사, 구강검사, 안검사, 악력검사, 가족력	
제8기 (2019-2021)	1월~12월	• 564조사구, 약 1만 가구(매년 192조사구, 단, 2020년은 180조사구)	[건강설문조사] 건강행태(흡연, 음주 등), 만성질환, 의료이용, 활동 제한, 삶의 질 등 [영양조사] 식생활, 식품섭취, 식품안정성조사 [검진조사] 신체계측, 혈압 및 맥박, 혈액검사, 소변검사, 폐기능검사[3], 구강검사, 안검사, 이비인후검사, 악력검사, 가족력	질병관리청[4]
제9기 (2022-2024)	1월~12월	• 576조사구, 약 1만 가구(매년 192조사구)	[건강설문조사] 건강행태(흡연, 음주 등), 만성질환, 의료이용, 활동 제한, 삶의 질 등 [영양조사] 식생활, 식품섭취, 식품안정성조사 [검진조사] 신체계측, 혈압 및 맥박, 혈액검사, 소변검사, 구강검사, 시력검사, 이비인후검사, 악력검사, 체성분검사, 가족력	

[1] 항목별 세부 내용은「국민건강영양조사 제9기 1차년도(2022) 건강설문조사 지침서」,「국민건강영양조사 제9기 1차년도(2022) 검진조사 지침서」, 각 영역별 검진조사 질관리 보고서,「국민건강영양조사 제9기 1차년도(2022) 영양조사 지침서」,「국민건강영양조사 제9기 1차년도(2022) 원시자료 이용지침서」 참고

[2] 식품섭취빈도조사는 2016년까지만 조사 진행

[3] 폐기능검사는 코로나19로 인해 2020~2022년 조사 미실시

[4] 2020년 9월 질병관리청으로 승격

자료 : 질병관리청, 2022 국민건강통계, 2023

6) 국민건강증진종합계획의 수립

'국민건강증진종합계획'은 질병의 사전 예방과 국민 건강증진을 위한 중장기 정책 방향을 제시하는 종합계획으로서 국가 차원의 비전과 목표를 설정하고 이에 따른 실천전략을 제시한다는 점에서 중요한 의미를 가진다.

1995년 「국민건강증진법」의 제정으로 국민건강증진기금이 조성되면서 '국민건강증진종합계획(Health Plan)'의 수립과 실행의 발판이 마련되었다(표 2-16). 10년 단위 종합계획과 5년 단위 수정계획을 기본체계로 하여 2002년 제1차(2002~2010) '국민건강증진종합계획'이 수립된 이후 제2차(2006~2010), 제3차(2011~2020), 제4차(2016~2020), 제5차(2021~2030) 계획이 차례로 수립, 실행되었다(그림 2-11). 제1-3차 '국민건강증진종합계획'은 예산 확대, 사업 분야와 중점과제 수 증대 등 양적 측면에서의 확대 계획이었으며, 제4차 '국민건강증진종합계획'부터는 계획의 실효성 등 질적 측면에서 내실화를 꾀하였다.

제5차 '국민건강증진종합계획'의 장기 비전은 '모든 사람이 평생 건강을 누리는 사회'로서 성, 계층, 지역 간 건강 형평성을 확보하고 출생부터 노년까지 전 생애주기에 걸쳐 건강권을 보장하는 것이다. '건강수명 연장, 건강형평성 제고'를 위해 2030년까지 건강수명 73.3세를 달성하는 한편, 소득수준 상위 20%의 건강수명과 소득수준 하위 20%의 건강수명 격차를 7.6세 이하로 낮추고, 건강수명 상위 20%에 해당하는 지방자치단체의 건강수명과 하위 20% 해당 지방자치단체의 건강수명 격차를 2.9세 이하로 낮출 것을 총괄목표로 설정하였다(표 2-17). 이를 위해 '모든 정책 안에 건강(Health in All Policies, HiAP)' 등 6가지 기본 원칙에 따라, 우선적으로 달성해야 하는 6개 분과의 정책목표를 선정하고 각 분과별로 우선적으로 추진해야 하는 과제를 구성하여 총 28개의 중점과제를 설정하였다(그림 2-12).

표 2-16 국민건강증진종합계획과 국민건강증진기금 관련 국민건강증진법의 조항

국민건강증진법 [법률 제20171호, 2024.1.30., 타법개정]
제4조(국민건강증진종합계획의 수립) ① 보건복지부장관은 제5조의 규정에 따른 국민건강증진정책심의위원회의 심의를 거쳐 국민건강증진종합계획(이하 "종합계획"이라 한다)을 5년마다 수립하여야 한다. 이 경우 미리 관계중앙행정기관의 장과 협의를 거쳐야 한다. ② 종합계획에 포함되어야 할 사항은 다음과 같다. 1. 국민건강증진의 기본목표 및 추진방향 2. 국민건강증진을 위한 주요 추진과제 및 추진방법 3. 국민건강증진에 관한 인력의 관리 및 소요재원의 조달방안

4. 제22조의 규정에 따른 국민건강증진기금의 운용방안
4의2. 아동·여성·노인·장애인 등 건강취약 집단이나 계층에 대한 건강증진 지원방안
5. 국민건강증진 관련 통계 및 정보의 관리 방안
6. 그 밖에 국민건강증진을 위하여 필요한 사항

제22조(기금의 설치 등) ① 보건복지부장관은 국민건강증진사업의 원활한 추진에 필요한 재원을 확보하기 위하여 국민건강증진기금(이하 "기금"이라 한다)을 설치한다.
② 기금은 다음 각 호의 재원으로 조성한다.
1. 제23조제1항의 규정에 의한 부담금
2. 기금의 운용 수익금

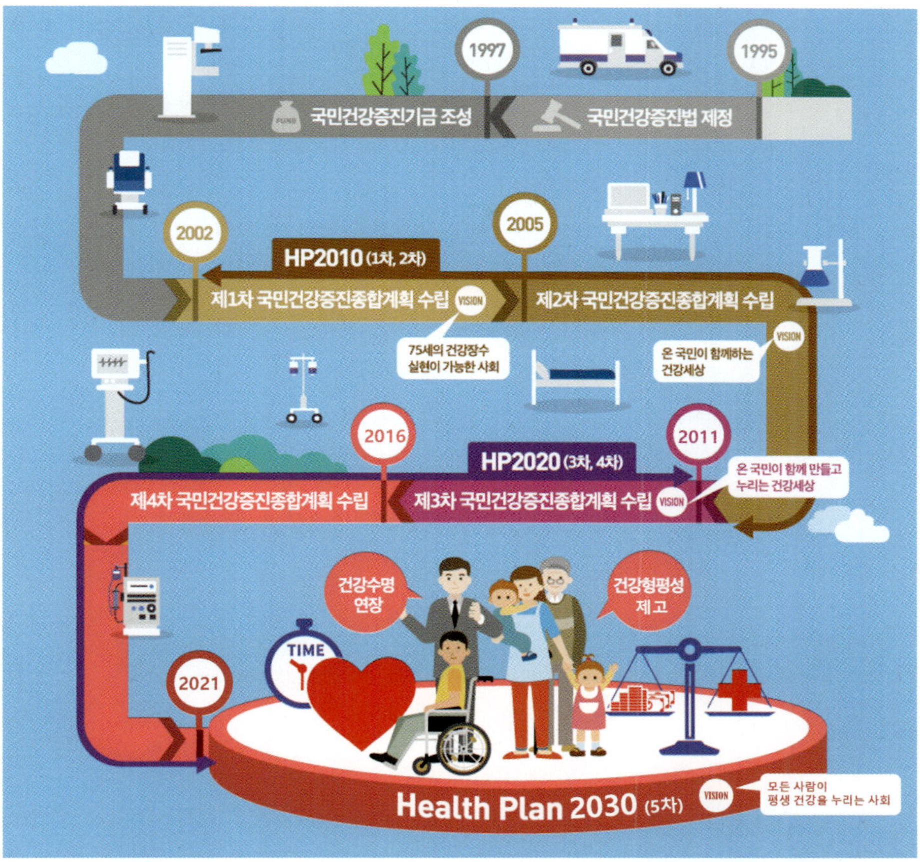

	1995	1997	2002	2005	2011	2016	2021
	국민건강증진법 제정	국민건강증기금 조성	1차계획 국민건강증진종합계획 (HP2010, 2002~2005) 수립	2차계획 국민건강증진종합계획 (HP2010, 2006~2010) 수립	3차계획 국민건강증진종합계획 (HP2010, 2011~2015) 수립	4차계획 국민건강증진종합계획 (HP2010, 2016~2020) 수립	5차계획 국민건강증진종합계획 (HP2010, 2021~2030) 수립
비전			75세의 건강장수 실현이 가능한 사회	온 국민이 함께 하는 건강세상	온 국민이 함께 만들고 누리는 건강세상		모든 사람이 평생 건강을 누리는 사회

그림 2-11 국민건강증진종합계획 추진 경과
자료 : 한국건강증진개발원, 한국건강증진개발원 웹진 「The 건강」 창간호, 2019(발췌, 수정)

표 2-17 국민건강증진종합계획 연혁 및 개요

구분	Health Plan 2010		Health Plan 2020		Health Plan 2030
	제1차('02~'10)	제2차('06~'10)	제3차('11~'20)	제4차('16~'20)	제5차('21~'30)
비전	75세의 건강장수 실현이 가능한 사회	온 국민이 함께하는 건강세상	온 국민이 함께 만들고 누리는 건강세상		모든 사람이 평생 건강을 누리는 사회
총괄목표	건강수명 연장 ('02 66.0세 → '10 75.1세 목표)	건강수명 연장 ('05 67.8세, → '10 72.0세 목표)	건강수명 연장 ('10년 71.4세 → '20년 75.0세 목표)		건강수명 연장 ('18년 70.4세 → '30년 73.3세 목표)
		건강형평성 제고	건강형평성 제고		건강형평성 제고
대표지표	-	12개	16개	19대	64개
세부사업	6개 분야 39개 사업	4개 분야 24개 중점과제 108개 사업	6개 분야 32개 중점과제 140개 사업	6개 분야 27개 중점과제 140개 사업	6개 분야 28개 중점과제
성과지표	40개	244개	405개	369개	400개

모든 사람이 평생 건강을 누리는 사회

건강 수명 연장, 건강 형평성 제고

기본 원칙

1. 국가와 지역사회의 모든 정책 수립에 건강을 우선적으로 반영한다.
2. 보편적인 건강 수준의 향상과 건강 형평성 제고를 함께 추진한다.
3. 모든 생애 과정과 생활터에 적용한다.
4. 건강 친화적인 환경을 구축한다.
5. 누구나 참여하여 함께 만들고 누릴 수 있도록 한다.
6. 관련된 모든 부문이 연계하고 협력한다.

건강생활 실천

1. 금연
2. 절주
3. 영양
4. 신체활동
5. 구강건강

정신건강 관리

6. 자살예방
7. 치매
8. 중독
9. 지역사회 정신건강

비감염성 질환 예방관리

10. 암
11. 심뇌혈관질환
12. 비만
13. 손상

감염 및 기후변화성 질환 예방관리

14. 감염병 예방 및 관리
15. 감염병 위기 대비대응
16. 기후변화성 질환

인구집단별 건강관리

17. 영유아
18. 아동·청소년
19. 여성
20. 노인
21. 장애인
22. 근로자
23. 군인

건강친화적 환경구축

24. 건강친화적 법제도 개선
25. 건강정보 이해력 제고
26. 혁신적 정보기술의 적용
27. 재원마련 및 운용
28. 지역사회 자원 확충 및 거버넌스 구축

그림 2-12 제5차 국민건강증진종합계획(HP2030) 기본 틀

7) 국민영양관리기본계획과 식생활교육기본계획의 수립

2010년 「국민영양관리법」이 제정되고 시행됨에 따라 국가 차원에서 국민 영양관리를 위해 필요한 계획과 대책 등을 종합한 '국민영양관리기본계획'을 수립·시행하게 되었고, 각 시·군·구도 관련 계획을 세우고 영양사업을 수행하게 되었다(표 2-18).

표 2-18 국민영양관리기본계획 관련 식생활교육지원법의 조항

국민영양관리법 [시행 2024.7.3.] [법률 제19886호, 2024.1.2., 일부개정]
제7조(국민영양관리기본계획) ① 보건복지부장관은 관계 중앙행정기관의 장과 협의하고 「국민건강증진법」 제5조에 따른 국민건강증진정책심의위원회(이하 "위원회"라 한다)의 심의를 거쳐 국민영양관리기본계획(이하 "기본계획"이라 한다)을 5년마다 수립하여야 한다. ② 기본계획에는 다음 각 호의 사항이 포함되어야 한다. 1. 기본계획의 중장기적 목표와 추진방향 2. 다음 각 목의 영양관리사업 추진계획 가. 제10조에 따른 영양·식생활 교육사업 나. 제11조에 따른 영양취약계층 등의 영양관리사업 다. 제13조에 따른 영양관리를 위한 영양 및 식생활 조사 라. 그 밖에 대통령령으로 정하는 영양관리사업 3. 연도별 주요 추진과제와 그 추진방법 4. 필요한 재원의 규모와 조달 및 관리 방안 5. 그 밖에 영양관리정책수립에 필요한 사항 ③ 보건복지부장관은 제1항에 따라 기본계획을 수립한 경우에는 관계 중앙행정기관의 장, 특별시장·광역시장·도지사·특별자치도지사(이하 "시·도지사"라 한다) 및 시장·군수·구청장(자치구의 구청장을 말한다. 이하 같다)에게 통보하여야 한다. ④ 제1항의 기본계획 수립에 따른 협의절차, 제3항의 통보방법 등에 관하여 필요한 사항은 보건복지부령으로 정한다. **제8조(국민영양관리시행계획)** ① 시장·군수·구청장은 기본계획에 따라 매년 국민영양관리시행계획(이하 "시행계획"이라 한다)을 수립·시행하여야 하며 그 시행계획 및 추진실적을 시·도지사를 거쳐 보건복지부장관에게 제출하여야 한다. ② 보건복지부장관은 시·도지사로부터 제출된 시행계획 및 추진실적에 관하여 보건복지부령으로 정하는 방법에 따라 평가하여야 한다. ③ 시행계획의 수립 및 추진 등에 필요한 사항은 보건복지부령으로 정하는 기준에 따라 해당 지방자치단체의 조례로 정한다.
국민영양관리법 시행규칙 [시행 2022.12.13.] [보건복지부령 제922호, 2022.12.13., 일부개정]
제3조(시행계획의 수립시기 및 추진절차 등) ① 법 제7조제3항에 따라 기본계획을 통보받은 시장·군수·구청장(자치구의 구청장을 말한다. 이하 같다)은 법 제8조에 따른 국민영양관리시행계획(이하 "시행계획"이라 한다)을 수립하여 매년 1월 말까지 특별시장·광역시장·도지사·특별자치도지사(이하 "시·도지사"라 한다)에게 보고하여야 하며, 이를 보고받은 시·도지사는 관할 시·군·구(자치구를 말한다. 이하 같다)의 시행계획을 종합하여 매년 2월 말까지 보건복지부장관에게 제출하여야 한다. ② 시장·군수·구청장은 제1항에 따른 시행계획을 「지역보건법」 제7조제2항에 따른 지역보건의료계획의 연차별 시행계획에 포함하여 수립할 수 있다. 〈개정 2015.11.18.〉

③ 시장·군수·구청장은 해당 연도의 시행계획에 대한 추진실적을 다음 해 2월 말까지 시·도지사에게 보고하여야 하며, 이를 보고받은 시·도지사는 관할 시·군·구의 추진실적을 종합하여 다음 해 3월 말까지 보건복지부장관에게 제출하여야 한다.
④ 시장·군수·구청장은 지역 내 인구의 급격한 변화 등 예측하지 못한 지역 환경의 변화에 따라 필요한 경우에는 관련 단체 및 전문가 등의 의견을 들어 시행계획을 변경할 수 있다.
⑤ 시장·군수·구청장은 제4항에 따라 시행계획을 변경한 때에는 지체 없이 이를 시·도지사에게 보고하여야 하며, 이를 보고받은 시·도지사는 지체없이 이를 보건복지부장관에게 제출하여야 한다.

우리나라는 고령인구 증가에 따라 노년부양비 증가와 만성질환 유병률 증가에 따른 사회적 부담 문제에 직면하고 있다. 또한 사회경제적 격차에 따른 건강 및 영양 격차는 심화되고 있고, 식습관과 영양불균형 문제는 지속되고 있으며, 식품소비행태와 영양·식생활 환경도 급변하고 있다.

이에 따라 보건복지부는 2012년 제1차 '국민영양관리기본계획'을 수립하여 국가 차원의 영양관리사업을 도입한 이래 제2차 '국민영양관리기본계획'을 통해 개인 주도의 영양관리를 도입하게 되었다. 제3차 '국민영양관리기본계획'에서는 스마트 영양관리의 도입을 통한 건강식생활 실천 인구의 증가를 목표로 설정하고, 이를 위해 국민의 식생활 변화 인식 제고 추진, 건강한 식생활 선택을 위한 환경 조성, 생활밀착형 영양관리 맞춤서비스 강화, 영양관리 기반 내실화를 위한 근거 강화 및 인프라 확충 등의 추진전략을 수립하고 있다(그림 2-13).

한편, 농림축산식품부는 2009년 제정된 「식생활교육지원법」에 따라 2010년 제1차 '식생활 교육 기본계획' 및 2015년 제2차 '식생활 교육 기본계획'을 수립하였다(표 2-19). 제1차 계획에서는 '건강한 국민, 녹색 식문화'를 비전으로 하여 식생활 교육을 위한 정책 기반 구축 및 대국민 인식 제고 등 정책을 추진하였고, 제2차 계획에서는 '바른 식생활, 건강한 식문화로 국민 삶의 질 향상'을 비전으로 하여 가정·학교·지역을 통한 식생활 교육의 전국적인 확산을 추진하였다. 2020년에 수립한 제3차 '식생활 교육 기본계획'에서는 '지속 가능한 식생활 실천'을 비전으로 설정하고 이를 위해 '사람 중심 교육', '농업·환경의 공익적 가치 확산', '지역자원 활용 교육', '실천기반 강화' 등 4개 전략을 수립하였다(그림 2-14). 지속 가능한 식생활이란 식품의 순환 과정 속에서 국민의 건강뿐 아니라 사회의 지속 가능성에 기여하는 식생활을 의미하며 식생활을 건강 및 영양 차원을 넘어 농업·환경·사회 등 다양한 사회적 가치의 실현에 기여하는 개념으로 확장하는 것을 의미한다(그림 2-15). 이를 위해 제3차 '식생활 교육 기본계획'에서는 우리 농업·환경의 가치에

비전

모든 국민의 건강한 식생활 실천이 가능한 사회

목표

건강식생활 실천 인구 증가
누구나, 언제나, 어디서나 스마트 영양관리

- 포화지방산을 적정 수준으로 섭취하는 인구비율 증가
  ('20년 47.7% → '26년 63.5%), 만 3세 이상, 표준화
- 과일/채소를 1일 500 g 이상 섭취하는 인구비율 증가
  ('20년 26.2% → '26년 35.1%), 만 6세 이상, 표준화
- 당을 적정 수준으로 섭취하는 인구비율 증가
  ('20년 72.3% → '26년 80.0%), 만 6세 이상, 표준화
- 나트륨을 적정 수준으로 섭취하는 인구비율 증가
  ('20년 33.6% → '26년 38.6%), 만 1세 이상, 표준화
- 가공식품 선택 시 영양표시 이용 인구비율 증가
  ('20년 30.1% → '26년 31.1%), 초등학생 이상, 표준화
- 아침식사 결식률 유지('20년 34.6% → '26년 34.6%), 만 1세 이상, 표준화
- 식품 안정성 확보 가구분율 증가('20년 96.3% → '26년 96.7%)
  - 소득 1~5분위 간 격차 감소('20년 13.2%p → '26년 9.5%p)

추진전략 및 실천과제

국민의 식생활 변화 인식 제고 추진
- 지속가능한 전국 단위 캠페인 추진
- 건강식생활 정보 전달 경로 확대
- 홍보·캠페인을 위한 민관 협력 강화

건강한 식생활 선택을 위한 환경 조성
- 영양·식생활 디지털 정보 제공
- 건강한 식품 소비 선택권 강화
- 건강한 식품 생산 유도

생활밀착형 영양관리 맞춤 서비스 강화
- 스마트 영양관리 서비스 앱 보급
- 생활공간 기반 영양관리 실천 역량 강화
- 영양 취약 계층 영양관리 지원 확대
- 긴급 영양관리 지원 체계 구축

영양관리 기반 내실화를 위한 근거 강화 및 인프라 확충
- 법·제도 등 정비
- 영양·식생활 조사 확대 및 개선
- 영양 성분 데이터 생산 및 활용 강화
- 전문 인력 역량 강화
- 영양관리 근거 마련 연구 기획 및 수행

추진 체계

건강식생활 실천 환경 조성 및 기반 강화	중앙행정기관 및 지방자치단체의 연도별 시행 계획 수립·시행	민관 협력 거버넌스 구축

그림 2-13 제3차 국민영양관리기본계획 기본 틀

대한 인식을 제고하고 국민의 건강과 사회·환경의 지속 가능성을 달성하기 위한 다양한 정책을 국가 차원에서 수행 중에 있다.

구분	내용	
가치	환경 · 건강 · 배려	
비전	지속 가능한 식생활로 함께 하는 농업, 건강한 국민, 포용하는 사회 실현	
목표	· 취약계층과 미래 세대를 고려한 사람 중심 교육 실시 (신규) 지속 가능한 식생활 실천율(%, 국민식생활실태조사) : ('24) 70 · 농업·환경의 공익적 가치 확산을 위한 교육 확대 농업·환경의 공익적 가치에 대한 인식도(%, 국민식생활실태조사 : ('19) 65.8→('24) 75 · 지속 가능한 식생활 확산으로 우리 농식품 소비 기반 확대 국산 농산물 이용 실천율(%, 국민식생활실태조사) : ('19) 60.8 → ('24) 70	
전략	사람 중심 맞춤형 교육	❶ 취약계층 대상 농식품 지원과 연계한 교육 ❷ 미래 세대의 올바른 식습관 형성을 위한 교육 ❸ 성인의 식생활 관리를 위한 찾아가는 교육
	농업과 환경의 공익적 가치 확산	❶ 농업·농촌 이해력 제고를 위한 교육 기반 조성 ❷ 도시 속 농업·농촌 체험 기회 확대 ❸ 환경의 가치를 고려한 교육 확대
	지역의 자원을 활용한 교육	❶ 지역농산물 확산 연계 교육 기반 조성 ❷ 민·관 협업으로 지역 내 교육 수요 발굴 ❸ 전통 식생활 교육·체험 및 계승·발전
	지속 가능한 식생활 실천 기반 강화	❶ 수요자 중심의 온라인 플랫폼 운영 ❷ 교육 콘텐츠 개발 및 전문 인력 역량 강화 ❸ 지속 가능한 식생활 실천 확산을 위한 홍보 확대
추진 체계	· 지역 단위 식생활 교육 추진 기반 강화 및 확산 · 부처 간 협업 확대 및 사업 평가 체계 구축 · 교육성과 측정을 위한 조사·연구 강화	

그림 2-14 제3차 식생활 교육 기본계획 기본 틀

표 2-19 식생활 교육 기본계획 관련 국민영양관리법의 조항

식생활교육지원법 [시행 2022.2.18.] [법률 제18402호, 2021.8.17., 일부개정]
제14조(식생활 교육 기본계획의 수립) ① 농림축산식품부장관은 식생활 교육 관련 정책을 종합적이고 체계적으로 추진하기 위하여 5년마다 관계 중앙행정기관의 장과 협의하여 식생활 교육 기본계획(이하 "기본계획"이라 한다)을 수립하여야 한다. ② 기본계획은 다음 각 호의 사항을 포함한다. 1. 식생활 교육의 목표와 추진방향 2. 가정, 학교, 지역 등에서의 식생활 교육에 관한 사항 3. 농어업 활성화 등을 위한 농어업인과 소비자 간 교류촉진에 관한 사항 4. 전통 식생활 문화의 계승·발전에 관한 사항 5. 식생활 교육에 수반되는 재원 조달 계획에 관한 사항 6. 식생활 체험활동의 활성화에 관한 사항 7. 그 밖에 식생활 교육에 관하여 필요한 사항으로 대통령령으로 정하는 사항 ③ 농림축산식품부장관은 기본계획을 수립하는 때에는 제18조에 따른 국가 식생활 교육 위원회의 심의를 거쳐야 한다. 기본계획을 변경하는 경우에도 같다. ④ 농림축산식품부장관은 기본계획을 수립한 때에는 관계 중앙행정기관의 장, 특별시장·광역시장·특별자치시장·도지사·특별자치도지사(이하 "시·도지사"라 한다)에게 통보하고 국회 소관 상임위원회에 제출하여야 한다. ⑤ 농림축산식품부장관은 기본계획을 수립한 때에는 농림축산식품부령으로 정하는 바에 따라 이를 공표하여야 한다.
제16조(시·도계획 및 시·군·구계획의 수립) ① 시·도지사는 기본계획에 따라 5년마다 시·도 식생활 교육 계획(이하 "시·도계획"이라 한다)을 수립하여 시행하여야 한다. ② 시장·군수·구청장(자치구의 구청장을 말한다. 이하 같다)은 시·도 계획에 따라 5년마다 시·군·구 식생활 교육 계획(이하 "시·군·구계획"이라 한다)을 수립하여 시행하여야 한다. ③ 시·도계획 및 시·군·구계획은 제20조에 따라 시·도 식생활 교육 위원회 및 시·군·구 식생활 교육 위원회를 둘 경우에는 각 위원회의 심의를 거쳐야 한다. 시·도계획 및 시·군·구계획을 변경하는 경우에도 같다.

그림 2-15 지속 가능한 식생활
자료 : 농림축산식품부, 제3차 식생활교육 기본계획, 2020

단원정리

- 1960년대 우리나라의 식생활은 곡류에 편중되어 있어 영양 불균형이 심각하였고, 이를 해결하기 위한 지역사회영양사업의 일환으로 응용영양사업이 실시되었다. 응용영양사업은 국내 최초의 본격적인 식생활 교육사업으로서 농촌 주민들의 식생활 및 영양 상태 개선에 크게 기여하였다.

- 1962년 제정된 「식품위생법」은 최초로 영양사 면허를 법적 명시하였다. 현재 영양사의 면허 조항은 「국민영양관리법」에 규정되어 있으며 영양사의 책임과 업무에 대해서도 명시하고 있다. 또한 「식품위생법」에는 집단급식소의 영양사 배치와 직무에 대한 내용이 규정되어 있다.

- 2010년 제정된 「국민영양관리법」은 영양 정책이 건강 정책의 일부가 아닌 단독 정책으로 시행될 수 있는 법적 근거를 마련한 법으로, 국민 영양관리 기본 계획, 영양소 섭취기준 및 식생활 지침의 제정 및 보급, 영양사 등의 책임, 영양사의 업무, 영양사의 면허 등을 명시하고 있다.

- 1995년 「국민건강증진법」이 제정됨으로써 국가 및 지방자치단체의 영양 개선사업의 실시가 의무화되어 보건소에서의 영양사 활동의 기틀이 마련되었다. 2013년부터는 보건소의 건강증진사업이 '지역사회 통합 건강증진사업'이란 명칭으로 추진되면서 기존에 수행되어 오던 영양사업을 '영양 분야'로 통합 추진하고 있다.

- 1962년 FAO 한국협회가 주관하여 한국인 영양권장량을 제정하였으나 영양소의 과잉 섭취에 따른 만성질환의 위험 및 영양소의 과다 섭취 예방을 고려하기에는 제한된 자료였기에, 2005년 한국영양학회와 보건복지부는 영양섭취기준을 제정하였다.

- 최초의 범국민적 수준에서의 영양조사인 국민영양조사는 1969년 보건사회부의 재정적 후원하에 한국영양학회의 주도로 수행되었으며, 1995년 「국민건강증진법」이 제정된 이후 1998년부터는 국민영양조사와 국민건강 및 보건의식행태조사를 통합하여 3년 주기로 국민건강영양조사를 수행해 오고 있다.

연습문제

1 1968년 우리나라에서 응용영양사업이 시작된 배경을 설명해 보자.

2 응용영양사업을 통해 수행된 활동에 대해 설명해 보자.

3 보건소의 지역사회 통합건강증진사업의 영양 분야에는 어떤 사업들이 수행되고 있는지를 설명해 보자.

정답과 풀이

1 우리나라의 농업 생산구조는 곡류에 지나치게 편중되어 있었으며, 특히 농촌 지역에서의 곡류 위주의 식생활 습관이 심각하였다. 이는 단백질, 칼슘, 철, 비타민 B_2 등 영양소의 만성적 부족을 초래하였다.

2 다양한 보충식품 생산, 식품의 이용 방법 보급, 전문기관 수립과 전문가 양성, 각종 통계자료 형성 등의 활동이 이루어졌다.

3 지역사회 보건소에서는 영양 분야 건강증진사업으로 영양플러스사업, 건강과일바구니사업, 건강위험요인 개선을 위한 맞춤 영양관리사업, 어르신 영양관리사업 등을 수행하고 있다.

03

영양 정책과 영양 행정

대한민국 「헌법」 제34조는 '모든 국민은 인간다운 생활을 할 권리를 가진다'고 선언하고 있다. 이에 따라 국가는 '사회보장과 사회복지의 증진에 노력할 의무'를 가지며, '여자의 복지와 권익의 향상을 위해 노력'하여야 하고 '노인과 청소년의 복지 향상을 위한 정책을 실시할 의무'를 진다. 또 '신체장애자 및 질병·노령, 기타의 사유로 생활 능력이 없는 국민은 법률이 정하는 바에 의하여 국가의 보호'를 받는다고 하였다. 「헌법」 제35조는 '모든 국민은 건강하고 쾌적한 환경에서 생활할 권리'를 가진다고 하였으며, 제36조는 '국가는 모성의 보호를 위하여 노력'하여야 하며 '모든 국민은 보건에 관하여 국가의 보호를 받는다'고 하였다. 영양 정책과 영양 행정은 이와 같은 헌법상 국민의 권리를 실현하기 위하여 정부기관과 민간조직이 협력하여 '국민 건강증진과 영양 개선'이라는 궁극적 목적을 달성하고자 하는 것이다. 국민 건강증진과 영양 개선을 위한 활동의 영역은 크게 영양 정책, 영양 행정, 영양 서비스로 나눌 수 있다. 이 장에서는 영양 정책의 개념과 실제를 알아보고, 정부기관에서 수행하는 영양 행정과 민간조직의 영양활동에 대하여 살펴보도록 한다.

1. 영양 정책

1) 영양 정책의 개념

정책은 일반적으로 행정의 개념과 혼동되기 쉽다. 정책과 행정은 '목적과 수단'으로 구분하여 이해할 수 있다. 즉 정책은 궁극적인 목적을 가리키는 방향 제시이고, 행정은 그 목적을 달성하기 위한 방법이나 과정이다. 정책을 구현하는 방법이 행정이며, 행정적으로 지원 가능한 자원과 여건이 정책의 규모와 방향을 구속하기 때문에 실제로 정책과 행정이 분명하게 구분되지는 않는다. 특정 활동이 시작될 때에는 정책으로서의 의미가 강하지만, 반복 시행되면서 일상적인 업무의 영역으로 들어오면 행정으로서의 의미를 갖게 된다.

2) 영양 정책의 범위

영양 정책은 앞서 제시한 대로 헌법상 국민의 권리를 실현하기 위한 것이므로 국회에서 발의하여 의결된 여러 법령의 형식으로 존재한다. 영양 정책은 관련된 실정법이나 이와 연관된 행정지침 등에 의하여 이루어지기 때문에, 영양 정책을 이해하고자 한다면 관련 법령을 살펴보아야 한다. 현행 및 과거의 법령과 규칙, 해석례 등을 법제처에서 관리하는 국가법령정보센터 홈페이지에서 확인할 수 있다(그림 3-1). 국가법령정보센터는 필요할 때 쉽게 접근할 수 있도록 스마트폰 애플리케이션으로도 개발되어 있다. 영양 정책과 관련된 법령으로는 「학교급식법」, 「식품위생법」, 「국민건강증진법」, 「건강기능식품에 관한 법률」, 「어린이 식생활안전관리 특별법」, 「식생활교육지원법」, 「국민영양관리법」 등이 있다. 국민의 요구가 정책화되어 법령으로 공포되기까지 우리나라 법률 제정의 과정은 그림 3-2와 같다.

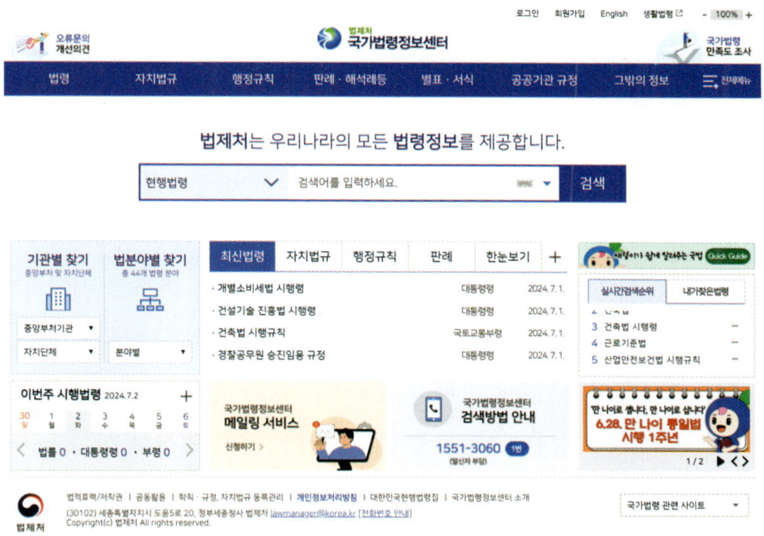

그림 3-1 국가법령정보센터 홈페이지

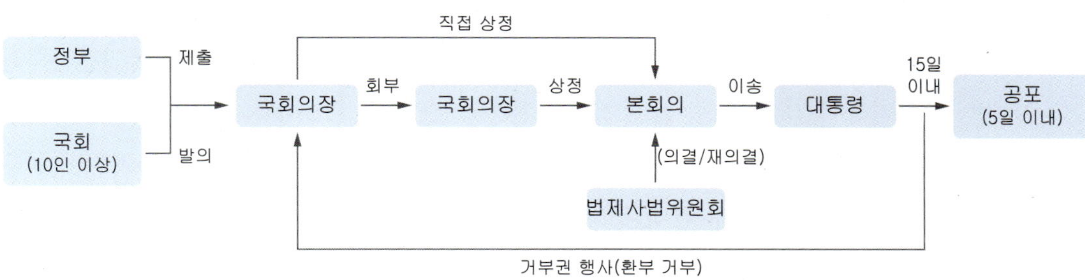

그림 3-2 우리나라 법령의 입법 절차

영양 정책은 식품의 수급에 관한 식량 정책과 관련되어 있고, 건강증진과 질병 예방을 위한 보건 정책과도 연관되어 있다. 영양 정책이 어떤 영역에 초점을 두느냐는 사회적 배경과 시대적 맥락에 따라 달라진다. 과거 6.25전쟁이 중단된 후 기간산업이 유실되고 전후 출생한 베이비부머로 인구가 급증하던 시절에는 국민에게 식량을 공급하는 것이 영양 정책의 주된 이슈였다. 이때는 식량 증산을 위한 노력과 해외 원조의 유치 및 배분에 관한 사항이 정책 결정에서 중요하였다. 1960년대부터 1980년대까지 식량농업기구(FAO)와 세계보건기구(WHO), 국제연합 아동기금(UNICEF)의 원조를 받아 농촌진흥청에서 수행한 응용영양사업의 주된 표적 지역은 농촌이었다. 산업화와 근대화를 위하여 주곡의 가격을 국가가 통제하던 시절에 농촌의 생활개선사업은 국가 전체의 식량 확보와 직결되는 중요한 사업이었다.

그러나 1990년대 이후 산업화가 이루어지고 식량 수급이 안정화되면서 삶의 질에 대한 국민의 관심이 커졌다. 생존을 위한 식량이 아닌 먹는 즐거움을 위한 한 끼 식사를 추구하면서 필요 이상의 영양소를 섭취하여 비만과 생활습관병의 유병률이 증가되었다. 삶의 질에 대한 관심은 혼인의 감소와 이혼의 증가, 출산율 감소로 이어지면서 더 이상 인구가 증가하지 않는 시대가 되었다. 우리나라의 2023년 합계출산율은 0.72명(통계청, 2023)으로, 대체 출산율인 2.1명에 미치지 못하고 OECD 회원국의 2021년 기준 합계출산율 1.58명의 절반에도 미치지 못한다. 합계출산율이 1.3명 이하의 사회를 '초저출산사회'라 하는데 우리나라는 2001년도에 초저출산사회로 진입하였다. 이러한 배경에서 저출산문제에 대응하기 위한 영양 정책으로 '영양플러스사업' 등이 도입되었고, 생활습관병 예방을 위하여 지역 보건소에서는 금연, 절주, 신체활동, 영양을 주제로 한 건강생활실천사업을 수행하고 있다. 또 날로 증가하는 음식물 쓰레기로 인한 환경오염을 줄이려는 환경 정책도 영양 정책의 일환으로 고려할 수 있다. 한국건강증진개발원에서는 「국민건강증진법」에 근거하여 건강도시를 위한 정책적 환경을 조성하는 'HiAP(Health in All Policies) 기반 건강도시 활성화 사업'을 운영하고 있다. 이와 같이 다양한 영역에서 이루어지는 영양 정책의 범위는 그림 3-3과 같이 정리할 수 있다.

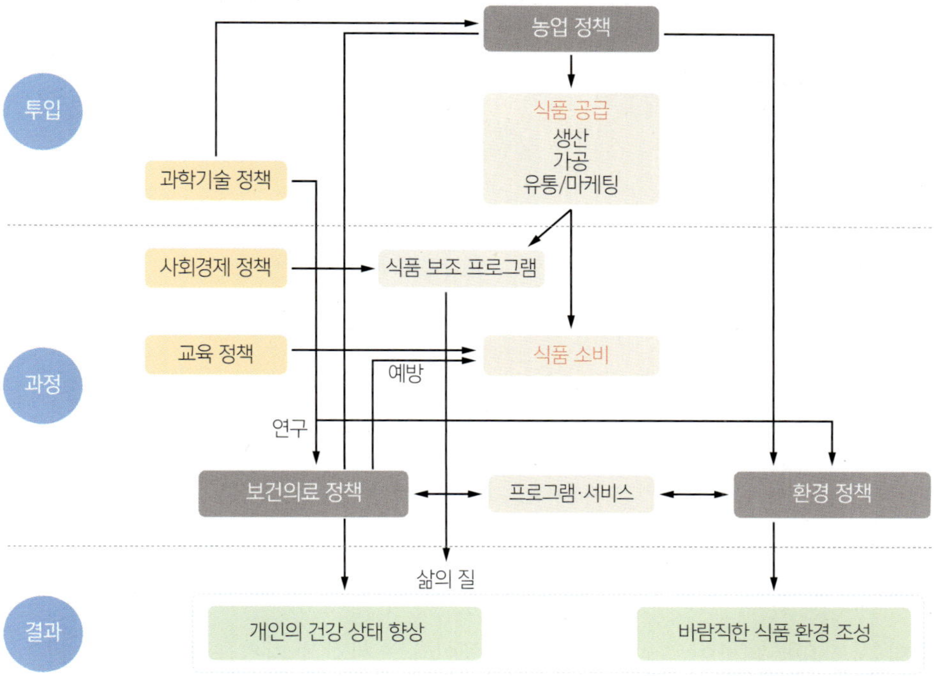

그림 3-3 영양 정책의 개관

3) 영양 정책의 정책 과정

정책 과정에 대해서는 다양한 모형들이 존재한다. 디니토와 다이(Dinitto & Dye, 1983)는 '정책문제 확인 → 정책 형성 → 공공 정책의 정당화 → 정책 실행 → 정책 평가'의 5단계 모형을 제시하였고, 길버트와 스펙(Gilbert & Specht, 1974)은 '문제의 발견 → 분석, 일반 계층에 홍보, 정책목표 개발 → 대중의 지지와 정당화'라는 3단계 모형을 제시하였다. 현외성(1993)이 제안한 9단계의 사회복지 정책 과정은 '인간의 욕구 불충족 → 개인문제 → 사회문제 → 정책문제 → 정책 의제 → 정책화(입법) → 정책 실행 → 정책 평가 → 욕구의 해결/미해결'이다. 여기에서 우리는 '사회문제 → 정책문제 → 정책 결정 → 정책 집행 → 정책 평가'의 5단계 모델에 따라 영양 정책 과정을 살펴보기로 한다.

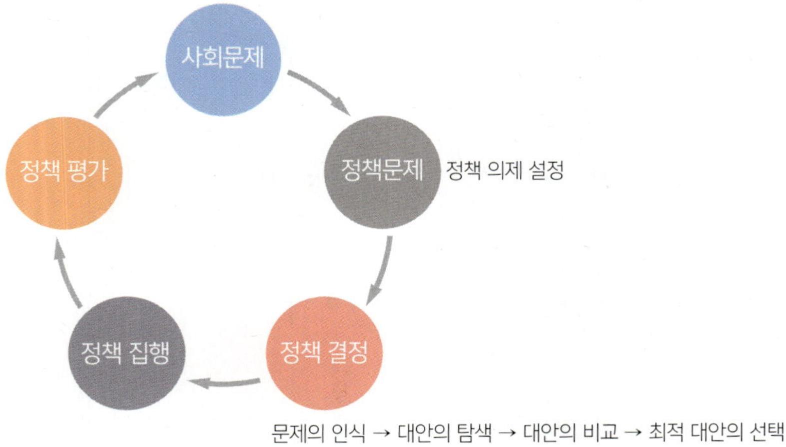

그림 3-4 정책 과정

(1) 사회문제

변화는 필요에 의하여 촉발된다. 영양 정책이라는 사회적 자원을 활용하고자 하는 결정은 인간의 욕구를 스스로 충족할 수 없는 상태를 전제로 한다. 영양 정책 과정에서 영양사와 영양학자를 포함하는 개인은 충족되지 못한 인간의 욕구를 파악하고 이를 왜, 어떻게, 어느 정도로 해결해야 할 것인지를 판단할 수 있어야 한다. 충족되지 못한 욕구는 일차적으로 개인문제를 초래한다. 개인문제는 시간이 지나면서 해결될 수도 있지만 그렇지 못한 경우 더욱 심각해질 수도 있다. 만일 문제의 원인이 개인에게 있다면 상담이나 원조를 통하여 해결할 수 있는 사항인지, 스스로의 노력 없이는 해결되기 어려운 상황인지 판단할 필요가 있다. 그러나 개인문제 자체는 일반적으로 정책적 개입을 요구하지는 않는다. 만일 개인의 문제가 지속되어 사회공동체에 부정적인 영향을 미치거나, 개인의 영양문제가 누적되어 사회적 수준에서 문제 상황을 초래한다면 그 문제에 대해서는 공공의 중재가 필요해진다. 개인의 식생활 문제가 질병을 초래하였다면 병의원에서 치료를 받음으로써 해결할 수 있겠지만, 이러한 질병이 유행할 때는 정책적 중재가 요구된다.

개인의 변화를 촉구하는 상담이나 설득보다는 제도의 변화와 국가적 지원 체계가 사회문제화된 영양문제의 해결에 보다 효과적일 것이다.

(2) 정책문제

존재하는 많은 영양문제 중 관심을 가지고 해결하고자 하는 문제를 정책문제라고 한다. 자원의 제한 때문에 여러 영양문제 중 우선순위에 따라 먼저 해결하고자 하는 문제가 결정된다. 이때 우선순위는 영양문제의 크기, 영양문제의 심각성, 중재의 효과성, 정책적 지원 가능성 등을 고려하게 된다. 따라서 영양문제들은 서로 경쟁적인 상태에 있으며, 이 중 어떠한 영양문제를 먼저 정책문제로 다룰 것인지는 다분히 정치적 판단을 하게 된다.

사회의 고령화문제와 저출산문제가 경합할 때 우리 사회는 어떠한 가치 체계를 가지고 우선순위를 판단할까? 사회는 노인이 경험하는 영양문제에 대하여 부양자인 가족에게 일차적인 책임을 지우는 사적 영역에서의 해법을 선택할 수 있다. 고령화를 해결하기 위하여 의학적 치료를 소홀히 할 수는 없으나 수명을 연장시키기 위한 국가의 정책적 노력은 고령화를 가속화할 수도 있다. 그러나 저출산문제에 대해서는 국가가 상당히 적극적인 대응을 할 수 있다. 보건복지부와 한국보건산업진흥원(2008)은 정책 과제 보고서에서 '영양플러스사업'의 목적을 '저출산·고령화 시대에 즈음하여 더욱 그 중요도가 높아지는 태아 및 영유아의 미래 건강을 위해, 영양 측면의 위험집단인 임산부(임신부, 출산부, 수유부) 및 영유아에 대한 영양 지원을 실시하는 것'이라고 명시하였다. 영양플러스사업은 현재 전국 17개 시도, 252개 보건소에서 연간 9만여 명을 대상으로 시행되고 있다.

정책문제가 정책으로 확정되기 전에 정책 결정권자들은 다양한 정책적 대안을 검토한다. 이러한 토론과 연구 과정을 거쳐 제시된 정책문제의 해결책을 정책 의제(agenda)라고 한다. 영양 정책 의제 설정은 앞서 제시된 영양문제를 해결하기 위한 구체적인 수단과 방법을 구상하고 제안하는 과정이다.

(3) 정책 결정

정책 결정 단계에서는 결정된 영양 정책의 내용이 국회의 심의, 의결을 거쳐 법률로 구체화된다. 이전 단계에서 정책 의제로 다루어진 대안들이 하나의 정책으로 확정되는 단계이다. 이렇게 결정된 법률은 대통령의 재가를 거쳐 공포되고, 구체적으로 효력을 발효하면서 실천하게 된다. 현재 시·군·구에서 운영하고 있는 어린이급식관리지원센터의 설치와 운영에 관한 사항은 「어린이 식생활안전관리 특별법」 제5장에 적시되어 있다. 그리고 운영과 재정, 지도감독, 평가에 관한 구체적인 사항은 동법 시행령과 시행규칙으로 정하였다. 이와 같이 현행 법령으로 확정된 영양 정책은 법령의 보호와 제재를 받으며 집행된다.

(4) 정책 집행

영양 정책의 집행은 영양중재를 전달하는 과정이다. 식품 제공, 학교급식, 유·무료급식, 캠페인, 영양교육, 영양 정보 제공, 홍보, 영양조사 연구, 식품제조·유통에 관한 법적 규제, 식단 제공, 우수사례 공모전 등 다양한 형태의 영양 정책이 집행된다.

(5) 정책 평가

영양 정책이 목적을 달성하고 있는지 평가한 결과는 다시 정책 과정에 환류되어 정책을 개선하기 위하여 반영된다. 정책 평가의 대상은 정책 과정의 적절성, 정책 효과 달성 정도, 정책 대상자의 만족도, 정책 성과의 달성 정도, 비용 대비 효과 또는 편익 달성 정도 등이 있다. 정책 평가에 대한 계획은 정책 의제 설정 단계에서 이미 구상되어야 한다. 그러나 정부가 계획한 정책 평가의 결과보다는 시민이나 행정기관, 대중매체, 학계, 이익단체들의 공식 또는 비공식적 평가가 더 중요한 영향을 미치기도 한다. 영양 정책은 조세로 확보한 국고 또는 지방비를 재원으로 하기 때문에 시민사회의 인정과 평가를 받아야 하는 책임이 있다.

4) 영양 정책의 다양한 형태

국가의 영양 및 식생활관리 정책은 국가의 영양관리사업으로 시행되며 지역사회영양사업의 총괄적인 관리를 지원하고 평가하는 데 근간이 된다. 「국민건강증진법」을 근거로 국가 및 지방자치단체는 국민의 영양 개선을 위하여 영양교육사업, 영양 개선에 관한 조사·연구사업, 기타 영양 개선에 관하여 보건복지부령이 정하는 사업을 시행한다. 질병관리청은 국민의 건강 상태와 식품 섭취, 식생활을 정기적으로 조사하는 국민건강영양조사를 시행하며, 지역 보건소에서는 보건교육 및 건강상담, 영양관리, 신체활동 장려, 구강건강 관리, 질병의 조기 발견을 위한 검진 및 처방, 지역사회의 보건문제에 관한 조사·연구 등을 수행하고 있다.

2. 영양 행정

1) 영양 행정의 개념

정책이 궁극적인 목적을 가리키는 방향의 제시라면, 행정은 그 목적을 달성하기 위한 방법이나 과정이다. 영양 정책이 시민, 학자, 이익집단, 정치가 등의 연구, 옹호, 정치활동을 통하여 설정되었다면, 이를 집행하는 영양 행정은 일반적으로 공무원 신분을 가진 행정가들에 의하여 관련 법령과 규칙에 따라 수행된다. 따라서 영양 행정은 국가가 주도하는 지역사회 영양활동의 실제라고 할 수 있다. 영양 행정에 상대되는 개념은 민간에서 주도하는 지역사회 영양활동이라고 볼 수 있다. 국가 주도와 민간 주도는 재원이 어디에서 나왔으며 사업을 기획하는 주체가 누구인가를 근거로 구분할 수 있지만, 최근에는 민간 주도의 사업에 국고를 지원하거나 국가 주도의 사업을 민간에 위탁하는 경우가 많아지고 있어서 명확하게 구분하기가 어렵다. 예를 들어 1980년대 민간의 후원금으로 운영하던 지역 공부방이 2004년 법제화를 거쳐 「아동복지법」상 아동복지시설이 되면서 985개 지역아동센터가 설립되어 123,347명의 아동이 이용하였고, 2016년 12월 말 기준 총 4,102개소를 10만 6,661명의 아동이 이용할 만큼 규모가 확대되었다. 공부방에서의 결식아동 무료급식은 민간의 후원에 의존하였기에 푸드뱅크나 이웃의 기탁에 따라 식사의 양과 질이 달라질 수밖에 없었다. 그러나 현재 지역아동센터는 보건복지부에서 아동의 삶의 질 향상을 목적으로 설립한 아동권리보장원(구. 지역아동센터중앙지원단)을 통하여 국고 보조금을 지원받아 운영하고 있으며, 1식 평균 5,602원을 기준으로 식사를 제공하고 있다. 식사의 질 관리를 위하여 중앙급식관리지원센터에서 식단을 작성하여 매월 식단표와 조리법, 영양 정보를 제공하고 있다.

이와 같이 영양 행정은 법령과 규칙, 기준, 지침에 따라 집행되는 일련의 과정이며, 민간 주도의 영양 서비스와 달리 표준화된 절차와 수준을 보장한다. 그러나 많은 서류작업과 관료화된 절차로 인하여 변화와 융통성, 창의력을 발휘할 수 있는 여지가 매우 적고 표준화된 수준 이상의 영양 서비스를 기대하기도 어렵다.

2) 영양 행정 관련 주요 정부기관

영양 정책을 집행하는 영양 행정을 수행하는 조직으로는 정부기관과 민간기관이 있고,

민간기관은 영리를 추구하는 사기업과 비영리기관으로 나뉜다. 비영리기관은 국가 보조금이나 후원금으로 운영되기도 하고 이용자가 비용을 부담하는 기관도 있다. 재정을 주로 어디에서 확보하느냐에 따라 기관의 활동 내용과 대상이 달라지는 경우가 많다. 영양행정을 수행하기 위하여 보건복지부, 농림축산식품부, 교육부, 기획재정부, 식품의약품안전처 등 여러 정부부처와 보건복지부 소속기관인 질병관리청, 농림축산식품부의 농촌진

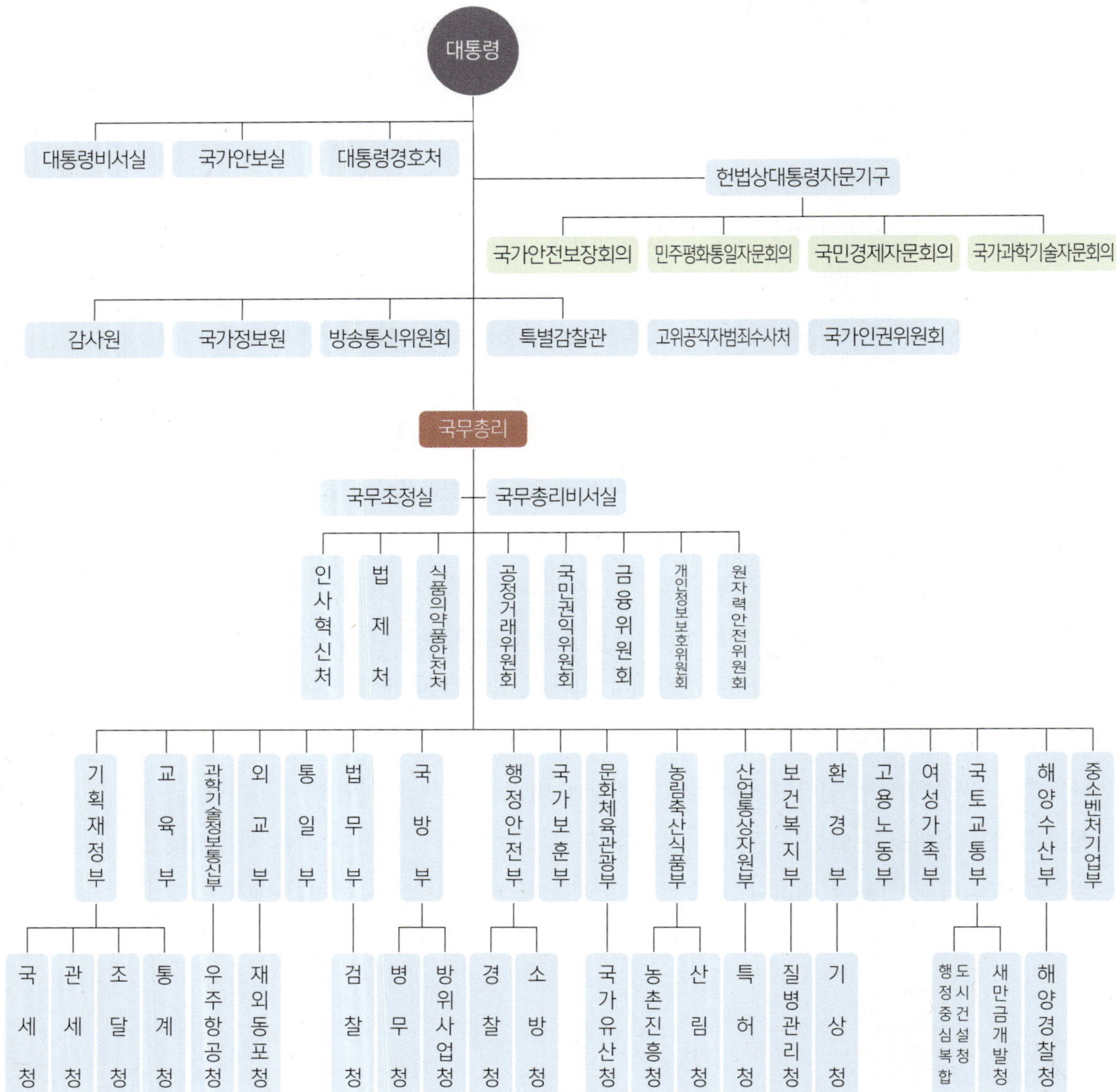

그림 3-5 대한민국 정부조직도(2024년 8월 기준)

홍청 등이 협력하고 있다. 또한 보건복지부 유관기관으로 아동권리보장원, 한국보건산업진흥원, 한국보건의료연구원, 국립암센터 등이 영양행정에 관여한다. 그 외에도 식생활교육국민네트워크, 어린이급식관리지원센터, 시군구 보건소 등 여러 기관이 영양 행정 업무를 수행하고 있다(그림 3-5).

① 보건복지부

보건복지부는 1948년에 신설된 사회부를 전신으로 하여 보건부(1948~1955년), 보건사회부(1955~1994년), 보건복지부(1994~2008년), 보건복지가족부(2008~2010년)를 거쳐 2010년부터 보건복지부로 개편되었다. 사회복지, 인구정책, 보건산업, 건강보험, 사회보장, 보건의료, 국민연금과 기초연금, 장애인 권익 등 다양한 업무를 수행한다. 산하기관으로 보건산업정책연구를 수행하는 한국보건산업진흥원, 국립암센터, 영양사 면허증 발급을 주관하는 한국보건의료인국가시험원, 영양플러스사업 온라인 영양교육 등을 수행하는 한국건강증진개발원, 지역아동센터를 지원하는 아동권리보장원 등이 있다.

보건복지부 소속기관인 질병관리청은 1963년 발족된 국립보건원을 전신으로 하며 감염병관리와 만성질환관리, 보건의료연구인프라 구축 등을 수행한다. 2005년부터 국민건강영양조사를 수행하였으며 2007년부터는 질병관리청이 단독으로 국민건강영양조사를 수행하고 국가통계를 관리하고 있다.

② 농림축산식품부

농업 정책과 식량 정책을 수행하는 농림축산식품부는 「식생활교육지원법」에 따라 2020년 제3차(2020~2024) 식생활교육기본계획을 수립하여 환경·건강·배려라는 핵심가치를 중심으로 지속 가능한 식생활 실천 확산을 위한 4대 전략과 12개 과제를 제시하고 정책을 추진하고 있다. 이에 따라 지역 단위 식생활교육을 추진하기 위한 기반을 강화하고 교육성과 측정을 위한 조사 연구도 강조하고 있다.

농촌진흥청은 농림축산식품부의 외청으로 '국가의 기본 산업인 농업의 발전과 농업인의 복지 향상 및 농촌 자원의 효율적 활용을 도모하기 위하여 농업·농업인·농촌과 관련된 과학기술의 연구 개발·보급, 농촌 지도, 교육 훈련 및 국제 협력에 관한 사항을 추진함으로써 농촌 지역의 진흥과 국가 발전에 기여'하기 위하여 설립되었다. 농촌진흥청의 농촌지도사는 1960~1980년대 응용영양사업의 수행 주체였다. 이에 걸맞게 현재 농촌진흥청의 4대 목표는 국민 식량의 안정적 공급, 농업 경쟁력 강화로 국가 발전 견인, 바이오

기반의 미래 신성장 동력 확보, 지속 가능한 농업·농촌의 실현이다. 농식품자원부 내 가공이용과는 식품가공 기술 개발과 건강식품 소재 활용, 한식의 건강식 이미지 정립을 위한 과학적 근거를 연구하고 있다. 같은 부의 기능성식품과에서는 1970년부터 현재까지 『국가표준식품성분표』를 발간하여 배포하고 있으며, 생애주기별 맞춤형 성분표와 1인 1회 섭취에 대한 영양 정보 서비스, 연령 및 신체조건에 맞는 식생활관리 서비스, 기능성 성분에 관한 데이터베이스 구축 및 기능성 소재 발굴을 수행하고 있다(그림 3-6).

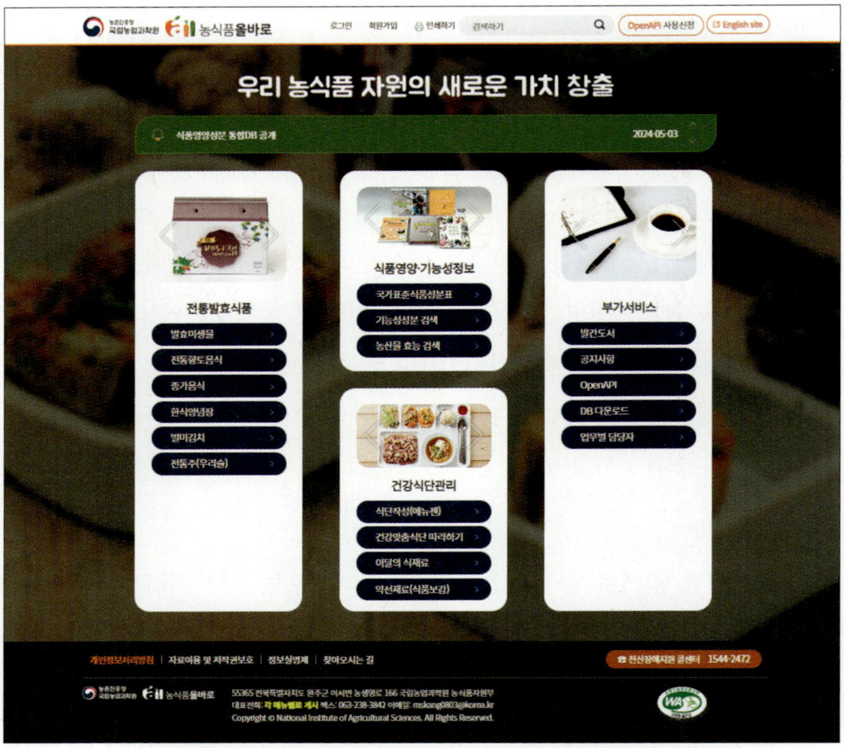

그림 3-6 농촌진흥청의 농식품올바로 웹사이트
자료 : https://koreanfood.rda.go.kr

③ 교육부

시도 교육청은 「학교급식법」에 근거하여 각 지방단체의 행정적·재정적 지원을 받아 유치원, 초·중·고등학교 및 특수학교 등의 학교급식을 지원하고 운영한다. 학교급식은 식재료관리, 영양관리, 위생·안전 관리, 식생활지도, 영양상담 등 학생의 영양과 건강을 위한 다각적인 업무를 수행한다.

④ 식품의약품안전처

1998년 보건복지부 산하 외청으로 세워진 식품의약품안전청이 2013년 정부조직법이 개정되면서 국무총리 직할 식품의약품안전처로 승격되었다. 식품안전정책국에서는 건강기능식품, 식품첨가물 등 식품에 관한 정책을 수립하고 제도를 총괄한다. 식품소비안전국은 나트륨·당류 줄이기, 대상별 식생활교육프로그램 운영, 어린이급식관리지원센터 운영, 어린이 식품안전보호구역 운영, 노인 식생활안전관리 등 다양한 식생활영양안전 관련 정책을 추진하고 농축수산물안전제도 개선 등 법령을 운영하며, 식중독 예방 정책도 수행한다.

⑤ 어린이급식관리지원센터

「어린이 식생활안전관리 특별법」에 따라 시·군·구청장은 영양사 고용 의무가 없는 소규모 어린이 급식소의 위생 및 영양관리를 지원하는 어린이급식관리지원센터를 설치·운영할 수 있다. 식품의약품안전처가 시·군·구에 국고를 지원하고 어린이급식관리지원센터의 실적을 보고받으며 총괄 및 평가를 수행한다. 어린이 대상 급식시설은 해당 지역 어린이급식관리지원센터에 등록하여 현장방문을 통한 위생·영양 관리, 식생활교육 지원, 식단·레시피 등을 제공받는다. 효율적인 운영·관리를 위하여 지역 거점센터와 중앙급식관리지원센터가 설치되어 운영되고 있다. 2019년부터는 50인 미만 노인 장애인 복지시설 급식소에 식단·레시피, 영양사의 방문 지도, 대상별 식생활교육, 교육 자료 및 물품 등을 지원하는 어린이·사회복시급식관리지원센터 시범사업이 시작되어 확대되고 있다.

⑥ 보건소

시·군·구 보건소와 읍·면 보건지소는 질병의 예방, 진료 등 국민의 건강을 지키기 위해 설치한 공공 의료기관으로 지방자치단체에 소속되어 보건복지부에서 관리한다. 전염병과 질병의 예방과 진료, 보건통계와 보건의료 정보관리, 보건교육, 영양 개선, 식품위생과 공중위생, 학교 보건 협조, 보건과 관련된 실험과 검사, 구강 보건, 정신 보건, 노인 보건 및 장애인의 재활, 의약에 대한 지도, 국민 보건의 향상과 증진에 관한 일을 수행하고 있다. 보건소에서 수행하는 영양 관련 사업으로는 금연, 절주, 신체활동, 영양을 주제로 한 건강생활실천사업, 영양플러스사업, 대사증후군 관리사업, 지역특화건강행태개선사업, 심뇌혈관질환 예방관리사업 등이 있다.

단원정리

- 영양 정책은 헌법상 국민의 권리를 실현하기 위한 것으로 국회에서 발의하여 의결된 여러 법령의 형식으로 존재한다.
- 영양 정책은 식량 정책, 보건의료 정책, 환경 정책 등이 연관되어 있으며, 사회적 배경에 따라 영양 정책의 초점과 방향이 달라진다.
- 우리나라의 대표적인 영양 정책인 국민건강증진종합계획은 「국민건강증진법」 제4조에 따라 국민의 건강 증진과 질병 예방을 위하여 5년마다 수립된다. 최근에 수립된 것은 제5차 국민건강증진종합계획(2021~2030, HP2030)이다.
- 국민영양관리기본계획은 「국민영양관리법」 제7조에 근거하여 국민건강증진종합계획의 하위 계획으로 기존의 식품영양 관련 계획을 고려하여 보건복지부가 수립한다. 최근에 수립된 것은 제3차 국민영양관리기본계획(2022~2026)이다.
- 식품의약품안전처는 소비자 위해 예방, 식품안전, 식품영양 등의 영양 행정 업무를 수행한다.
- 질병관리청은 보건복지부의 소속기관으로 국민건강영양조사를 전담하여 기획·수행하고, 자료를 관리·배포한다.

연습문제

1 영양 정책과 영양 행정을 구분하여 설명해 보자.

2 우리나라의 대표적인 영양 정책인 국민건강증진종합계획을 수립하는 정부 부처는 무엇이며, 몇 년마다 새로 수립하는가?

3 국민영양관리기본계획과 국민영양관리시행계획을 수립하는 주체는 각각 어느 기관인가?

4 환경·건강·배려를 고려한 녹색 식생활 확산이라는 내용의 식생활교육기본계획을 수립하여 시행하는 정부 부처는 무엇인가?

5 1970년부터 현재까지 『국가표준식품성분표』를 발간하여 배포하고 있으며, 1인 1회 섭취에 대한 영양 정보 서비스, 식생활관리 서비스, 기능성 성분에 관한 데이터베이스 구축 및 기능성 소재 발굴 등을 수행하는 정부 기관은 무엇인가?

정답과 풀이

1 영양 정책은 국민의 건강증진이라는 궁극적 목적을 가리키는 방향 제시이고, 영양 행정은 영양 정책을 집행함으로써 궁극적 목적을 달성하기 위한 방법이나 과정으로 국가 행정 부처에서 수행하는 활동을 말한다.

2 보건복지부, 5년마다

3 국민영양관리기본계획 : 보건복지부
국민영양관리시행계획 : 시·군·구청장

4 농림축산식품부

5 농촌진흥청

04

지역사회 영양역학

1. 영양역학

1) 영양역학의 정의

역학(疫學)은 역병(疫病, 감염병)을 연구하고 관리할 목적으로 발달해 온 학문이기 때문에 1930년대까지는 연구의 주요 내용은 감염병이 대부분이었으나 오늘날 그 범위는 특정한 인구집단에서의 질병이나 건강 상태와 발생 수준을 측정하고, 그와 관련된 요인을 규명하는 데 적용되고 있다. 그에 따라 예방 대책을 수립하고, 해당 특정 인구집단의 건강문제 관리에서 건강증진을 위한 수단으로 활용된다. 사망, 질병, 장애 등에만 국한된 것이 아니라 건강 상태 자체, 건강증진 방법도 관련이 있다.

영양 및 식생활과 질병 발생, 건강 상태 등과의 인과관계를 중점적으로 연구하는 분야를 영양역학(nutritional epidemiology)이라고 한다. 상대적으로 새로운 분야로 인식되지만 이미 오래전부터 많은 필수 영양소를 발견하는 데 사용되었다. 예를 들어 펠라그라(pellagra)가 영양 결핍성 질환이며 옥수수를 주식으로 하는 것과 주요하게 연관되어 있다는 사실을 밝혔으며, 괴혈병 진행 과정 중 레몬과 오렌지가 좋은 효과가 있다는 사실을 확인함으로써 이 질병이 비타민 C 결핍증임을 밝힌 연구 방법도 영양역학이었다.

그러나 최근에는 만성적인 생활습관형 질환으로 질병 양상이 바뀌게 됨에 따라 영양역학은 그 의미가 더 중요해졌다. 영양역학의 목적은 인구집단의 식품 섭취, 영양 섭취 등 영양 상태 모니터링, 식이와 건강 상태에 대한 새로운 가설 설정, 질병 예방을 위한 과학적 근거 생산이라 할 수 있다. 영양뿐만 아니라 식생활의 모든 측면을 포괄하는 식이요인(식품섭취량, 영양소섭취량, 영양생화학 지표, 식습관, 식행동, 식생활 환경 등)을 다룬다. 건강문제의 상당 부분은 식생활로 인해 나타난다는 것이 여러 연구에서 입증되었기 때문이다.

예를 들면 비만이 과도한 에너지 섭취량이나 지방 섭취 비율이 높은 것과 관련이 있다거나, 나트륨의 과다 섭취가 고혈압 발생을 높인다는 사실 등이 영양역학 연구로 밝혀졌다. 즉 특정 영양소 섭취량과 질병 발생과의 인과성이 밝혀졌으며 그에 따른 질병 예방을 위한 식생활 전략도 수립되었다.

이렇듯 오늘날의 영양역학자들은 암이나 심혈관계 질병의 발생 빈도 및 분포가 식이 형태나 생활 태도와 관련이 있음을 밝히고, 이들 질병의 식이요인을 규명하기에 이르렀다. 마찬가지로 역학적 연구 방법을 통해 얻은 연구 결과의 해석은 예방의학(preventive medicine)이나 지역사회영양학 분야에서 매우 요긴하게 쓰이는 기초 자료가 된다. 즉 질병 예방을 위한 식생활 지침이 수립되고 지역주민 대상의 영양교육 자료가 만들어지며, 지역사회영양사업이 효율적으로 수행될 수 있다.

2) 영양역학 연구 설계

역학 연구는 인구집단을 대상으로 하여 매우 복잡하고 어려우므로 연구 방법 설계와 분석 방법이 매우 중요하다. 역학 연구는 위험요인 노출이 자발적으로 일어났는가, 아니면 연구자가 노출 여부를 결정하는가에 따라 관찰 연구와 실험 연구로 분류한다. 관찰 연구는 연구자가 연구 대상자에 대하여 특별한 개입을 하지 않고, 연구 대상자에게 일어나는 질병 현상 혹은 원인과 질병 발생과의 관계를 관찰하여 연관성을 규명하는 연구이다. 기술역학 연구와 분석역학 연구로 분류될 수 있으며, 기술역학 연구는 사례(군) 연구와 생태학적 연구로 나눌 수 있고, 분석역학 연구는 단면 연구, 환자-대조군 연구, 코호트 연구 등이 있다. 실험 연구에서는 연구자가 직접 개입하여 요인에의 노출 상황을 결정하고 그 외 결과에 바이어스를 가져올 수 있는 연구 조건들을 미리 통제하여 해당 요인과 질병 발생 결과와의 연관성을 규명하는 연구이다.

그림 4-1 역학 연구 설계

(1) 기술역학 연구

연구집단의 관심 요인들의 특징을 인적(성별, 연령, 혼인 유무, 교육 수준, 사회·경제적 수준 등), 지역적(범발성, 유행성, 풍토성, 산발성 등), 시간적(추세·주기·계절·단기·불규칙 변화 등) 변수에 따라 파악하고자 하는 연구이다. 질병의 원인을 찾는 데 필요한 중요한 단서를 제공하는 역할을 하고 새로운 가설을 도출하는 수단으로 활용되기도 한다.

표 4-1 기술역학 연구 방법의 장점과 단점

장점	단점
• 연구 목적에 따라 비교적 융통성 있게 대처가 가능 • 적은 비용과 시간에 비해 많은 대상자로부터 정보 취득 가능	• 설문이 응답자와 무관한 내용인 경우 의미 없는 자료를 얻을 가능성이 높음 • 피상적인 반응만 표현 가능

① 사례(군) 연구

사례(군) 연구(case study)는 단일 환자에 관한 기술로서 기존에 보고되지 않았던 질환 양상이나 특이한 원인이 의심되는 경우 임상적 특성을 기술하여 보고하는 연구이다. 새로운 질환이나 치료에 대한 예외적인 부작용, 특이한 치료 경과와 예후, 기존에 잘 알려진 질병이라도 새로운 증상 또는 치료에 대한 반응을 공유하는 사례들을 가지고 이들의 공통점을 기술하여 가설을 수립하는 분야 등이 해당된다.

표 4-2 사례(군) 연구 방법의 장점과 단점

장점	단점
• 기존의 지식에 부합하지 않는 모든 예외적 사건들을 기술함으로서 새로운 가설, 인과성 등 제안 가능	• 단일 환자에 대한 기술이기 때문에 질병의 발생 수준을 측정하거나 노출요인과 질병 발생 간의 가설 검정이 어려움 • 비교군이 없어 요인과 질병 발생 간의 인과성 규명이 어려움

② 생태학적 연구

생태학적 연구(ecologic study)는 개인이 아닌 인구집단 수준의 데이터를 이용하여, 다른 목적을 위해 생성된 기존 자료 중 질병에 대한 자료와 관련 요인에 대한 자료를 이용하여 두 요인 간의 상관성을 연구하는 방법이다. 특정한 시점에서 여러 인구집단에서 대상 질병의 인구집단별 발생률과 위험요인에의 노출률 간의 상관성을 분석하는 방법, 동일한 인구집단에서 시간 경과에 따른 대상 질병 발생률의 변화와 위험요인에의 노출률 간의 경향성이 있는지 분석하는 방법 등이 있다.

예로 세계 여러 나라의 폐암 사망률과 흡연 간의 높은 상관성, 국가별 나트륨 섭취량과 위암 발병 간의 관계, 적색육 섭취량과 대장암 발생률의 관계 연구 등이 있다. 특정 요인의 섭취량과 특정 질병 발생과의 연관성이 있을 수 있다는 가설을 제시할 수 있고, 이러한 가설을 다양한 분석역학 연구를 통해 가설을 검정하여 근거로 확정할 수 있다. 하지만 생태학적 연구는 선후 관계가 명확하지 않고, 여러 교란변수가 통제되지 않으므로 인과관계는 설명될 수 없다.

표 4-3 생태학적 연구 방법의 장점과 단점

장점	단점
• 기존 자료를 활용할 수 있는 간편성, 경제성, 폭넓은 활용 가능성 • 집단 수준의 맥락 효과에 관심 있는 경우 활용 용이	• 원인적 요인과 질병 발생 간의 선후 관계가 불명확 • 인구집단에서 유의한 상관성이 관찰되더라도 개인 수준에서는 요인과 질병 간의 관련성이 관찰되지 않을 수 있음(원인과 결과의 연관성이 왜곡될 수 있는 오류 현상 발생)

(2) 분석역학 연구

개인의 노출 정도를 측정하거나 할당하여 그룹별로 비교하고, 바이러스를 통제하면서 질병에 영향을 미치는 요인의 인과관계를 밝히는 연구이다. 관심 노출요인이 질병을 일으키는 위험요인인지 또는 예방요인인지에 대한 가설을 세운 후 그 가설을 검정하는 방법이다.

① 단면 연구

단면 연구(cross sectional study)는 일정한 인구집단을 대상으로 특정한 시점, 기간에 질병의 유병률을 조사하고 각 질병과 그 집단이 가지고 있는 속성과의 연관성을 규명하는 방법이다.

표 4-4 단면 연구 방법의 장점과 단점

장점	단점
• 시점조사이기 때문에 장기간 추적을 필요로 하는 연구보다 시간과 경비가 절약 • 모집단을 대표하는 표본 인구의 연구이므로 연구 결과의 모집단 적용 가능 • 대상 질환의 유병률을 포함한 역학적 특성 파악이 용이	• 시점조사이기 때문에 유병률이 낮은 질환이나 이환 기간이 짧은 질병 연구에는 부적합 • 상관관계만을 알 수 있을 뿐 인과관계를 분별하기 어려움 • 표본의 규모(인구집단)가 커야 함

② 환자군-대조군 연구

환자군-대조군 연구(case-control study)는 연구하고자 하는 질병에 이환되어 있는 집단을 대상으로 환자군(case group)과 특정 질병에 걸리지 않은 대조군(control group)을 선정하여, 질병의 원인이 된다고 의심되는 인자나 속성 및 과거의 요인이 질병 발생과 어떤 인과관계를 가지고 있는지를 통계적으로 검증하는 방법이다. 이 연구의 가장 중요한 원칙은 대조군 선정에서 비교성이 높아야 한다는 것이다. 비교성이 높다는 것은 환자군과 대조군 모두 비교하려는 요소 이외의 다른 조건이 가능하면 비슷해야 한다는 뜻이다.

표 4-5 환자군-대조군 연구 방법의 장점과 단점

장점	단점
• 표본인구가 적어도 되므로 비용과 시간적 측면에서 효율적 • 기존 자료의 활용이 가능하고 여러 개의 가설을 동시에 검증 가능 • 희귀 질병이나 잠복 기간이 긴 질병에 적용 • 이미 발생된 환자를 대상으로 하므로 윤리적 문제가 적음	• 환자군과 대조군의 선정이 어려운 점으로는 환자의 정의, 이환 기간 등은 비교성이 높고 분명해야 함 • 가설로 설정된 원인이 아닌 다른 요인(성별, 나이 등)들은 환자군과 대조군이 같아야만 된다는 점으로 대조군 산정이 어려움 • 모집단이 없는 경우가 대부분이어서 일반 인구에의 적용에 문제가 있음 • 인과관계 확정에 결정적 요인인 시간상 선·후행관계가 명확하지 않아 원인적 연관성을 확정짓기 어려움

③ 코호트 연구

코호트는 질병 발생의 요인이 될 수 있다고 판단되는 동일한 특성을 가진 인구집단이라는 뜻이며, 코호트 연구(cohort study)는 질병 발생의 원인과 관련되어 있다고 생각하는 특정 인구집단과 관련이 없는 인구집단을 관찰하여 질병 발생률을 비교 분석하는 방법이다.

표 4-6 코호트 연구 방법의 장점과 단점

장점	단점
• 표본인구에 대한 연구이므로 연구 결과를 모집단에 적용 가능 • 질병 발생의 위험률 및 발병 확률의 산출이 가능하고 질병의 자연사 파악이 가능 • 여러 가설을 동시에 검증할 수 있고 편견이 적은 신뢰성 높은 결과를 얻을 수 있음 • 인과관계의 질 확인 가능 • 시간적 속발성, 비교 위험도 관계를 정확히 파악 가능	• 시간, 노력, 경비가 많이 들고 관찰 기간이 길어 발생률이 낮은 질병에는 적용 곤란 • 추적조사이므로 탈락자가 발생할 수 있고 본인이 연구 대상자에 포함되었다는 사실을 알게 되면 그 사람의 생활 양상에 변화를 가져와 연구 결과에 영향을 미칠 수 있음 • 연구 기간이 길어짐에 따라 연구자들의 변동과 추적조사, 진단 방법과 기준 등에 차질이 생겨 연구 결과에 영향을 줄 수 있음 • 희귀질병 연구에 부적합

3) 영양요인 측정 방법

영양요인을 측정하는 방법은 신체계측조사, 생화학적 조사, 임상조사, 환경생태조사, 식사섭취조사 등이 있다. 한 가지 방법보다는 여러 가지 방법을 함께 이용하면 좀 더 효과적으로 영양 상태를 판정할 수 있다.

(1) 신체계측조사

신체의 체조직 구성 및 체구성 성분을 측정하고 신체지수를 산출하여 기준치와 비교·평가하여 영양 상태를 판정하는 방법으로, 비교적 장기간의 영양 상태 판정에 유용하게 이용된다. 그러나 체위의 변화는 비교적 영양불량 상태가 심한 경우에 드러나므로 예민도는 낮은 방법이다.

(2) 생화학적 조사

혈액이나 소변 등을 통하여 영양소나 영양소 대사물의 농도, 면역 기능 등을 분석하여 기준치와 비교·평가하여 영양 상태를 판정하는 방법으로, 다른 방법에 비해 비교적 객관적이고 정량적인 조사이다.

(3) 임상조사

영양 상태 변화로 나타나는 임상 징후를 육안으로 판정하는 방법이다. 영양소 부족은 궁극적으로 신체 표면적으로 나타나는 결핍 증세를 유발하기 때문에 신체 징후를 조사함으로써 영양 상태를 평가할 수 있다. 그러나 특이성이 낮고 영양 불균형이 상당히 진전된 경우에 나타나므로 다른 방법과 함께 이용하여 영양 상태를 판정하는 것이 효과적이다.

(4) 환경생태조사

식이 및 건강 상태에 영향을 주는 다양한 요인과 정보를 조사하여 영양 상태를 판정하는 방법으로, 성별, 직업, 교육, 경제 상태, 주거 상태, 식행동 등의 요인에 대한 조사이다.

(5) 식사섭취조사

대상자가 섭취한 식사 내용을 조사하여 식사섭취량을 영양소 섭취량으로 환산한 후 기준치와 비교·평가함으로써 섭취한 식사 내용이 적합한지를 판정하는 방법이다. 식사섭취조사 방법으로는 24시간 회상법, 식품섭취빈도법, 식사기록법 등이 있다.

① 식사섭취조사의 의의

식사섭취조사는 정부의 국가 보건 정책 및 농업 정책 수립 및 평가, 역학 연구 수행, 식품산업 및 외식산업의 발달로 인한 상업적 이용, 식품 또는 영양소 섭취 평가 및 모니터링 등 많은 분야에서 활용된다. 특히 식사요인과 질병 발생과의 상관관계를 검토하기 위한 영양역학적 연구 방법을 적용할 때는 항상 식사섭취조사를 실시해야 한다. 영양역학에서 관심의 초점이 되는 가장 중요한 요인이 식사 섭취이기 때문이다. 그러나 식사 섭취란 단순히 한 가지의 요인이 아니라 복잡한 요인이 작용하는 총체적 현상이다.

특정한 식사요인의 만성적 또는 장기적 노출의 정도를 측정해야 하는 문제는 비록 한 개인이라 할지라도 항상 일정한 식사 유형을 고수하지 않고 매일 매일의 변화가 크기 때문에 어려움이 따른다. 더구나 관심 있는 질병이나 건강 상태에 영향을 끼치는 식사요인의 변화량이 인구집단 내에서 충분히 감지될 정도로 그 양이 클 때만 측정할 수 있다는 데 큰 어려움이 따른다. 또한 각 영양소는 영양소마다 생리적인 기능의 적절한 범위가 있어서 식품의 형태로 적게 또는 많이 먹는다고 해도 생리적 기능이 적절한 범위라면 기능상의 차이가 없다. 어떤 영양이 부족한 편이면 부족에서 경계, 그리고 적절한 범위까지 걸쳐 있게 되고, 반대로 많이 섭취하는 경우는 적절에서 독성까지 분포하게 된다. 즉 인구집단을 구성하는 개인 구성원의 특정 영양소를 섭취하는 양상이 그리 다양하지 않다는 것도 연구의 어려움을 가중시키는 요인이다.

② 식품섭취량 조사 방법

식품섭취량 조사 방법으로는 24시간 회상법, 식품섭취빈도법, 식사기록법 등이 있다. 식품섭취조사를 통해서는 각 영양소의 섭취량을 알 수 있다. 식품섭취량 조사를 통한 영양소 섭취 상태가 임상검사나 생화학적 검사 결과와 어떤 관계가 있는지를 파악하면 영양 개선 대책을 수립하는 데 유용하다.

24시간 회상법(24-hour recall method)

면담할 때 대상자가 전날 하루(24시간) 동안 먹거나 마신 모든 식품에 대한 정보를 기억해 내도록 하여 섭취량을 추정하는 방법이다. 면담자가 심층 면담을 통해 진행하는 방법인 만큼 면담자의 훈련도와 자질이 중요하다. 음식의 조리 방법, 식재료, 분량 등에 대한 지식을 가지고 있어야 하며, 면담을 자연스럽게 이끌어가는 기술을 습득해야 한다. 또한 중립적 태도를 유지해야 하며, 회상 중 대상자 응답에 영향을 줄 수 있는 질문은 삼가야 한다. 24시간 회상법에 사용되는 조사지 양식에 식사 장소, 식사 시간, 음식명, 섭취량, 식재료명, 분량을 기입하게 된다. 가공식품의 경우에는 제품의 상표명, 회사명 등을 기입하고 음료수, 간식 및 건강기능식품 등도 빠뜨리지 않고 기입하도록 주의한다. 상세한 조리 방법 등 자세한 정보를 기록하게 되는데, 면담자는 대상자가 잊고 말하지 못한 식품과 분량, 조리 방법 등을 잘 회상할 수 있도록 돕는 것이 중요하다. 대상자의 응답률이 비교적 높고, 직접 면담을 통해 이루어지므로 대상자의 교육 수준 등에 크게 구애받지 않는다. 다만, 대상자 개인의 기억에 의존하여 측정하므로 대상자의 연령, 지능, 성별, 기분, 태도 등의 영향을 받을 수는 있다. 조사 대상자가 섭취한 음식의 내용이나 분량에 대해 사실을 말하지 않는 경우에는 실제 섭취량을 정확히 알아내기는 매우 어렵고 섭취량을 회상하는 과정에서도 오차가 발생할 수 있다. 대상자가 섭취량 기억을 어렵게 여길 수 있으므로 양을 추정할 수 있는 다양한 도구를 마련하는 것이 좋다. 면담 시 식품 모형이나 분량 사진, 그릇, 계량컵, 식품군별 대표식품 1인 1회 분량 등을 활용하면 섭취량을 추정하는 데 도움을 줄 수 있다.

식사 구분	시간	식사 장소	매식 여부	타인 동바 여부	음식명	음식-참고 사항	음식 코드	식품재료량			식품재료량			식품 재료명 및 식품상태	음식-참고 사항	제품명	제조 회사명	식품 코드	가공 여부	식품재료량		
								눈대중량	부피	중량	눈대중량	부피	중량							눈대중량	부피	중량

그림 4-2 24시간 회상법의 예시
자료 : 질병관리청 국민건강영양조사 홈페이지

식품섭취빈도법(food frequency questionnaire)

비교적 장기간에 걸쳐 일상적인 식사 섭취를 조사하는 방법으로 얼마만큼, 얼마나 자주, 해당 음식 또는 식품을 섭취하는지를 조사한다. 보통 지난 1년간 주어진 식품이나 음식 목록을 해당 분량만큼 얼마나 자주 섭취하였는지 기록할 수 있는 조사지를 이용한다. 특정 영양소의 섭취를 조사하기 위하여 해당 영양소의 주요 공급원이 되는 식품 목록을 만들고, 그 식품의 섭취 빈도를 1일, 1주, 1달의 섭취 횟수로 나타내는 방법인 만큼 다양한 문화적 특이성을 감안하여 대상자 집단에 따라 식사섭취빈도 조사지를 개발해야 한다. 개방형 조사를 통해 다빈도 섭취 음식 및 식품을 조사한 후 조사 목적에 따라 식품 목록을 선정해야만 대상자가 조사지에 포함되지 않은 다른 식품이나 음식을 빈번히 섭취함으로써 섭취량이 저평가될 가능성을 최소화할 수 있다. 일상 섭취량을 조사할 수 있다는 점에서 만성질환의 위험요인을 파악하는 데 이용되며, 자가 기입이나 면접이 모두 가능하고, 대규모 역학 연구에 자주 이용된다. 빨리 쉽게 자료를 모을 수 있으며, 직접 방문이 아닌 서신 등으로도 조사가 가능하므로 매우 경제적이다. 대상자의 일상적인 식습관을 파악할 수 있고, 특정 개인의 변이가 높은 영양소 섭취량을 산출할 때 유용한 조사 방법이다. 조사 수행이 개방형 조사법에 비해 비교적 수월하고, 대규모 조사에 사용할 수 있다. 그러나 식사섭취량에 대한 정확한 양의 측정이 어렵고, 주로 장기간에 걸친 조사가 이루어지는 데 반해 조사 대상자의 기억력에 의존하므로 오차가 클 수 있다.

식사기록법(dietary record method)

조사 대상자가 일정 기간 동안 섭취한 식품의 종류와 양을 일기 쓰듯이 직접 기록하는 방법으로 개방형 방법이다. 대상자가 식사 중 또는 식사 후에 바로 섭취한 식품의 종류와 섭취량을 기록하므로 기억에 의존하지 않아 섭취한 음식을 빠뜨리지 않고 분량 및 조리 방법 등 자세한 식사 섭취 자료를 얻을 수 있다. 대상자가 직접 기록해야 하기 때문에 대상자는 기록 능력이 있어야 한다. 또한 섭취한 음식, 식재료, 양을 상세하게 기록해야 하므로 사전에 기록 방법 및 분량 측정법 등에 대한 교육을 실시하는 것이 좋다. 여러 날을 기록해야 하는 경우가 많으므로 대상자에게 동기부여가 필요하다. 가장 큰 단점은 대상자가 기록을 쉽게 하기 위해 식사 패턴을 바꾸어 일상적인 식습관과는 다른 섭취 형태를 조사하게 될 수도 있다는 점이다. 식사기록법에는 실측법(weighing method)이 동반된다. 실측법은 개인이 섭취한 1인 분량을 저울을 사용하여 직접 측정하는 방법이다. 먼저, 조리하기 전 식재료의 무게를 측정하고 조리 후 무게를 측정한다. 그리고 실제로 섭취한 음식의 양을 측정하고, 각 음식에 들어간 식품 재료별 분량을 토대로 하여 각 식품별로 영양소 섭취량을 조사하는 방법이다. 외식으로 섭취한 양이나 간식의 섭취 분량도 계량하여 같은 방식으로 섭취량을 추정한다. 이 방법은 섭취한 양을 어느 정도는 정확하게 측정할 수 있으나 실제 평상시 섭취 형태와는 거리가 생길 수 있다. 특히 역학조사에는 거의 사용하기 어렵다.

Tip 개인별 식품섭취량 조사법의 특성

종류	조사 방법	장점	단점
24시간 회상법	하루 동안의 식품 섭취 회상	• 저렴한 비용 • 조사 대상자의 부담이 적은 편 • 식습관의 변화 없음 • 문맹인도 가능	• 일상적인 식품섭취조사의 어려움 • 기억력에 의존 • 숙련된 조사원이 필요 • 조사된 섭취량과 실제 섭취량의 차이 발생 가능
식품섭취빈도법	열거된 식품의 섭취빈도 표시	• 조사 대상자 스스로 조사 가능 • 단시간, 저비용 • 대상자에게 부담이 적은 편 • 단시간에 전반적인 식품 섭취 형태 파악 가능	• 조사 대상자 능력에 좌우 • 대상 집단의 다소비식품에 대한 자료 필요 • 설문지에 대한 타당성 검증 필요 • 영양소 섭취량으로 전환 시 많은 기초 자료 필요
식사기록법	조사 대상자가 섭취한 식품의 양과 종류 자가 기록	• 기억력에 의존하지 않음 • 비교적 상세한 정보조사 가능 • 조사원이 필요 없음	• 대상자의 교육 수준이 높고 협력이 요구 • 측정과 기록 과정이 섭취식품에 영향을 미침 • 시간이 많이 소요 • 조사 대상자에게 큰 부담

식사섭취조사가 완료되면 영양소 섭취량을 산출해서 영양섭취량을 평가한다. 컴퓨터 프로그램을 사용하여 영양소 섭취량을 환산하고 있으며, 상품화된 프로그램으로는 한국영양학회에서 개발한 CAN PRO가 널리 이용되고 있다. 그러나 일부 기관에서는 자체 개발한 프로그램을 활용하기도 한다.

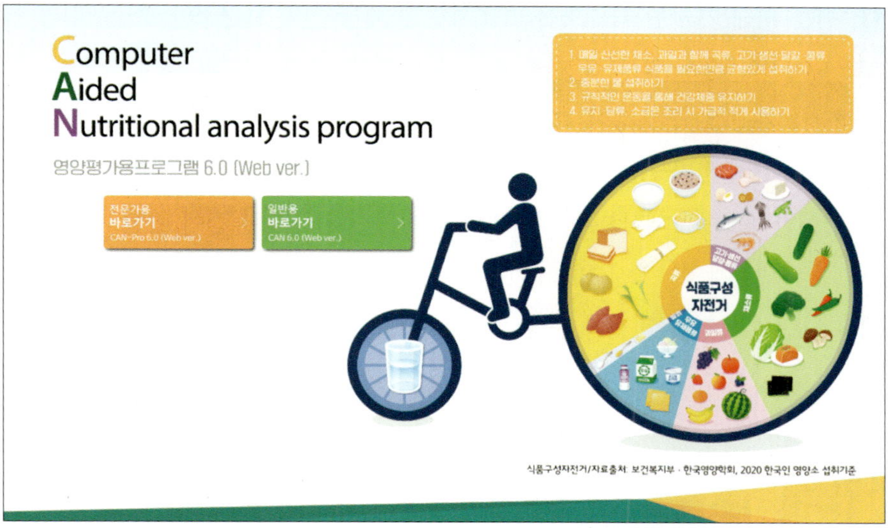

그림 4-3 영양평가 프로그램

자료 : 한국영양학회, 2020(http://canpro6.kns.or.kr)

2. 영양역학의 실제

1) 국민건강영양조사

(1) 조사 대상자 선정

국민건강영양조사의 목표 모집단은 대한민국에 거주하는 국민이다.

① 표본 설계

제1기(1998)부터 제3기(2005)까지 국민건강영양조사는 3년 주기 2~3개월 단기조사 체계로 실시하였으나, 제4기(2007~2009)부터 연중조사 체계로 개편됨에 따라 3개년도가 각기 독립적인 3개의 순환표본으로 전국을 대표하는 확률표본이 될 수 있도록 순환표본조사(rolling sampling survey) 방식을 도입하였다.

각 연도별 표본 추출 틀의 조사구 및 가구를 각각 1, 2차 추출단위로 하는 2단계 층화집락 표본 추출 방법을 사용하여 조사 대상을 선정한다. 1차 추출단위인 조사구는 1차 층화 기준(시도, 동·읍·면, 주택 유형), 2차 층화 기준(주거면적 비율), 내재적 층화 기준(가구주 학력 비율)에 근거해 층화하여 총 576개 조사구를 추출한다. 2차 추출단위인 가구는 계통 추출 방법을 사용하여 표본조사구 내 적절 가구를 추출한다.

② 가구원 확인조사

표본설계를 통해 조사 지역이 선정되면 가구원 확인조사를 통해 조사 대상가구를 선정한다. 이를 위해 가구원 확인조사의 조사원은 해당 지역 보건소와 주민센터의 협조를 얻어 조사 지역의 경계 및 적절 가구 수를 확인한다. 조사 지역의 적절 가구 수에 따라 구역(구역당 20가구)을 구분하여 그중 2개 구역을 추출하고, 추출된 구역 내에서 25가구를 선정한 후, 선정된 가구를 방문하여 조사에 필요한 기본 정보 및 전화 예약을 위한 연락처를 확인한다. 조사 대상으로 선정된 가구에는 조사 1개월 전에 관할 시도 자치단체장 명의로 '국민건강영양조사 가구 선정 통지서'가 배부되며 조사 1주일 전에는 질병관리청에서 사전예약 전화를 걸어 유의사항 및 조사 장소에 대해 안내하고 조사 시간을 정한다.

표 4-7 표본 추출 방식의 특징

구분	제1기(1998)	제2기(2001)	제3기(2005)	제4기(2007-2009)	제5기(2010-2012)
목표 표본크기	• 건강면접조사 : 200조사구, 12,000가구 • 보건의식행태/검진/영양조사 : 200조사구, 4,000가구	• 건강면접조사 : 600조사구, 12,000가구 (통합조사구 200, 비통합조사구 400) • 보건의식행태/검진/영양조사 : 200통합조사구, 4,000가구	• 건강면접조사 : 600조사구, 12,000가구 (통합조사구 200, 비통합조사구 400) • 보건의식행태/검진/영양조사 : 200통합조사구, 4,000가구	600조사구, 13,800가구(연간 200조사구, 4,600가구) ※단 2007년은 반년 조사로 100조사구, 2,300가구 완료	576조사구, 11,520가구(연간 192조사구, 3,840가구)
추출틀	인구총조사(1995), 신축아파트목록(1997)	인구주택총조사(2000)	인구주택총조사(2000), 신축아파트목록(2001)	인구주택총조사(2005)	주민등록인구(2009), 신축아파트목록(2008)
추출단위	조사구 → 가구	조사구 → 가구	조사구 → 가구	(동읍면 → 조사구) → 가구	조사구 → 가구
층	통합시(군), 동읍면, 주택유형	통합시도, 동읍면, 주택유형	시도, 동읍면, 주택유형	시도, 동읍면, 주택유형 (내재적층 : 권역, 연령)	시도, 동읍면, 주택유형 (내재적층 : 일반-성별 연령; 아파트-평당가격, 평균평수 등)
구분	제6기(2013-2015)	제7기(2016-2018)	제8기(2019-2021)	제9기(2022~2024)	
목표 표본크기	576조사구, 11,520가구 (연간 192조사구, 3,840가구)	576조사구, 약 1만 3천가구(연간 192조사구, 4,416가구)	576조사구, 약 1만 4천가구(연간 192조사구, 4,800가구)	576조사구, 약 1만 4천가구(연간 192조사구, 4,800가구)	
추출틀	인구주택총조사(2010)	인구주택총조사(2010), 신축아파트목록(2015)	인구주택총조사(2016)	인구주택총조사(2019)	
추출단위	조사구 → 가구	(병합)조사구 → 가구	(병합)조사구 → 가구	(병합)조사구 → 가구	
층	시도, 동읍면, 주택유형 (내재적층 : 성별, 연령, 주거면적, 가구주 학력)	시도, 동읍면, 주택유형 (내재적층 : 성별, 연령대, 가구주 학력; 아파트-평당가격, 평균평수 등)	시도, 동읍면, 주택유형 (내재적층 : 성별, 연령, 가구주 나이, 주거면적 등)	시도, 동읍면, 주택유형 (내재적층 : 성별, 연령, 가구주 나이, 주거면적 등)	

자료 : 질병관리청 국민건강영양조사 홈페이지

(2) 조사 방법

① 수행 과정

국민건강영양조사는 질병관리청 건강영양조사분석과에서 직접 수행하며, 시도에서 협조하고 있다. 각 해당 시도에서는 선정된 대상자에게 전달되는 선정 통지서에 시·도지사 관인 후 조사 지역의 해당 보건소로 전달한다. 보건소에서는 관인된 선정 통지서를 해당 지역 주민센터의 협조를 받아 대상자에게 전달하며, 공중보건치과의 지원 및 조사 장소 선정에 적극 협조하고 있다. 주민센터는 보건소의 협조 요청을 받아 조사 지역 관내도 및 개인별 명부를 제공하며, 조사 장소 지원 및 대상자 참여 독려 등 조사를 원활히 진행할 수 있도록 협조하고 있다.

국민건강영양조사 조사 수행 과정은 대상자를 선정하여 선정 통지서를 송부하고 조사 시작일 1주일 전까지 전화 예약을 완료한다. 검진 및 건강 설문조사는 이동검진차량에서 실시하고, 검진 및 건강 설문에 참여한 대상자 중 영양조사에 동의한 대상자 가정을 방문하여 영양조사를 실시한다. 연중지속조사체계를 안정적으로 운영하기 위해 2008년부터 이동검진차량을 도입하여 조사 환경과 장비를 표준화하였다. 그리고 민간협력으로 전문학회와 협력협정을 체결하여 임상검사, 구강검사 등 검진항목을 확대하고, 안(눈)검사, 이비인후(귀, 코, 목)검사를 공동으로 실시하고 있다. 검진조사 결과는 3주 이내, 영양조사 결과는 6주 이내에 참여한 대상 가구에 검진 결과지를 발송한다.

② 전문조사 수행팀 구성

질병관리청은 2007년 7월 연중조사 체계 도입과 함께 안정적인 조사 수행을 위해 '전문조사 수행팀'을 구성하여 운영하고 있다. 전문조사원은 간호사, 영양사, 보건학 전공자 등으로 구성되며, 선발 후 2~4주간 교육과 실습을 마친 후 조사현장에 투입된다. 이후에도 정기적인 교육(연간 7회)과 현장의 질 관리를 통해 지속적으로 조사 수행 능력을 검증받는다. 또한 16개 시도에서 공중보건치과의를 파견한다. 전문조사 수행팀 중 이동검진차량에서 조사를 수행하는 검진 및 건강 설문팀은 조사 지역별로 구분하여 총 4팀으로 구성되어 있다. 1, 2팀은 서울, 경기, 인천, 강원 지역이고, 3팀은 충청, 전라 지역이며, 4팀은 부산, 대구, 경상 지역을 전담하고 제주 지역은 팀별 순환조사를 수행하고 있다. 본부 소속 전문조사원은 검진 4명(팀장, 코디네이터, 채혈, 폐 기능 전문조사원), 건강 설문 2명으로 구성되며, 해당 보건소에서 공중보건치과의 파견 인력(구강검사)을 합쳐 팀별 총 7명으로 구성된다.

영양조사는 검진 및 건강 설문조사 완료 1~2주일 후 가구 방문조사로 진행되며, 2인 1조로 4팀, 총 8명으로 구성되어 있다.

(3) 조사 내용

① 검진조사

검진조사는 비만, 고혈압, 당뇨병, 이상지혈증 등 만성질환 유병자 규모를 파악하고 질병의 관리 수준을 파악하기 위한 목적으로 이루어지며, 신체계측, 혈압 측정, 악력검사,

체성분검사, 임상검사(혈액 및 소변 검사), 구강검사, 시력검사, 이비인후검사, 가족력 조사로 구성되어 있다(표 4-8).

표 4-8 검진조사 항목(제9기 1차년도(2022) 조사 기준)

구분		조사 항목	조사 대상자	비고
신체계측		신장, 체중	만 1세 이상	
		허리둘레	만 6세 이상	
		목둘레	만 40세 이상	
혈압측정		맥박수, 수축기혈압, 이완기혈압	만 6세 이상	3회 측정 비수은 자동 혈압계로 측정
악력검사		악력(양손)	만 65세 이상	2회 측정
체성분검사		골격근량, 체지방량, 부위별 근육량	만 10세 이상	
혈액검사	이상지질혈증	총콜레스테롤, 중성지방, HDL콜레스테롤, LDL콜레스테롤	만 10세 이상	※ 혈액검사 시, 조사 전날 저녁식사 이후부터 금식
	당뇨병	공복혈당, 당화혈색소		
	신장 기능	혈중요소질소, 크레아티닌		
	간 기능 및 간염	B형간염표면항원, C형간염항체, AST, ALT		
	빈혈	헤모글로빈, 헤마토크리트		
	일반검사	적혈구 수, 백혈구 수		
	기타	요산, hs-CRP, 비타민 D		
소변검사	일반검사	단백, 당, 잠혈, 유로빌리노겐, 케톤, 빌리루빈, 비중, 산도, 아질산염, 나트륨, 칼륨, 알부민, 코티닌, 크레아티닌	만 10세 이상	
구강검사		치아 상태, 치료 필요, 보철물 상태, 임플란트 존재, 보철물 필요, 치아반점도, 구강검진수진, 칫솔질 실천	만 1세 이상	치아반점도 : 만 11세만 해당
시력검사		시력 측정, 자동굴절검사	만 60세 이상	
이비인후검사		순음청력검사	만 12세 이상	
		순음청력검사, 임피던스청력검사, 비디오두부충동검사, 편도 크기, 구개-혀 위치, 음성검사[1]	만 40세 이상	
가족력		고혈압, 고지혈증, 허혈성심질환(심근경색증, 협심증), 뇌졸중, 당뇨병, 암	만 10세 이상	

[1] 음성검사 : 코로나19로 인해 조사 중단

자료 : 질병관리청 국민건강영양조사 홈페이지

② 건강설문조사

건강설문조사는 전문조사원이 개별 면접을 통한 교육 및 경제활동, 이환, 의료 이용, 삶의 질 조사와 대상자가 직접 작성하는 건강행태조사로 분류한다. 이동검진센터에서 진행하며 연령에 따라 조사 항목에 차이가 있다. 흡연, 음주 등 건강행태 영역은 자기기입식으로 조사하고, 이 외에 교육 및 경제활동, 이환, 의료 이용 등 전체 항목은 면접 방법으로 조사한다(표 4-9).

표 4-9 건강설문조사 항목(제9기 1차년도(2022) 조사 기준)

구분	조사 항목	조사 대상자	조사 방법
가구조사	성, 연령, 결혼 여부, 결혼 상태, 가구원 수, 세대 유형, 기초생활수급 여부, 주택 유형, 주택 소유 여부, 가구소득, 건강보험 가입, 민간보험 가입	가구원 중 만 19세 이상 1인	면접조사
성인	이환, 손상, 건강검진, 신체활동, 수면건강, 정신건강, 여성건강, 경제활동	만 19세 이상	면접조사
	비만 및 체중조절, 음주, 안전의식, 정신건강, 흡연, 구강건강, 예방접종, 의료 이용, 활동 제한, 삶의 질, 수면건강, 교육		자기기입
청소년	손상, 신체활동, 여성건강, 경제활동, 활동 제한	만 12세~18세	면접조사
	비만 및 체중조절, 정신건강, 음주, 흡연, 예방접종, 의료 이용, 구강건강, 수면건강, 교육		자기기입
소아	손상, 여성건강	만 1세~11세	면접조사(보호자 대리 응답)
	안전의식, 비만 및 체중조절, 예방접종, 구강건강, 교육		자기기입(자기기입식 대리 응답)

자료 : 질병관리청 국민건강영양조사 홈페이지

③ 영양조사

영양조사는 식생활 행태, 식이 보충제, 영양 지식, 식품 안정성 등에 관한 현황과 조사 2일 전 식품 섭취 내용(24시간 회상법) 등으로 구성되었다(표 4-10). 우리 국민의 영양 상태를 평가하고 영양 취약 집단 및 시급한 영양문제 파악, 질병의 예방 및 치료를 위한 영양관리 방안 마련 등을 위해 실시하고 있다.

- 조사 내용 : 조사 1일 전 음식 및 식품 섭취 내용, 식행태 및 이에 영향을 미치는 요인, 식이 보충제 이용, 식품 안정성, 수유 등에 대해 조사한다.
- 조사원 : 영양조사를 담당하는 자(영양조사원)는 의사, 치과의사, 간호사, 영양사 또

는 임상병리사, 방사선사의 자격을 가진 자 또는 보건복지부장관이 정하는 훈련 과정을 이수한 자(단, 건강 설문조사를 담당하는 경우에 한함)에 해당하는 자로 보건복지부장관이 임명 또는 위촉한다. 영양조사원의 직무에 관하여 필요한 사항은 보건복지부령으로 정한다. (「국민건강증진법 시행령」 제22조, 시행규칙 제22조)

- 조사 방법 : 개인별 면접 방법으로 실시하며, 음식에 사용한 양념이나 가공식품, 복용 중인 식이 보충제의 정확한 정보를 조사하기 위해서 영양사 2명으로 구성된 영양조사팀이 가급적 가구를 방문하여 조사를 수행하고 있다. 검진 전날에는 절식, 금주 등 식사에 영향을 주는 외부 요인들이 많기 때문에 영양조사는 검진 및 건강 설문조사를 완료하고 1주일가량 지나서 실시한다.
- 조사 후 결과 처리 및 기초 영양 데이터베이스 : 조사 대상자로부터 하루 전날 섭취한 음식(오이냉채, 콩국수 등)의 내용과 섭취량을 조사한 후 식품(오이, 고춧가루, 대두, 소금 등) 및 영양소(단백질, 비타민 C 등) 단위로 평가하기 위해서는 관련 데이터베이스들을 활용하여 전환 과정을 거쳐야 한다. 정확한 통계 산출을 위해서는 조사 수행 과정뿐 아니라 기초 영양 데이터베이스가 우리 국민의 최근 식생활을 잘 반영하는지가 중요하므로 국민건강영양조사 수행과 기초 영양 데이터베이스 구축을 병행하여 실시하고 있다.

표 4-10 영양조사 항목(제9기 1차년도(2022) 조사 기준)

구분	조사 항목	조사 대상자
식생활조사	• 끼니별 식사빈도 • 외식빈도 • 끼니별 동반식사 여부 및 동반 대상 • 채소·과일 섭취빈도 • 식이보충제 복용 경험 여부	만 1세 이상
	• 영양교육 및 상담 수혜 여부 • 영양표시 인지 및 이용 여부, 영양표시 관심 영양소, 영양표시 영향 여부	초등학생 이상
	• 모유 수유 여부, 수유 기간 • 조제분유 수유 여부, 수유 기간 • 이유보충식, 시판우유 섭취 시작 시기 • 영아기 영양제 복용 여부 및 복용 영양제 종류	만 1~3세
식품섭취조사	• 조사 2일 전 섭취 음식의 종류 및 섭취량(24시간 회상법)	만 1세 이상
	• 조사 2일 전 가구에서 섭취한 음식에 대한 조리 내용	조리자
식품안정성조사	• 가구별 식품 안정성 확보 여부	식품 구매자

자료 : 질병관리청 국민건강영양조사 홈페이지

Tip 영양조사원과 영양지도원

1. 시행규칙 제13조(영양조사원) ① 영 제22조의 규정에 의한 국민영양조사원(이하 "영양조사원"이라 함)은 건강상태조사원·식품섭취조사원 및 식생활조사원으로 구분하되, 각 조사원의 직무는 다음 각 호와 같다. 다만, 시·도 지사가 필요하다고 인정할 때에는 식품섭취조사원으로 하여금 식생활조사원의 직무를 행하게 할 수 있다. 〈개정 1998.11.6.〉
   1. 건강상태조사원 : 제12조 제1호의 규정에 의한 건강 상태에 관한 조사사항의 조사·기록
   2. 식품섭취조사원 : 제12조 제2호의 규정에 의한 식품섭취에 관한 조사사항의 조사·기록
   3. 식생활조사원 : 제12조 제3호의 규정에 의한 식생활에 관한 조사사항의 조사·기록
2. 시행규칙 제17조(영양지도원) ① 영 제22조의 규정에 의한 영양지도원은 다음 각 호의 업무를 담당한다.

시·도의 영양지도원	시·군·구의 영양지도원
1. 영양지도의 기획·분석·평가 및 영양상담 2. 보건소의 영양업무지도 3. 집단급식시설에 대한 급식업무지도 4. 영양조사 및 효과 측정 5. 홍보 및 영양교육 6. 기타 영양과 식생활 개선에 관한 사항	1. 영양지도의 계획·분석 2. 지역주민의 영양지도(영·유아, 임산부, 수유부, 노인, 환자, 성인의 영양관리) 및 상담 3. 집단급식시설에 대한 현황 파악 및 급식업무지도 4. 영양조사 및 지역주민의 영양평가 실시 5. 영양교육 자료의 개발·홍보 및 영양교육 6. 지역주민의 영양조사 결과 자료 활용 7. 기타 영양과 식생활 개선에 관한 사항

(4) 결과 발표

조사는 당해 연도 1월부터 12월까지 교육 및 차량 정비를 위한 기간을 제외하고 연 48주 연중 수행된다. 수집된 자료는 익년 1~9월까지 자료 정제 및 가중치 부여 과정을 거쳐 1차 원시자료(DB)로 구축되며, 2차 결과 산출 및 분과 자문회의 과정을 거쳐 9~10월 중 결과 발표회를 개최한 후 12월에 최종 결과 보고서 발간 및 원시자료를 공개하고 있다(그림 4-4). 관련 자료는 질병관리본부 국민건강영양조사 홈페이지(https://knhanes.kdca.go.kr)에서 무료로 제공하고 있다.

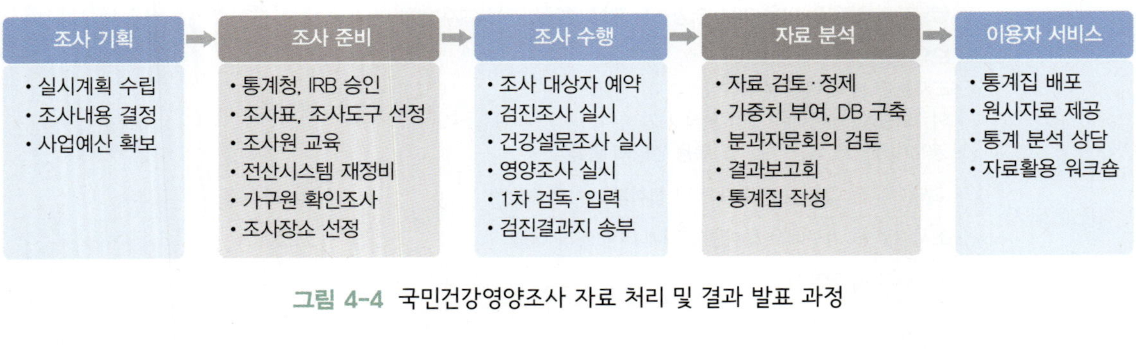

그림 4-4 국민건강영양조사 자료 처리 및 결과 발표 과정

(5) 결과 활용과 의의

경제 발전에 따른 식생활 양상과 식이 관련 만성퇴행성 질환의 증가로 인해 우리 국민을 대상으로 한 식이 섭취와 질병 간의 연관성 규명을 위한 역학조사 연구의 필요성이 높아짐에 따라 영양조사, 건강면접조사, 보건의식행태조사, 건강검진조사로 구성된 '국민건강영양조사'를 통해 산출된 통계와 수집된 자료는 다음과 같은 보건 정책과 프로그램, 연구 등에 활용되고 있다.

특히 통계자료는 국민건강증진종합계획(Health Plan)의 목표 설정 및 평가지표로 활용되고 있으며, 건강증진 프로그램 개발 등 보건 정책 수립 및 평가에 필요한 기초 자료로 활용되고 있다. 또한 세계보건기구(WHO), 경제협력개발기구(OECD) 등에서 요청하는 흡연, 음주, 신체활동, 비만과 관련하여 국제기구에 제공하는 보건지표를 생산하고 있으며, 미국(National Health and Nutrition Examination Survey), 일본(National Health and Nutrition Survey) 등 각국에서 도입, 운영 중인 국가 단위 조사사업 결과와 비교 가능한 지표를 산출하고 있다.

Tip 국민건강영양조사 결과 활용

- 국민건강증진종합계획 수립 및 평가
- 국민건강증진 프로그램 개발
- 지역보건의료계획 목표 수립 및 평가
- OECD, WHO 등 국제기구가 요구하는 보건통계 산출
- 건강 수준 및 보건행태에 관한 국가 간 비교 지표 산출
- 주요 만성질환의 유병률 파악 및 관리 방안 모색
- 건강취약계층 파악 및 관리 방안 마련
- 영양소 섭취기준 제정 기초 자료 마련
- 소아·청소년 표준성장도표 제정

2) 서울시먹거리통계조사

서울 시민의 먹거리에 대한 인식과 관심 등을 측정하고, 서울시만의 유용한 통계지표를 통해 시민의 먹거리 전반에 대한 진단, 질적 수요 및 관심에 대응하는 등 맞춤 정책 도출 등을 위해 기초데이터 및 근거 자료를 마련하기 위해 매년 조사를 수행한다.

서울시 거주 가구 내 만 18세 이상 가구원 전수 대상으로 조사 내용의 특성과 모집단

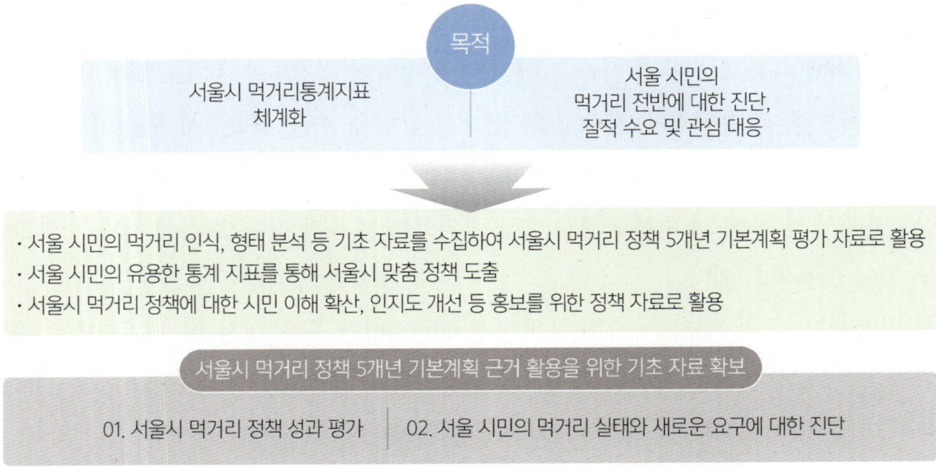

그림 4-5 서울시먹거리통계조사의 목표
자료 : 서울시 식품안전정보 홈페이지

의 대표성을 높이기 위해 지역 구분(5개 권역 : 도심권, 동북권, 서북권, 서남권, 동남권)과 주택 유형(4개 유형 : 단독주택, 아파트, 다세대주택, 연립주택/기타)을 층화변수로 고려한 층화집락 추출 방법으로 표본을 추출하여 조사하며, 가구방문면접조사로 이루어진다. 조사 내용은 다음과 같다.

표 4-11 서울시먹거리통계조사의 내용

구분	조사 내용
건강한 식사	식품별 섭취 빈도, 전반적인 건강 상태, 우울감 경험 여부, 비만도
먹거리 보장	식품의 질적·양적 미보장 이유
평소 식습관	집에서 식사 유형, 혼밥, 채식 비율과 이유, 채식을 대하는 태도
농업, 농촌과 도시농업	식량의 중요성, 농업·농촌에 대한 관심, 농촌과 도시농업, 텃밭과 주말농장
좋은 먹거리와 지역사회	좋은 먹거리에 대한 관심도, 음식물쓰레기 및 포장 줄이기 실천, 지역 공동식당 유형별 이용 의향
먹거리 이해력	영양 및 안전 영역(식품영양 관련 지식 및 식재료와 조리 관련 정보를 습득, 이해, 사용하는 역량), 관계 및 문화 영역(음식문화에 대한 관심과 이해, 음식을 통한 즐거움과 의미, 미식학적 관점), 사회-생태 영역(개인의 식품 선택과 관련된 사회적, 생태적 결과 이해하고 중요시 하는 역량, 윤리적 소비와 먹거리 정의 등)
먹거리와 행복	전반적 삶의 행복도, 먹거리·식생활 만족도, 행복에 대한 먹거리·식생활 중요도
식품안전과 서울시 먹거리사업	식품별 안전성, 서울시 정책 인지도 및 관심도, 식생활지원 서비스 요구도

서울시먹거리통계조사를 활용하여 2021년부터 서울 시민의 먹거리 이해력 지표를 개발하여 측정하고 있다. 먹거리 이해력(food literacy)은 개인의 생명 유지 및 건강한 생활을 위한 식품 선택과 관리, 조리 능력뿐만 아니라 음식의 문화적 가치를 이해하고, 음식이 가진 공동체, 농업, 생태 환경의 가치를 고려하는 먹거리 관련 역량으로 정의한다. 건강을 증진시키고 유지할 수 있는 개인의 역량 중 건강 관련 정보를 얻고, 이해하고, 사용하기 위한 인지적이고 사회적인 기술을 의미하는 건강정보 이해 능력(health literacy)에서 파생된 개념이다. 건강정보 이해 능력은 개인의 건강증진과 유지에 매우 중요한 핵심 개념으로 평가되어 2020년에 관계 부처 합동으로 발표한 Health Plan 2030에서도 국민의 건강증진을 위해 성인의 건강정보 이해 능력 수준을 대표 지표로 설정하고 국내에 맞는 지표를 개발하고 주기적으로 측정하기로 하였다.

3) 지역사회건강조사

1995년 지방자치제 시행 이후 지방자치단체의 보건사업계획 수립이 의무화되었으나, 이를 뒷받침할 수 있는 지역건강통계는 부재하였다. 지역주민의 건강 상태를 파악하여 근거에 기반한 보건 정책을 수립·평가하기 위한 통계자료 산출을 위해「지역보건법」제4조(지역사회 건강실태조사) 및「지역보건법 시행령」제2조(지역사회 건강실태조사 방법 및 내용)에 근거하여 2008년부터 시작된 지역사회건강조사는 주민의 건강 수준에 대한 지역 통계를 생산하는 국내 유일의 조사이다.

Tip '지역사회건강조사' 추진 목적

- 지역보건의료계획 수립에 필요한 시·군·구 단위 건강통계 산출
- 지역보건사업 성과를 체계적으로 평가할 수 있는 기초 자료 생산
- 지역사회 민간·공공 협력체계구축을 통한 조사 감시 인프라 확충
- 주민의 건강 수준의 지역 간 비교를 위한 조사 내용 및 수행 체계 표준화

지역사회건강조사는 중앙과 지역 간 역할 분담을 통한 효율적 생산체계 도입, 시도 및 시군구와 지역 대학교 간 견고한 네트워크 구축, 지역사회조사 감시 전문 인력 양성 등 인프라 확충을 통한 지속 가능한 지역사회 조사감시체계를 구축하여 시·군·구 대표 보건통계를 생산하고, 지역 간 비교 가능한 건강조사체계를 확립하여 과학적 근거에 기초

지역단위 생산체계 구축

- 시·도 단위 원자료 생산감시체계 구축
  - 국민건강영양조사, 청소년건강행태 조사 표본 수 확대
- 시·군·구 단위 원자료 생산감시체계 구축
  - 지역사회건강조사
- 기존 자료 가공생산 통합분석체계 구축
  - 사망 자료, 건강보험 자료, 연구 자료 등

조사지표 및 수행체계 표준화

- 조사지표 표준화
  - 보건지표뱅크 운영, 핵심· 선택 지표 개발
  - 표준 설문지 개발
- 공동 표본추출
  - 동일한 방식의 표본추출(중앙정부)
- 조사수행 표준화
  - 조사원 교육·훈련지침 개발 및 공통 교육
  - 조사관리 및 수행조사 문항지침 개발

지역사회 네트워크 구축

- 지역사회건강조사 협력 수행체계 구축
  - 시·도 및 시·군·구 보건소와 거점 대학교 간 협력체계 구축
- 지역사회건강조사 기술지원체계 확립
  - 권역별 책임대학교 컨소시엄 구성

인프라 구축

- 지역사회조사 감시 전문인력 양성(만성질환 사업 기획 및 건강조사 FMTP 운영)
- 사업 추진 및 지원체계 강화 – 중앙전담조직 구성(질병관리청 만성질환관리과), '지역사회건강조사 운영위원회 구성 및 운영'
- 지역 여건과 예산을 고려한 건강조사 규모, 대상, 항목의 단계적 확대

그림 4-6 지역사회건강조사 중점 추진 과제
자료 : 질병관리청 지역사회건강조사 홈페이지

한 지역보건사업 수행 기반을 마련하고자 한다.

조사 대상은 표본가구 가구원 중 만 19세 이상 성인을 대상으로 가구, 개인 단위로 조사한다. 조사원에 의한 방문면접조사 방식과 조사원이 가구를 방문하여 태블릿 PC에 탑재된 전자조사표를 이용하여 조사하는 방식(computer assisted personal interviewing, CAPI)으로 조사되며, 조사 영역은 계측조사(혈압, 키, 몸무게 측정), 건강행태(흡연, 음주, 안전의식, 신체활동, 식생활, 비만 및 체중조절, 구강건강, 정신건강), 예방접종 및 검진(인플루엔자 예방접종, 건강검진 및 암 검진 수진), 이환(만성질환 진단 경험 및 주요 질환관리 수준), 의료 이용(미충족 의료 여부 및 이유), 사고 및 중독(사고중독 경험 여부), 활동 제한 및 삶의 질(주관적 건강수준, EQ-5D), 보건기관, 사회 물리적 환경(광역 시·도 거주기간, 시·군·구 거주기간), 개인위생(손 씻기 감염병 예방 인지 여부, 손 씻기 실천 여부), 여성 건강(현재 임신 여부), 교육 및 경제 활동(직업, 학력, 혼인 상태)에 대해 조사한다.

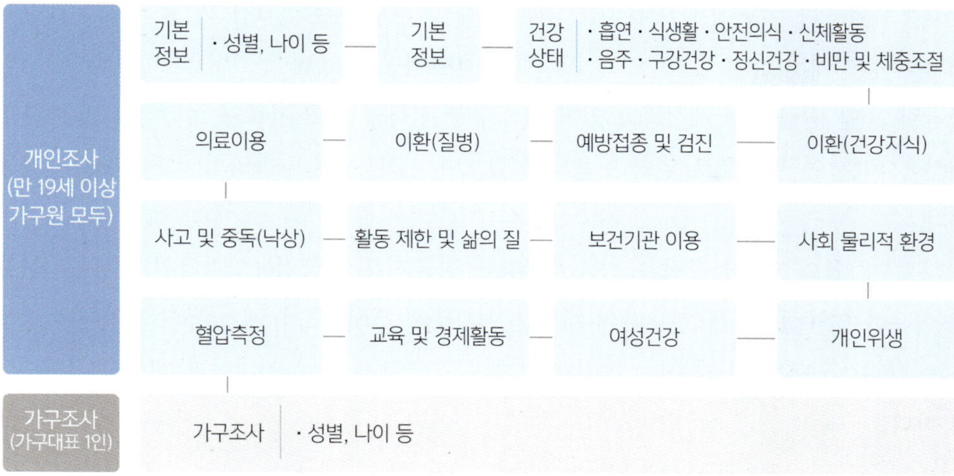

그림 4-7 지역사회건강조사 구성

자료 : 질병관리청 지역사회건강조사 홈페이지

Tip 조사 문항 선정 기준

- 지역보건의료계획 수립에 활용할 수 있는 지표
- 지역보건사업 평가에 활용할 수 있는 지료
- 국민건강증진종합계획에 제시된 지표
- 국민건강영양조사 결과와 비교 가능한 지표
- 약 900명의 표본수로 유의한 통계 결과를 산출할 수 있는 질병 및 건강행태 측정 항목(유병률 최소 5% 이상) 우선
- 지역보건사업에 필요하나 대체 자료원이 없는 지표
- 측정 방법이 명확하며, 조사 문항과 응답 보기에 오류가 없는 항목

자료 : 질병관리청 지역사회건강조사 홈페이지

4) 식품수급표

세계 160여 개국은 FAO의 권장 방식에 따라 자국의 식품 및 영양수급 분석표인 식품수급표를 작성하고 있으며, 우리나라도 이 방식에 따라 우리나라 국민이 일반적으로 식용하고 있는 모든 식품을 조사 대상으로 1962년부터 식품수급표를 작성해 왔다. 다만, 생산 및 공급량에 관한 자료가 극히 불충분하고 국민 영양 공급에의 기여도가 낮은 일부 품목은 제외되었다.

식품수급표는 국민에게 공급되는 식품의 수급 상황과 국민 1인 1일당 식품공급량을 조사하며, 이에 의하여 국민 1인 1일당 에너지·단백질·지방질·무기질 및 비타민 등 영양 공급량 등을 산출하여 제시하고 있어 식품수급 정책의 기초 자료와 국민영양 및 식생활 개선을 위한 연구 자료로 널리 이용되고 있으며, 세계 여러 나라와의 국제 비교도 가능하다.

식품수급표의 영양공급량은 식품공급량에 농촌진흥청 국립농업과학원의 식품성분표를 이용한 영양성분가를 적용하여 계산한 결과로서 취사, 조리, 폐기 등의 과정에서 발생하는 감량이 포함되지 않는다. 그러므로 영양 공급량은 영양 섭취량과 개념상 구별되어야 한다.

단원정리

- 생태학적 연구는 개인이 아닌 인구집단 수준의 데이터를 이용하여, 다른 목적을 위해 생성된 기존 자료 중 질병에 대한 자료와 관련 요인에 대한 자료를 이용하여 두 요인 간의 상관성을 연구하는 방법이다.
- 단면 연구는 일정한 인구집단을 대상으로 특정한 시점, 기간에 질병의 유병률을 조사하고 각 질병과 그 집단이 가지고 있는 속성과의 연관성을 규명하는 방법이다.
- 환자군-대조군 연구는 연구하고자 하는 질병에 이환되어 있는 집단을 대상으로 환자군과 특정 질병에 걸리지 않은 대조군을 선정하여, 질병의 원인이 된다고 의심되는 인자나 속성 및 과거의 요인이 질병 발생과 어떤 인과관계를 가지고 있는지를 통계적으로 검증하는 방법이다.
- 코호트 연구는 질병 발생의 원인과 관련되어 있다고 생각하는 특정 인구집단과 관련이 없는 인구집단을 관찰하여 질병 발생률을 비교 분석하는 방법이다.

연습문제

1 우리나라에서 인구집단을 대상으로 조사된 건강과 영양에 관한 자료로 검진조사, 건강 설문조사, 영양조사로 구성되어 있으며, 국민의 건강 수준, 건강 관련 의식 및 행태, 식품 및 영양 섭취 실태와 추이를 파악하여 정책적 우선순위를 두어야 할 건강 취약 집단을 선별하고, 보건 정책과 사업이 효과적으로 전달되고 있는지를 평가하는 데 필요한 법정조사를 무엇이라 하는지 이야기해 보자.

2 「국민건강증진법 시행령」 제22조에 의거한 영양조사원의 자격 조건에 대해 설명해 보자.

3 국민건강영양조사 결과는 어디에 활용되는지 설명해 보자.

정답과 풀이

1 국민건강영양조사

2 의사, 치과의사, 간호사, 영양사 또는 임상병리사, 방사선사의 자격을 가진 자 또는 보건복지부장관이 정하는 훈련 과정을 이수한 자(단, 건강 설문조사를 담당하는 경우에 한함)

3
- 국민건강증진종합계획 수립 및 평가
- 국민건강증진 프로그램 개발
- 지역보건의료계획 목표 수립 및 평가
- OECD, WHO 등 국제기구가 요구하는 보건통계 산출
- 건강 수준 및 보건 행태에 관한 국가 간 비교 지표 산출
- 주요 만성질환의 유병률 파악 및 관리 방안 모색
- 건강취약계층 파악 및 관리 방안 마련
- 영양소 섭취기준 제정 기초 자료 마련
- 소아·청소년 표준성장도표 제정

제2부

지역사회 영양중재 프로그램 개발

05

지역사회영양사업의 이론과 모델

지역사회영양사업은 지역사회 구성원의 영양 욕구 충족을 위한 영양 서비스를 제공하는 것이다. 이를 위해서는 적절한 중재 프로그램을 개발하여 적용함으로써 개인의 영양행동이 개선되도록 하여야 한다. 개인의 행동 변화를 위한 중재 프로그램을 개발할 때 행동 변화에 관한 이론과 모델을 적용할 수 있다. 이 장에서는 지역사회영양사업을 설계하고 운영하며 평가할 때 적용할 수 있는 건강행동이론과 지역사회 영양중재 프로그램을 운영하고 평가할 때 활용할 수 있는 여러 이론을 살펴본다.

1. 지역사회영양사업 이론의 필요성

지역사회영양사업의 궁극적인 목적은 대상자의 영양행동을 변화시키는 것이다. 대상자의 바람직한 행동 변화를 촉진하려면 지식과 기술을 습득하고 태도를 변화시키는 과정이 필요하다. 그러나 식생활에 관하여 정확한 정보를 전달하여 대상자가 지식을 습득하더라도 실제 행동의 변화를 가져오지 못한다면, 지역사회영양사업이 목적하는 대상자의 영양 욕구는 채워지지 못할 것이다. 또한 대상자에게 필요한 서비스를 제공하여 직접 경험하게 한다면 즉각적인 욕구는 채워지겠지만 이후 다른 욕구를 해소해야 할 상황에 빠질 수 있다. 식생활과 건강은 인간의 삶에서 떼어낼 수 없는 영역이기 때문에 지역사회영양사업은 대상자의 일상적인 삶의 방식을 긍정적으로 변화시킬 수 있기를 기대하며, 이를 위하여 심리학적 개념들을 적용한다. 이 중 대표적인 것이 자기효능감(self-efficacy)이다.

자기효능감은 심리학자 반두라(A. Bandura)가 제안한 행동 변화의 기초가 되는 요소이다. 기존의 행동주의이론이 조건화를 통하여 개인의 행동 변화를 유도하였다면, 반두라의 사회학습이론은 개인의 행동을 변화시킬 수 있는 사회적 조건뿐 아니라 내면의 신념에 주목하였다. 반두라는 자기효능감을 '특정 행동을 수행할 수 있다는 확신'이라고 정의하였다. 강한 자기효능감은 개인의 선택에 영향을 주고 더 큰 노력을 하도록 하며 난관을 바라보는 관점을 변화시키고 어려움이 있더라도 기꺼이 목표를 달성하려는 마음을 갖게 함으로써 개인의 건강행동을 변화시킨다.

반두라가 제안한 자기효능감을 형성하는 네 가지 요소를 영향력이 큰 것부터 나열하면 행동 수행의 결과, 간접경험 또는 모델링, 말로 하는 격려나 설득, 생리적 각성이다. 행동 수행의 결과란 개인이 특정 행동을 수행하여 좋은 결과를 얻은 경험이 자기효능감을 향상시키는 것을 말한다. 모델링(modeling)이란 누군가의 행동을 관찰함으로써 새로운 바람직한 행동을 습득할 수 있다는 뜻이다. 자기모델링(self-modeling)이라는 개념도 제안되었는데, 예를 들어 개인의 행동을 촬영하여 긍정적인 결과만을 보여 주도록 편집한 영상을 관찰하면 자기효능감이 향상된다. 말로 하는 격려나 설득으로 자기효능감을 향상시키는 방법은 많은 지도자들이 선호하는 방식이다. 긍정적인 말과 부정적인 말 모두 자기효능감을 높이거나 낮출 수 있다. 개인의 생리적 각성도 자기효능감에 영향을 준다. 식사량을 줄이기로 계획하였는데 공복감을 심하게 느낀다거나 기운이 없고 식은땀이 난다면 식사 제한을 계속할 수 있겠다는 확신을 잃을 것이다. 금연을 하면서 니코틴 패치를 사용하여 금단현상을 지연시키면 금연을 지속할 수 있겠다는 자기효능감이 향상될 수 있다.

자신의 행동이 변화될 수 있다는 확신은 실제적인 기술을 습득하는 것보다 중요하다. 대상자가 행동 변화의 필요성을 인지하였다면 실제로 변화할 수 있음을 믿을 수 있도록 도와야 한다. 행동을 변화시키는 것이 불가능하다고 판단한 대상자는 부정(denial : '내 식생활에는 아무 문제가 없어' '식습관을 바꾸지 않아도 괜찮아'), 합리화(rationalization : '싱겁게 먹으면 식사량이 줄어서 영양 결핍이 될 수도 있어' '현재의 식사도 나쁘지 않아'), 투사(projection : '남편 때문에 싱겁게 먹는 것은 불가능해') 등의 방어적 사고로 전환할 것이다. 행동 변화의 목표가 크고 복잡하다면 작은 것부터 성공 경험을 쌓도록 돕는 것도 좋다. 대상자의 강점이 강화되고 긍정적인 미래가 전망될 때 자기효능감은 강화된다.

2. 지역사회영양사업 설계를 위한 건강행동이론

1) 건강신념모델

건강신념모델(Health Belief Model, HBM)은 건강행동을 설명하고 예측하기 위한 심리학적 모델이다. 건강신념모델에서는 개인의 태도(attitude)와 신념(belief)에 초점을 맞춘다. 1950년대 미국 보건국의 호크바움(Hochbaum), 로젠스탁(Rosenstock), 케겔(Kegeles)은 무료 결핵 스크리닝 프로그램의 실패 요인을 찾기 위한 과정에서 개인의 건강행동을 이해하기 위하여 건강신념모델을 주창하였다.

개인이 건강과 관련된 어떤 행동을 수행하려면 건강하지 않은 상태를 피하고 싶어야 하고, 행동 변화로 인한 긍정적인 결과가 기대되어야 하며, 스스로 행동을 수행할 수 있다는 확신이 있어야 한다. 개인이 행동의 변화를 결정하기 위해서는 자신이 영양문제를 가지게 될 가능이 있다고 느끼는 인지된 취약성(perceived susceptibility)과, 그 영양문제와 그 결과가 미치는 영향이 크다고 느끼는 인지된 심각성(perceived seriousness)을 스스로 인지해야 한다. 또한 영양지침을 따르는 행동 변화가 영양문제의 위험과 심각성을 감소시킬 것이라는 인지된 이득(perceived benefits)과, 그러한 영양지침을 따르기 위하여 치러야 할 물리적·심리적 비용을 의미하는 행동 변화의 장애(barriers)(와 극복 가능성)를 견주어야 비로소 행동할 준비를 갖추게 된다. 그러나 이러한 결심이 행동으로 이어지려면 영양지침을 따를 태도를 가지게 하는 사건인 행동의 계기(cues to action)가 필요하며 실제로 행동을 이행하려면 자신이 영양지침을 실천할 수 있겠다는 자기효능감이 필요하다. 이러한 여섯 가지 건강신념들이 상호작용하여 대상자의 행동을 변화시킨다.

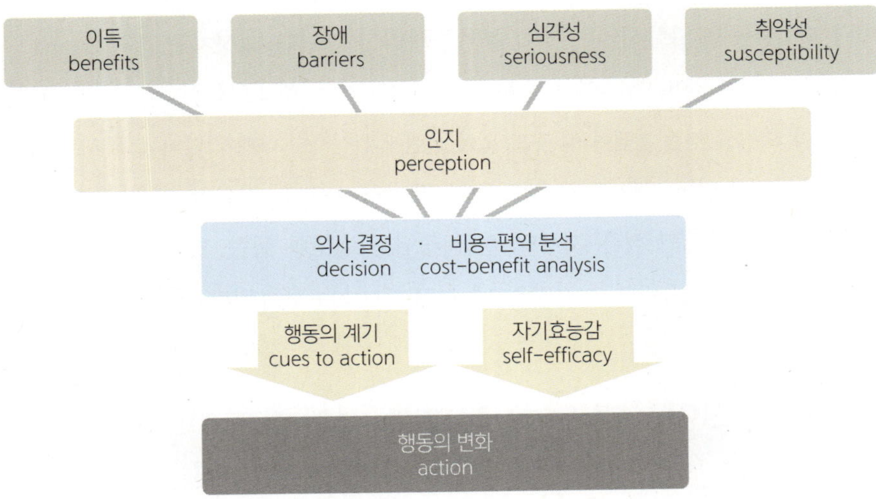

그림 5-1 건강신념모델

지역사회영양사업에 건강신념모델을 적용한다면 이러한 신념들에 초점을 맞추어 중재 프로그램을 설계할 수 있다. 건강행동의 이익과 장애, 건강문제의 심각성과 취약성을 인지하더라도 계기가 없으면 실제 행동으로 이어지지 않는다. 또 대상자 개인의 자기효능감이 결심에서 행동으로 이어지게 하므로 자기효능감을 증진시키는 것에 중재의 초점을 맞춘다.

표 5-1 건강신념모델을 활용한 중재의 예시(나트륨 섭취 줄이기)

건강신념	표현 예	중재 프로그램의 예
인지된 취약성	"짜게 먹으면 고혈압에 걸릴까 걱정돼."	짜게 먹는 식습관과 고혈압 발생의 연관성을 연구 결과에 근거하여 설명
인지된 심각성	"높은 혈압을 조절하지 않으면 뇌졸중으로 쓰러질 수 있어."	고혈압 전단계(prehypertension)인 경우 심뇌혈관질환 발생 위험을 자료에 근거하여 설명
인지된 이득	"싱겁게 먹으면 혈압이 낮아지고 체중도 줄 거야."	혈압 조절을 위한 저염식을 실천한 비만 환자의 체중이 감소된 사례 소개
인지된 장애	"싱거운 음식은 맛이 없어."	소금을 적게 넣고 맛을 내는 조리법 시연
행동의 계기	"평소 혈압이 높던 할머니가 뇌졸중으로 쓰러지셨어."	나트륨 민감성이 유전되는 것에 대한 강의
자기효능감	"나는 저염식을 만들어 먹을 수 있어."	가정에서 활용할 수 있는 저염식 조리법 실습

2) 변화단계모델(범이론적 모델)

변화단계모델[Stages of Change Model, 범이론적 모델(Transtheoretical Model)]은 1970년대 후반과 1980년대 초반에 흡연자의 중독 치료를 연구하던 프로샤스카(J. Prochaska)와 디클레멘트(C. DiClemente)에 의하여 제안되었고, 체중 감량이나 부상 예방, 금주 등의 건강 행동에 광범위하게 적용되어 왔다. 변화단계모델의 중요한 개념은 행동의 변화가 한순간에 이루어지지 않고 일련의 과정에 따라 일어난다는 것이다. 변화단계모델에서 제안하는 일련의 과정은 고려 전단계, 고려 단계, 준비 단계, 행동 단계, 유지 단계이다(그림 5-2). 사람들은 이 다섯 단계 중 하나에 머물고 있으며, 현재 머물고 있는 단계에 따라 다른 수준

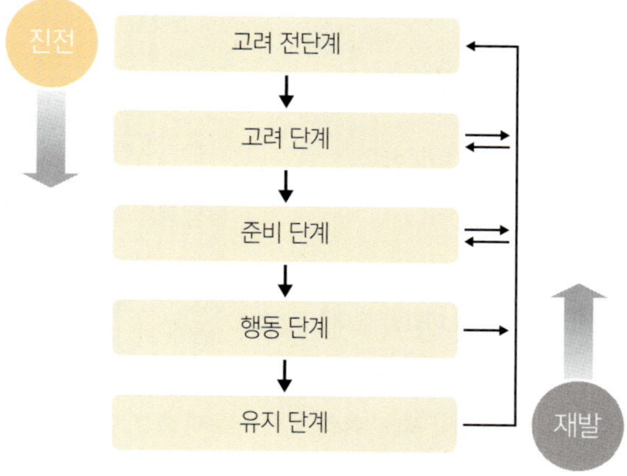

그림 5-2 변화단계모델의 과정

의 동기를 가지고 있다. 따라서 대상자의 현재 단계에 따라 각기 다른 전략으로 접근하여 다음 단계로 진전될 수 있도록 돕는 것이 효과적이다.

예를 들어 저염식 프로그램을 진행할 때 참여자 모두가 저염식의 필요성을 알고 실천할 동기를 가지고 있다는 가정하에 구체적인 저염식 실천 방법을 시연함으로써 자기효능감을 증진시키기 위한 프로그램을 기획할 수 있다. 참여자 중 준비 단계의 대상자는 행동 단계로 진전하기 위해 유용한 정보를 얻을 수 있을 것이다. 행동 단계의 대상자는 주어진 정보와 자신의 행동을 비교하며 취사선택할 것이며 몇 가지 의문을 해결하기 위하여 질문할 수 있다. 그러나 고려 전단계의 대상자는 프로그램의 의도를 파악하지 못할 수 있고, 고려 단계의 대상자는 저염식이 번거롭고 맛이 없다는 부정적 견해를 가질 수도 있다. 또 유지 단계의 대상자는 프로그램이 자신에게 유용하지 않다고 여길 수 있다. 따라서 지역사회영양사업을 기획할 때는 대상자의 현재 동기화 상태를 고려하여 프로그램을 설계하여야 한다. 변화단계모델은 서비스를 제공할 때 대상자의 현재 단계를 사정함으로써 구체적인 중재 전략을 설계하는 데 유용한 모델을 제공한다. 이러한 중재 전략을 개인 맞춤형 중재라고 한다. 일반적으로 변화 단계의 앞부분에서는 인지·정서적 접근이 효과적이고, 뒷부분에서는 행동적 접근이 더 효과적이다(표 5-2).

표 5-2 변화단계모델의 단계

단계	대상자의 상태	중재의 목표
고려 전단계	문제를 인지하지 못함 6개월 이내에는 변화할 마음이 없음	• 정보를 제공한다. • 문제를 인지하게 한다. • 변화를 정서적으로 수용하게 한다.
고려 단계	문제를 인지함 6개월 이내에 변화할 마음이 있음	• 문제를 재검토하도록 지지한다. • 변화의 확신을 증진시킨다. • 변화의 이익을 강조한다.
준비 단계	1개월 이내에 변화할 마음이 있음 작은 변화를 시도할 수 있음	• 마음의 동요를 해결한다. • 약속을 확실하게 한다. • 특정 행동 계획을 세운다.
행동 단계	적극적으로 행동 변화를 시도하고 있음 변화를 시도한 지 6개월 미만인 상태	• 협력적·개인 맞춤형 계획을 세운다. • 행동 기술을 제공한다. • 사회적 지지를 제공한다.
유지 단계	행동이 변화한 지 6개월이 지난 상태	• 협력적·개인 맞춤형 계획을 보완한다. • 문제 해결 기술을 제공한다. • 사회적, 환경적 지지를 제공한다.

변화단계모델의 어떤 단계에서도 변화는 직선적으로 일어난다. 한 단계를 완전히 경험하고 나서 다음 단계로 이동한다. 변화 과정은 행동의 결과에 대한 의식 증가, 자신의 이미지 재평가, 환경에 미치는 영향 재평가, 긍정적인 안심, 자기방면, 사회방면, 자극 조절, 대체 조절, 보상관리, 조력관계 등에 따라 이루어진다. 자기방면이란 실천계약서를 작성하는 것처럼 스스로 행동 변화를 결심하고 이를 표현하는 것이다. 사회방면이란 저염식을 판매하는 식당을 선택하여 방문하거나 캠페인과 같은 옹호활동을 하는 등 자신의 행동변화 결심을 지역사회에 드러내는 것이다. 변화단계모델에서 행동 변화는 반대 방향으로 이루어질 수도 있다. 그림 5-2의 재발이라는 화살표는 특정 단계에서 이전 단계로 후퇴하는 변화를 보여 준다. 변화단계모델에서 특정 단계에서 다음 단계로 전진하느냐, 이전 단계로 후퇴하느냐의 의사 결정은 행동 변화의 장단점에 대한 개인의 관점에 달려 있다. 행동 변화에서 기대되는 이득과 행동 변화에 따른 불이익 및 비용에 대한 개인의 인지가 변화의 방향을 결정하게 된다.

3) 계획적 행동이론

계획적 행동이론(Theory of Planned Behavior)은 합리적 행동이론(Theory of Reasoned Action)에서 출발하였다. 합리적 행동이론은 개인의 건강행동이 의도(intention)에 따라 자발적으로 이루어지며 의도는 태도(attitude)와 주관적 규범(subjective norm)에 근거하여 형성된다고 하였다. 그러나 아이섹(Icek Ajzen)은 모든 행동이 자발적이지 않음을 발견하고, 행동과 의도에 영향을 미치는 인지된 행동 통제(perceived behavioral control)라는 개념을 더하여 계획적 행동이론을 제안하였다(그림 5-3).

계획적 행동이론에서는 인지된 행동 통제가 의도와 행동에 영향을 주어 행동 변화를 가져온다. 따라서 계획적 행동이론에서 행동을 결정하는 세 가지 요인은 태도(개인적 요인), 주관적 규범(사회적 요인), 인지된 행동 통제(통제적 요인)이다. 태도란 행동을 선호하거나 비선호하는 주관적인 느낌을 말한다. 행동의 결과에 대한 신념(outcome belief)과 결과에 대한 평가(evaluation of outcomes)가 태도에 영향을 준다. 주관적 규범은 인지된 사회적 압력이라고도 한다. 주관적 규범을 구성하는 두 가지 요소는 중요한 타인의 찬성이나 반대를 뜻하는 규범적 신념(normative beliefs)과 중요한 타인의 의견을 따르고자 하는 순응 동기(motivation to comply)이다. 인지된 행동 통제는 행동 수행의 난이도를 뜻하는 자

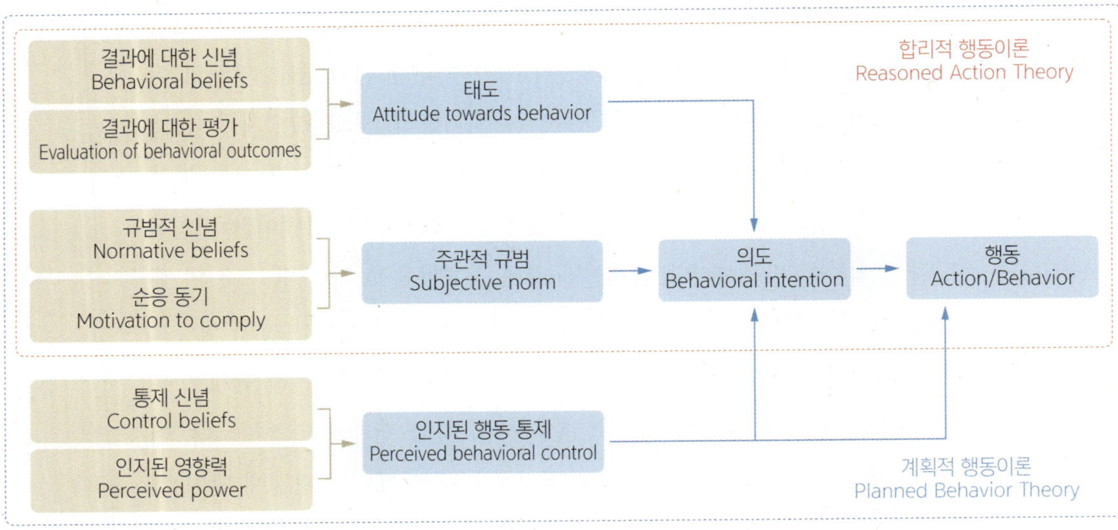

그림 5-3 계획적 행동이론과 합리적 행동이론

기효능감과 행동을 통제할 수 있다는 신념인 통제 가능성(controllability)을 결합한 것이다. 인지된 행동 통제는 통제신념(control beliefs)과 인지된 영향력(perceived power)의 영향을 받는다. 통제신념은 행동을 촉진하거나 저해하는 내적, 외적 요소들을 말하며, 인지된 영향력이란 현재 보유하고 있는 자원이 원하는 행동을 지원하는지 또는 방해하는지를 말한다.

계획적 행동이론은 지역사회영양사업을 수행하기에 앞서 요구조사를 할 때 표적이 되는 건강행동과 관련된 여러 가지 요인을 파악할 수 있도록 이론적 배경을 제공한다. 또 건강행동을 변화시키고자 할 때 어떠한 요인에 초점을 두고 영양 서비스를 제공할지와 서비스의 결과를 평가하기 위하여 어떠한 요소들을 측정할 것인지를 선택할 수 있도록 프로그램 설계에 이론적 기반을 제공한다. 계획적 행동이론을 적용하면 특정 요인에 대한 중재가 행동 변화라는 결과에까지 이르지 못하였더라도 의도나 태도 등 행동 이전의 변수에 변화를 줌으로써 행동 변화의 가능성을 제시하는 부분에 대해서 평가할 수 있다.

4) 사회인지론

사회인지론(Social Cognitive Theory, SCT)은 반두라의 사회학습이론에서 발전하였다. 사회학습이론은 반두라가 행동주의 학습이론에서 강조하는 조건화로는 학습 과정을 충분히 설명할 수 없다며, 인간의 행동을 이해하고 예측하는 이론을 기초로 학습 과정을 설명하고 행동 변화를 위한 중재 방법을 제안하면서 주창한 이론이다. 사회인지론은 지식을 습득하는 것만으로는 행동의 변화를 가져오기에 부족하고 환경과 사회적 상황이 실제 행동 변화에 중요한 영향을 미친다고 주장하였다(그림 5-4).

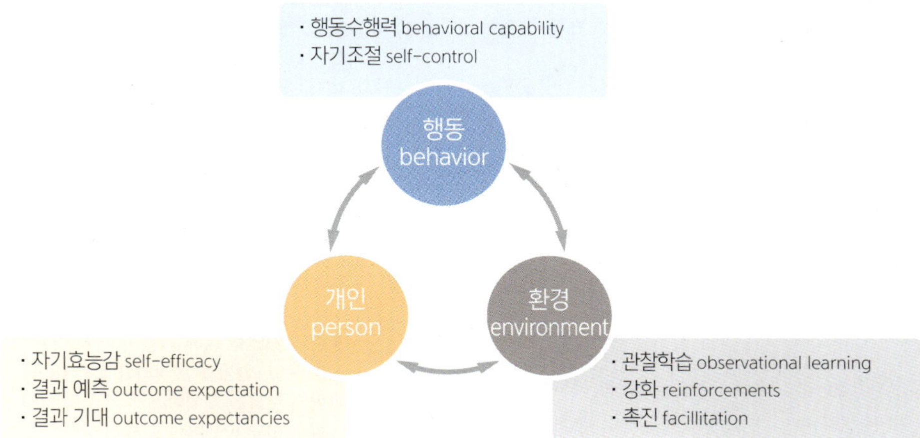

그림 5-4 사회인지론의 상호결정주의

사회인지론을 구성하는 개념들과 이를 활용한 중재 전략은 표 5-3과 같다. 사고, 인지, 동기와 같은 개인적 요인은 환경적 상황 및 행동과 서로 영향을 주면서 역동적으로 상호작용하는데 이를 상호결정주의(reciprocal determinism)라고 한다. 예를 들어 아이가 태어나는 것과 같은 환경의 변화는 아이에게 좋은 식사를 제공하고 싶은 마음이 드는 개인의 변화를 가져오고, 식료품을 선택할 때 외식을 하기보다는 가정에서 조리하는 행동을 유도할 수 있다. 다른 예로는 교육을 통하여 암에 걸릴 위험과 심각성을 인지하게 된 개인은 채소와 과일을 더 많이 섭취하는 방향으로 행동이 변화할 수 있고, 더 나아가 신선한 채소와 과일을 공급받기 위하여 텃밭이 있는 지역으로 거주지를 옮기는 환경의 변화로 이어질 수 있다.

표 5-3 사회인지론의 개념과 활용

개념	정의	중재 전략
상호결정주의 (reciprocal determinism)	개인·행동·환경의 역동적 상호작용	• 다단계 행동 변화 전략을 고려한다. • 동기부여, 사회적 지지, 행동 조건화를 적용한다. • 환경의 변화를 시도한다.
결과 기대 (outcome expectations)	행동의 결과에 대한 예측과 그 결과가 가지는 가치	• 행동이 건강에 미치는 영향을 교육한다. • 바람직한 식사를 시식해 본다. • 대상자가 원하는 가치와 프로그램의 목표를 일치시킨다.
자기조절 (self-regulation)	목표 지향적 행동/실천을 스스로 조절하는 것	• 자극 조절 기제를 활용한다. • 자기 평가를 하게 한다. • 의사 결정, 자기 모니터링, 목표 설정, 문제 해결, 자기보상 등을 경험하게 한다.
행동수행력 (behavioral capability)	행동을 수행하는 데 필요한 지식과 기술	• 요리교실과 같은 교육 프로그램
자기효능감 (self-efficacy)	원하는 결과를 가져오는 행동을 수행할 능력이 있다는 믿음	• 훈련과 시연을 통해 기술을 개발한다. • 작은 목표·행동을 계약하고 발전시킨다. • 사회적 모델을 제시한다. • 언어적 설득과 격려를 사용한다. • 신체적·정서적 상태를 향상시킨다.
관찰학습 (observational learning)	행동과 결과를 보여 주는 타인의 행동이나 매체를 관찰함으로써 행동을 습득하는 것	• 시연한다. • 유명인과 같은 역할 모델을 제시한다. • 문제 해결을 위한 집단작업을 한다.
강화 (reinforcement)	행동을 반복할 가능성을 높이는 행동에 대한 반응	• 성취를 지지한다. • 스스로 시작한 보상을 격려한다. • 상품권이나 쿠폰을 준다.
촉진 (facilitation)	새로운 행동의 수행을 돕기 위하여 도구, 자원, 환경을 제공하는 것	• 식품·조리도구·교통편을 제공한다. • 환경을 변화시킨다.

표 5-4 사회인지론을 활용하여 나트륨 섭취량을 줄이기 위한 중재 요인 탐색의 예

개념			중재 요인
개인적 요인	결과 기대	긍정적 결과 기대	• 싱겁게 먹어야 건강에 도움이 된다는 생각 • 저염식으로 질병이 호전될 것이라는 기대
		부정적 결과 기대	• 가족의 호응이 낮을 것이라는 생각 • 저염식은 조리가 어렵고 메뉴 선택이 제한적일 것이라는 생각
	자기효능감	촉진적 자기효능감	• 짜게 먹는 식습관의 부정적 효과에 대한 대중매체 보도 • 자녀들이 짠 음식에 노출되어 습관화될 것을 염려
		장애적 자기효능감	• 짜게 먹던 식습관 때문에 저나트륨식 실천이 어려울 것이라는 생각 • 짭짤한 과자나 가공식품에 대한 아이들의 선호

개념			중재 요인
행동적 요인	행동 수행을 위한 지식		• 나트륨 목표 섭취량에 대한 개념 • 소금 대체 조미료 사용, 계량스푼·염도계 사용법 교육 • 나트륨 함량 정보, 효과적인 외식메뉴 선택 방법 교육
	기술	실천을 돕는 기술	• 영양표시를 읽는 법 • 데치거나 희석하여 나트륨의 양을 줄이는 조리법 실습
		실천을 막는 기술	• 영양표시 글자가 너무 작아 읽기 어려움 • 저나트륨식 조리 방법이 제한적임 • 외식할 때 음식점에서 싱겁게 해 달라고 요구하기 어려움
환경적 요인	관찰학습	간접 관찰	• 대중매체를 통하여 저나트륨식에 대한 정보를 접함 • 학교에서 보내 주는 가정통신문에서 정보를 접함
		직접 관찰	• 주변의 권유, 의사의 추천, 영양교육이나 캠페인 참여 • 주위에서 저나트륨식을 실천하여 좋은 효과를 본 사례를 접함
	강화·촉진	사적 영역	• 주변의 호응도가 높을 때 지속적으로 실천하기가 쉬움 • 회식 문화나 모임에 대한 인식 전환
		공적 영역	• 정부 정책이나 영양표시제도에 대한 교육과 홍보 • 등하굣길이나 학교 주변 환경에 대한 규제 • 짜고 자극적인 음식을 맛집으로 소개하는 대중매체에 대한 심의

자료 : 안소현·김혜경·김경민·윤진숙·권종숙, 사회인지론 모델을 적용한 나트륨 섭취 줄이기 소비자 영양교육 프로그램 개발-포커스 그룹 인터뷰에 기초하여, 대한지역사회영양학회지 19(4), 342-360, 2014(재구성)

개인적 요인 중 핵심적인 것은 행동이 변화할 때 얻어질 결과의 가치와, 그러한 결과가 얻어질 것이라는 믿음, 그리고 자기효능감이다. 행동의 변화는 타인의 행동을 관찰하거나 모델링으로 얻을 수 있고, 일지를 쓰거나 스스로 목표를 설정하는 등 자기조절(self-regulation)을 통하여 이루어질 수도 있다. 새로운 조리도구를 구입하는 것과 같은 환경 요인의 변화도 식생활에 변화를 가져오는 환경적 변화라고 볼 수 있다.

5) 혁신확산이론

혁신확산이론(Theory of Innovation Diffusion)은 1970년대에 로저스(E.M. Rogers)와 슈메이커(F.F. Shoemaker)에 의하여 개발되었다. 혁신의 확산은 다음 네 단계로 이루어진다.

① 지식(knowledge) : 혁신을 인지하고 관련 정보를 습득한다.

② 설득(persuasion) : 혁신에 대한 우호적 또는 부정적 태도를 형성한다.

③ 결정(decision) : 혁신을 받아들이거나 거부하는 행동을 수행한다.

④ 확인(confirmation) : 자신의 결정에 대한 강화요인(reinforcement)을 확인하고, 그에

따라 결정을 유지하거나 바꾼다.

대부분의 사람들은 변화를 쉽게 받아들이지 못하지만, 어떤 사람들은 새로운 것을 먼저 받아들이고 이를 다른 사람들이 따르도록 한다. 이러한 사람들을 혁신자(innovator) 또는 선구자라고 한다. 혁신자들은 다른 사람이 권유하지 않아도 스스로 도전하고 받아들이며 변화를 조심스러워하는 다른 사람들을 쉽게 변화로 끌어들인다. 또 어떤 이들은 대부분의 사람들이 변화를 받아들인 후에도 좀처럼 변화하기를 거부하다가 맨 마지막에 변화를 받아들인다. 이렇게 최후 수용자(laggards)는 대부분 나이가 많거나 혼자 사는 사람인 경우가 많다. 사회에서 변화를 받아들이는 속도는 성장곡선과 유사하게 S자 곡선을 그린다. 처음 10~16% 정도의 사람이 변화를 받아들일 때까지는 느린 속도로 혁신이 진행되지만 일단 역치를 넘어서면 매우 빠른 속도로 변화가 전파되며, 모든 사람이 변화를 받아들이기 위해서는 좀 더 긴 시간이 소요된다.

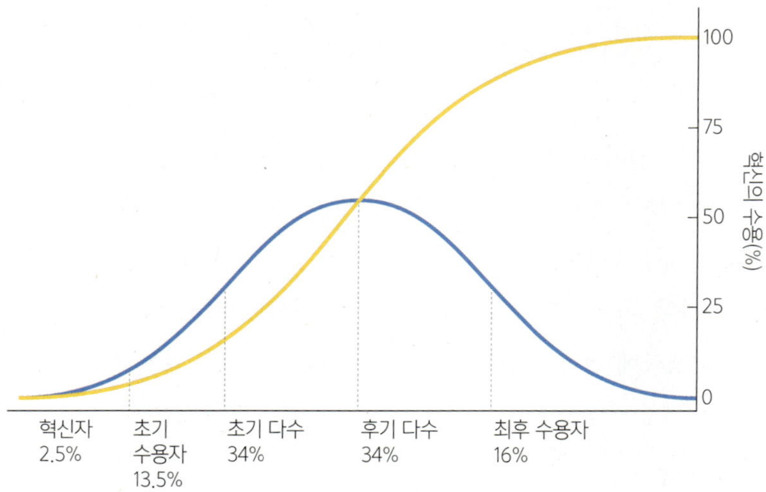

그림 5-5 혁신확산이론

6) 의사소통모델

지역사회 영양사가 대상자를 개인적으로 면담할 때 의사소통의 역동을 이해할 필요가 있다. 면담하는 영양사는 대상자를 인정하고 탐색할 뿐만 아니라 대상자의 변화를 유도하려는 의도를 갖는다. 이러한 배경에서 의사소통은 말하는 사람의 의도가 듣는 사람

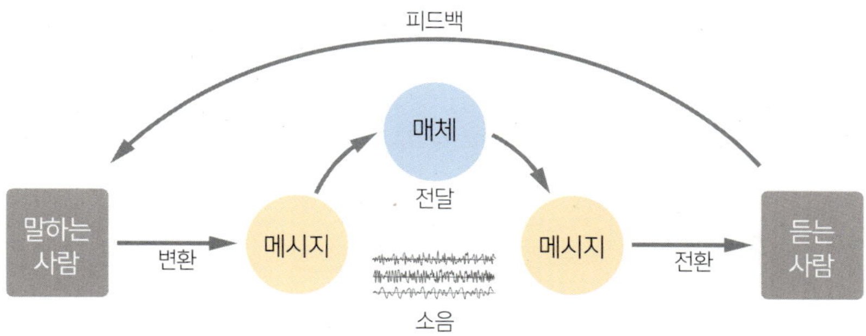

그림 5-6 의사소통모델

에게 정확하고 효과적으로 전달되어야 한다. 정확하고 효과적인 소통을 위하여 의사소통의 요소와 과정을 이해할 필요가 있다(그림 5-6).

의사소통은 말하는 사람과 듣는 사람 사이에서 이루어진다. 말하는 사람의 의도와 듣는 사람이 파악하는 내용은 몇 가지 이유에서 일치하지 않을 수 있다. 첫째는 말하는 사람의 표현 능력의 한계 때문이다. 의사소통의 유창성과 표현의 적절성뿐 아니라 정서적 상태도 표현 능력에 영향을 끼친다. 말하는 사람이 불안하거나 상황을 인정하기 싫을 때는 해야 할 말을 축약하거나 일반화함으로써 효과적인 소통을 회피할 수 있다. 둘째는 상황적 조건 때문이다. 소음이나 거리, 의사소통의 수단이 효과적인 소통을 방해할 수 있다. 셋째는 듣는 사람이 왜곡하기 때문이다. 사람은 과거의 경험에서 얻은 자신만의 내적 여과장치를 가지고 자신이 들은 것을 해석한다. 정보의 왜곡, 신뢰감의 부족, 편견, 원하는 정보만 취사선택하는 태도, 인지 방식의 차이 등은 효과적인 의사소통을 방해한다. 따라서 듣는 사람이 잠자코 듣기만 한다면 의사소통이 효과적으로 이루어지기 어렵다. 효과적인 의사소통을 위해서는 적극적인 태도로 경청하며 말하는 사람이 제공하는 언어적, 비언어적 단서들을 주의 깊게 관찰하고 수용하는 태도가 필요하다.

의사소통 과정은 네 단계로 이루어진다. 첫 번째는 말하는 사람이 전달할 내용을 듣는 사람이 이해할 수 있는 형태로 변환하는 단계이다. 말이나 글이 일반적인 의사소통 형태이지만 행동이나 그림, 체험활동 등 다양한 형태가 활용될 수도 있다. 두 번째는 말하는 사람이 듣는 사람에게 전달하는 단계이다. 이때 언어적 또는 비언어적 경로가 사용될 수 있다. 세 번째는 듣는 사람이 말하는 사람에게서 받은 내용을 자신에게 의미 있는 것으로 전환하는 단계이다. 네 번째는 듣는 사람이 받은 내용을 말하는 사람에게 돌려주는 피드백 단계이다. 피드백 단계에서 듣는 이와 말하는 이의 위치가 바뀌어 듣는 사람이 이해한 바에 상응하는 반응을 말하는 사람에게 돌려주기도 하지만, 때로는 침묵이나 무시의 형태로 피드백이 이루어질 수도 있다.

의사소통모델(communication model)은 지역사회영양사업에서 내용을 전달하기 위한 계획을 세우고 구조화할 때 효과적으로 소통할 수 있는 형태의 메시지를 개발하거나 선택할 때 활용할 수 있다. 또 프로그램의 효과를 평가하고 그 개선 방안을 모색할 때도 적용할 수 있다.

7) 사회마케팅이론

지역사회영양사업은 수행하는 기관의 목표와 대상자의 욕구가 부합될 때 성공을 거둘 수 있다. 사회마케팅모델은 지역사회영양사업의 목표와 내용, 결과 등을 계획할 때 대상자를 소비자로 고려하는 개념이다. 대상자를 중심으로 그들의 욕구에 민감하게 반응하고 이를 만족시키기 위하여 최선의 노력을 함으로써 사업의 목표를 달성하고자 하는 접근법을 전략적 마케팅(strategic marketing)이라고 한다.

지역사회영양사업의 대상자를 영양 서비스를 구매하는 소비자로 보는 관점은 프로그램의 운영을 수요자 중심으로 구성하고 현장에 적합하게 운영하는 이점을 제공한다. 그러나 대부분의 지역사회영양사업은 보건소나 보건복지부, 학교 등 국가기관이 주관하여 시행하므로 조세를 재원으로 하고 있다. 마케팅 요소는 소비자의 구매를 촉진하기 위하여 구사하는 전략으로 구성되어 있는데, 지역사회영양사업에서는 이러한 구매가 이루어지지 않으므로 마케팅 요소들을 적용할 때 수요자의 프로그램 참여를 촉진하거나 건강 관련 행동의 변화를 유도하기 위한 전략으로 활용해야 한다.

한편, 마케팅 믹스(marketing mix)란 마케팅을 구성하는 요소인 상품(product), 가격(price), 장소(place), 홍보(promotion) 등 네 가지 요소를 결합시켜 의사결정을 하는 것으로, 마케팅 믹스를 적절히 활용함으로써 표적 시장을 장악할 수 있다. 지역사회영양사업에서는 대상자가 영양 관련 지식과 기술을 습득하고 태도를 바꿈으로써 긍정적인 행동의 변화를 경험하고 이를 유지할 수 있도록 마케팅 믹스를 활용해야 한다. 지역사회영양사업에서 상품이란 대상자에게 제공하는 서비스를 의미한다. 영양 서비스에는 교육이나 정보 제공과 같은 무형의 서비스도 있지만, 책자나 자료의 제공 또는 식품의 직접적인 제공 등 유형의 서비스도 포함된다. 지역사회영양사업의 목적을 달성하기 위해서는 유형의 서비스와 무형의 서비스를 적절히 제공해야 한다. 지역사회영양사업에서 가격이 조세를 의미한다고 보기는 어렵다. 여기에서 가격이란 대상자가 사업에 참여하기 위하여 치르는 비용, 즉 시간이나 교통비, 사업에 참여함으로써 잃게 되는 기회비용을 말한다. 사업의 프로그램 내용이 가치 있고 참여자에게 유용하다면 기꺼이 시간과 기회비용을 치르고 참여하고자 하겠지만, 대상자가 유익하지 않다고 판단한다면 참여를 꺼릴 것이다. 아직 경험해 보지 않은 프로그램에 대상자가 참여하도록 설득하고자 한다면 대상자가 치러야 할 비용이 적은 방식으로 프로그램을 운영할 필요가 있다. 장소는 마케팅에서 소비자의 접근성이 시장을 구축한다는 개념이다. 국민건강보험공단에서 운영하는 무료건강검진을 가까운 병·의원 어느 곳에서든 받을 수 있도록 운영하는 것이나, 국민건강영양조사에서 실시하는 건강검진조사는 버스에 장비를 탑재하고 대상자가 거주하는 지역을 찾아가 진행하는 것 등이 장소 마케팅의 좋은 예이다. 홍보란 광고나 선전 등으로 참여를 독려하는 수단이다. 물건을 구매하는 경우 관련 서비스를 제공하는 것이나, 제품을 알리기 위하여 콘테스트를 개최하는 것도 홍보에 해당한다. 영양플러스사업에 신청하는 대상자들에게 손수건이나 물휴지와 같은 작은 선물을 제공하여 보건소 사업을 알리는 것도 홍보이다.

지역사회영양사업에서 마케팅 믹스를 활용할 때는 이러한 전략이 양적인 참여의 확대만을 고려할 것이 아니라, 사업의 목적과 목표에 부합하는지에 대한 확인이 선행되어야 목적하는 영양 관련 행동의 변화를 가져오는 데 보탬이 될 것이다.

3. 지역사회영양사업의 기획을 위한 이론

1) 논리모델

논리모델(Logic Model)은 다양한 분야의 지역사회영양사업에 적용할 수 있는 단순하지만 강력한 모델이다. 이 모델은 사업을 계획할 때 투입할 자원과 수행할 프로그램의 내용, 얻고자 하는 성과를 고려하는 것으로, 이를 각각 투입(inputs), 산출(outputs), 성과(outcomes)라고 한다(그림 5-7). 논리모델을 통하여 프로그램의 효과성과 효율성을 평가할 수 있다. 최근에는 논리모델을 발전시켜서 투입 전에 상황(situations)을 제시하고, 투입과 산출 사이에 활동(activities)을 추가하여 다섯 단계로 적용하기도 한다. 또 성과를 단

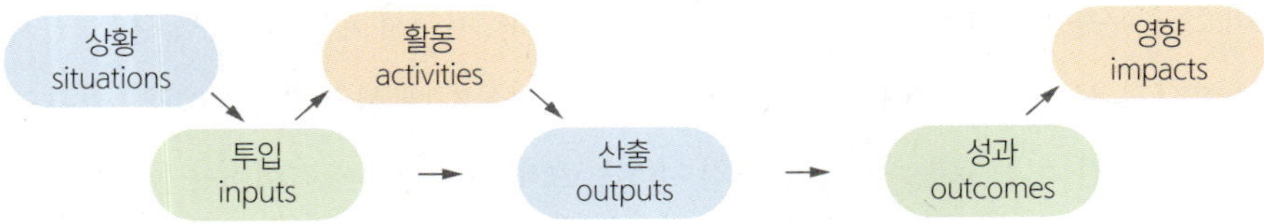

그림 5-7 논리모델

기 성과와 장기 성과로 나누어 평가하기도 하고, 성과 다음에 영향(impacts)을 더한 모델을 사용하기도 한다.

논리모델에서 투입은 프로그램에 투입되는 모든 자원을 뜻한다. 여기에는 인적 자원과 물적 자원이 있으며, 직원과 자원봉사자, 시간, 공간, 현물, 현금, 협조자, 후원자, 지역사회 파트너 등을 모두 포함한다. 활동은 그러한 자원을 가지고 의도적으로 수행하는 과정과 도구, 기술, 행위 등을 말한다. 산출은 프로그램 활동의 직접적인 결과물로서 서비스 유형과 서비스의 수준 및 대상, 참여자 수, 참여 시간 등이 해당된다. 성과는 프로그램을 통하여 얻어진 참여자의 변화와 그로 인한 목표 달성 정도를 뜻한다. 지역사회영양사업은 대상자의 건강증진(성과, outcome)을 목적으로 구성된 프로그램을 운영(산출, output)하기 위하여 지역사회의 자원(투입, input)을 활용하므로, 사업에 투입된 자원과 사업을 통해 얻어진 산출, 그로 인한 성과를 기술하고 평가함으로써 사업의 효과성과 효율성을 확인할 수 있다.

2) PRECEDE-PROCEED 모델

PRECEDE-PROCEED 모델은 그린(L.W. Green)이 1974년에 주창한 비용-편익 평가 틀이다. 이 모델은 지역사회영양사업의 기획자나 정책 결정자, 평가자가 상황을 분석하고 효과적인 프로그램을 설계할 수 있도록 고안되었다.

개인의 건강과 삶의 질을 사정하기 위한 체계를 제공하는 동시에 발굴된 욕구를 채워주기 위한 프로그램을 설계하고 실행, 평가하기 위한 포괄적인 체계를 제공한다. 이 모델의 중요한 목적은 투입이 아니라 성과에 우선적인 관심을 두게 하는 것이다. 사업을 기획하는 사람들이 기대하는 성과를 먼저 정한 후 그 목적을 달성하는 과정을 거슬러 올라가면서 적절한 전략들로 사업을 설계하는 방법을 제시한다. 여기에서 중요한 것은 대상자들이 자신의 문제를 정의하고 스스로 목표를 세워 해답을 추구하는 적극적인 참여자라는 PROCEDE-PROCEED 모델의 근본적인 전제이다.

건강행동은 개인적 요인과 환경적 요인 모두에 의하여 영향을 받기 때문에 이 모델은 두 부분으로 구성되어 있다. 먼저, 개인적 요인에 대한 교육적 진단에 해당하는 PRECEDE(Predisposing, Reinforcing and Enabling Constructs in Educational/environmental Diagnosis and Evaluation)와, 환경적 요인의 생태적 진단에 해당하는 PROCEED(Policy, Regulatory, and Organizational Constructs in Educational and Environmental Development)이다. PRECEDE는 그림 5-8에서 1~3단계에 해당하며, 생태적 진단은 그림 5-8의 4~8단계에 해당한다. 사회과학, 행동과학, 역학, 행정학, 교육학 등에 기초한 학제간 모델로서, 일련의 임상과 현장활동을 아우르는 체계적인 활용을 통해 이 모델의 프로그램 기획에 관한 효용성과 예측 타당성이 확인되었다. PRECEDE-PROCEED 모델로 기획된 지역사회영양사업은 진단 및 계획 단계와 실행 단계, 평가 단계로 구성된다(그림 5-8).

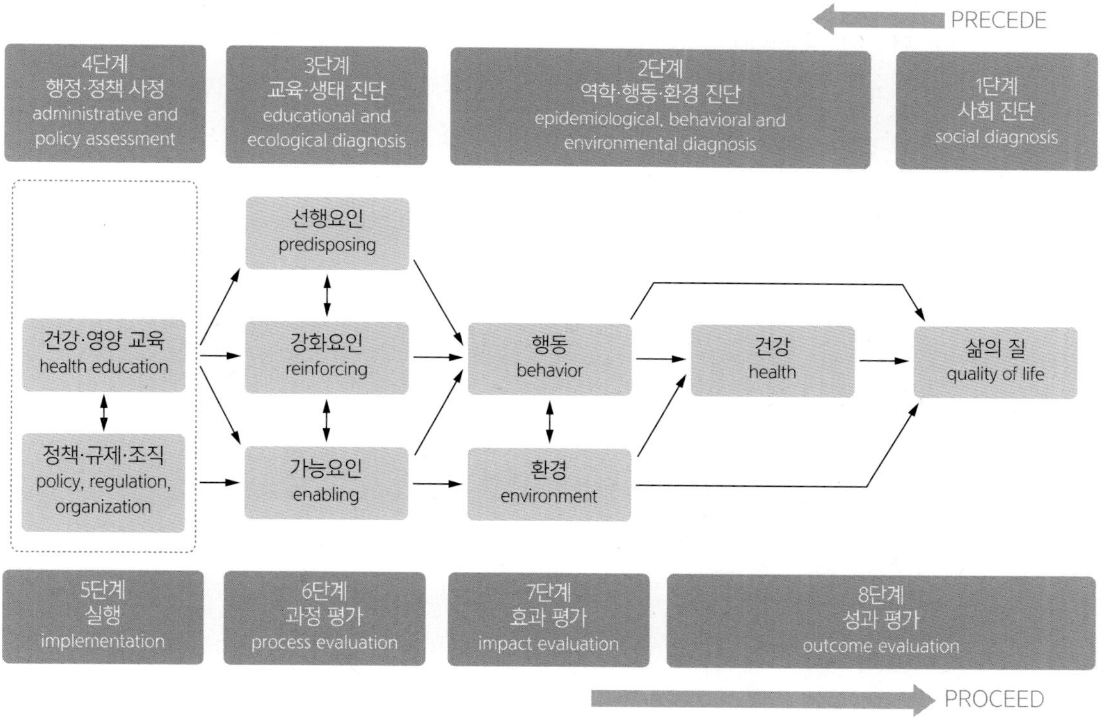

그림 5-8 PRECEDE-PROCEED 모델

자료 : Green LW, Kreuter MW., *Health promotion planning: An educational and ecological approach*, 3rd ed., Mountain view, CA, Mayfield publishers, 2005

(1) 1단계 : 사회 진단(social diagnosis)

PRECEDE-PROCEED 모델에서는 사업의 진행 및 평가와는 반대 방향으로 진단이 진행된다. 그 첫 단계에서는 대상 지역사회에서 삶의 질을 떨어뜨리는 사회적 문제를 파악하는 사회 진단이 이루어진다. 이 과정에서 여러 잠재적 문제들이 물망에 오르고 이 중에서 우선순위를 평가하여 개입할 영양문제를 선택하게 된다. 사회적 문제를 파악하고자 1차 자료와 2차 자료를 광범위하게 활용하며, 설문조사와 초점집단면접(focus group interview), 질적 조사 등을 통하여 지역사회 대상자의 특징과 강점, 약점, 자원을 파악한다. 우선순위를 결정할 때는 영양문제를 가진 대상자의 수, 영양문제로 인한 결과의 심각성을 고려하고, 영양문제의 개선 가능성과 행정·정책적 지원 가능성을 고려한다. 1단계에서 선정된 영양문제를 개선하는 것이 지역사회영양사업의 목적(goal)이 된다.

이 과정에서 지역사회자문위원회(community advisory board, CAB)를 구성하는 것이 좋다. 지역사회자문위원회는 지역사회의 강점, 약점, 자원 등을 파악하는 역할을 할 수 있고 다양한 영양문제가 경합할 때 중재할 수 있으며, 문제 개선을 위한 절차와 방법을 결정할 때 지역주민의 입장을 옹호한다. 이를 통해 주민 참여를 높이면 더 높은 삶의 질 개선 효과를 기대할 수 있다.

(2) 2단계 : 역학·행동·환경 진단(epidemiological, behavioral and environmental diagnosis)

건강 관련 목표를 달성하려면 행동과 환경이 변화되어야 한다. 2단계에서는 측정 가능한 건강 관련 목표(objectives)를 결정하고 이를 달성하기 위한 행동요인과 환경요인을 세부목표(sub-objectives)로 설정하므로 2단계를 역학 진단과 행동·환경 진단으로 구분하기도 한다. 역학 진단에는 생명 통계, 국민건강영양조사 결과, 의무 기록, 행정적 서류, 유전정보 등을 활용한다. 역학 진단을 통해 결정된 프로그램의 목표는 측정 가능한 건강 지표로 기술되어야 하며, 이를 달성하기 위한 시간적 한계가 명확하게 제시되어야 한다. 이때 설정한 목표의 달성 여부가 프로그램의 성패를 결정한다.

행동·환경 진단은 건강 관련 목표를 달성하려면 행동과 환경이 모두 변화해야 한다는 논리를 전제로 한다. 운동 부족, 고열량 식사, 당류 섭취 과다, 아침 결식, 짜게 먹는 식습관 등이 행동요인이고, 이러한 행동을 주어진 시간 동안 얼마큼 변화시키겠는가가 행동목표이다. 환경요인으로는 경제적 환경, 행정·정책적 환경, 가족 환경, 문화적 환경 등이 있으며, 식품 구매력, 식품 안정성, 경제력, 가족 구성, 근무 여건, 주거환경 등이 그 예이다. 행동목표와 환경목표는 건강 관련 목표의 하위목표이다. 2단계에서 선정된 행동요인과 환경요인이 변화하면 건강 관련 목표가 달성될 수 있도록 하위목표를 설정하여야 한다.

(3) 3단계 : 교육·생태 진단(educational and ecological diagnosis)

역학·행동·환경 요인을 파악하고 목표를 설정하였다면 이제 목표 달성을 위하여 행동의 변화를 유도하고 유지해야 한다. 3단계 교육·생태 진단은 계획 과정에서 가장 어렵고 중요한 단계임에도 불구하고 초보자들은 프로그램을 계획할 때 이 과정을 빠뜨리기 쉽다. 3단계에서는 2단계에서 선정된 행동목표와 환경목표를 달성하는 데 필요한 선행요인(predisposing factor), 강화요인(reinforcing factor), 가능요인(enabling factor)을 탐색한다. 이 세 요인이 PRECEED의 PRE에 해당한다.

선행요인은 지식, 태도, 신념, 자기효능감 등 인지적인 수준에 있다. 예를 들어 저염식을 선택하는 행동 변화를 유도하려면 염분이 건강에 미치는 영향에 대한 지식이 인지적인 수준에서 선행되어야 하고, 이를 근거로 저염식 캠페인이나 전문가 특강을 통하여 행동 목표를 달성하겠다는 계획을 수립할 수 있다. 캠페인이나 교육 등 인지적 요인에 영향을 미치는 중재 방법으로 선행요인에 개입할 수 있다.

강화요인은 긍정적인 행동 변화를 동기부여하고 이미 일어난 긍정적인 행동이 반복되도록 유도하는 요인이다. 주변 사람들의 칭찬이나 격려와 같은 사회적 규범이 강화요인일 수 있고, 변화된 행동을 지지하는 환경적인 여건 마련도 강화요인이 될 수 있다.

가능요인은 바람직한 건강행동을 하게 만드는 필수 조건이다. 채소를 섭취하려면 채소를 구매하거나 수확할 수 있어야 하며 전처리하고 조리하는 능력도 필요하다. 이러한 자원, 기술, 환경적 속성 등이 가능요인이다. 선행요인과 강화요인, 가능요인을 확인하는 가장 좋은 방법은 다양한 건강행동이론을 활용하는 것이다. 교육·생태 진단을 통해 계획적 행동이론이나 사회인지론, 건강신념이론과 같은 적절한 이론을 선택할 수 있다.

(4) 4단계 : 행정·정책 사정(administrative and policy assessment)

행정·정책 사정은 교육적인 접근과 환경적인 접근으로 나뉜다. 3단계에서 설정한 하위목표를 달성하기 위한 방법 중에서 선행요인과 강화요인은 캠페인, 홍보, 광고, 강의 등 지식과 기술을 향상시키는 건강·영양 교육으로 개입할 수 있다. 그러나 가능요인은 교육

만으로는 개입할 수 없고 반드시 환경의 변화를 통해야 한다. 환경은 경제·정서·행동·규범적 자원을 제공하는 가족 환경, 지역사회 환경, 경제 환경, 직장 환경, 정치적 환경 등을 포괄한다. 바람직한 건강행동이 가능하게 하려면 정책과 행정, 조직에 대한 고려가 필요하고, 자원, 예산, 법규, 시간, 장소, 상황 등 다양한 환경적 요인을 검토해야 한다. 때로 지역사회 영양사는 정부의 기금을 받아내거나 민간 후원을 유치하는 기금조달자 역할도 해야 한다. 사업의 목적과 목표가 정책이나 행정 규제, 기관의 사명 등에 부합하지 않으면 사업을 지속하기 어렵거나 심지어 실행 불가능할 수도 있다. 그러나 정책이나 규제가 부당하다면 취약계층의 권리를 옹호하는 것도 지역사회 영양사의 역할이다.

(5) 5단계 : 실행(implementation)

실행 단계는 논리모델에 포함되며 일련의 평가가 시작되는 단계이다. 사업을 실행하기 전에 모든 평가 계획이 수립되어 있어야 한다. 평가 계획은 과정 평가, 효과 평가, 성과 평가를 포함해야 한다.

(6) 6단계 : 과정 평가(process evaluation)

사업이 계획에 따라 실행되었는가를 평가한다. 사업이 당초의 계획대로 수행되도록 전 과정을 모니터링하면서 필요하다면 피드백을 통하여 계획을 수정하기도 한다. 과정 평가는 사업을 모두 마칠 때까지 이어진다.

(7) 7단계 : 효과 평가(impact evaluation)

사업이 마무리되었을 때 계획된 하위목표인 행동목표와 환경목표를 달성하였는지를 평가하는 단계다. 사업은 행동목표와 환경목표를 달성하기 위한 직접적인 방법으로 구성되며, 이때 달성되는 하위목표는 최종적인 목표 달성에 필요한 중간목표로서 구체적으로 측정 가능하도록 설계되어야 한다. 이는 이론에서 도출된 요인이 달성되었는지 확인하는 지표를 측정하는 방식으로 이루어질 수 있다.

(8) 8단계 : 성과 평가(outcome evaluation)

사업을 통하여 앞서 계획한 선행요인, 강화요인, 가능요인이 개선되었다면, 행동목표와 환경목표가 달성되었을 것이며, 최종적으로 건강 관련 목표가 달성되어 삶의 질이 향상되었을 것이다. 성과 평가 단계에서는 사업의 전 과정을 계획대로 잘 수행한 후에 진단의 역방향으로 이루어지는 단계적인 평가를 통하여 당초 계획한 목적이 달성되었는지를 확인한다.

단원정리

- 개인의 행동 변화에 관한 이론과 모델을 적용하여 지역사회 구성원의 영양 욕구를 충족시키기 위한 지역사회영양사업을 기획할 수 있다.
- 자기효능감은 특정 행동을 수행할 수 있다는 확신으로, 개인의 행동 변화에 중요한 요소가 된다. 자기효능감을 형성하는 네 가지 요소는 행동 수행의 결과, 간접 경험, 언어적 설득, 신체적 각성이다.
- 건강신념모델은 건강행동에 대한 취약성, 심각성, 이득, 장애를 인지한 개인이 행동에 변화를 주겠다는 의사결정을 하였을 때에 행동의 계기가 발생하고 충분한 자기효능감을 가지고 있다면 실제 행동이 변화할 수 있다는 이론이다.
- 변화단계이론의 다섯 단계는 고려 전단계, 고려 단계, 준비 단계, 행동 단계, 유지 단계이며, 사람들은 이 다섯 단계 중 하나에 머물거나 다음 단계로 전진하거나 이전 단계로 후퇴할 수 있다.
- 합리적 행동이론은 개인의 행동 변화는 개인적 요인과 사회적 요인에 의하여 형성된 의도에 따라 이루어진다고 하였다. 계획적 행동이론은 개인의 자발적인 행동과 의도가 통제적 요인의 영향을 받는다는 개념을 더하여 행동 변화를 설명하였다.
- 사회인지론은 사회학습이론에 근거하여 개인의 행동은 인지적 요인과 환경적 요인, 행동적 요인의 상호작용에 의하여 결정된다고 보았다.
- 논리모델은 사업에 투입된 자원과 사업에서 산출, 그로 인한 성과를 평가함으로써 사업의 효과성과 효율성을 확인하는 비용-편익 모델이다.
- PRECEDE-PROCEED 모델은 건강행동을 개선하기 위한 프로그램 설계와 실행, 평가를 위한 포괄적인 체계를 제공한다.

연습문제

1 자기효능감을 형성하는 네 가지 요소를 열거해 보자.

2 "싱겁게 먹으면 건강에 좋겠지만, 회식을 빠져야 하고 점심식사도 동료들과 따로 해야 하기 때문에 사회생활에 피해를 줘."라는 말은 건강신념 중 어떤 개념으로 설명할 수 있을까?

3 야식을 먹지 않기로 하고 꾸준히 실천하다가 포기하고 다시 야식을 먹게 된 사람을 변화단계모델로 설명한다면, 이 사람은 어느 단계에서 어느 단계로 변화하였는가?

4 계획적 행동이론에서 개인의 행동에 직접적으로 영향을 미치는 요인 두 가지를 열거해 보자.

5 고등학생을 대상으로 사회인지론을 적용하여 아침결식을 줄이는 지역사회영양사업을 진행하고자 한다. 사회인지론의 개념 중 촉진을 활용하여 중재 전략을 세워 보자.

6 지역사회영양사업을 사회마케팅이론으로 설명할 때에 영양사가 제공하는 영양중재 서비스는 마케팅 믹스를 구성하는 요소 중 무엇에 해당하는가?

정답과 풀이

1 행동 수행의 결과, 간접 경험, 언어적 설득, 신체적 각성
2 인지된 장애
3 유지 단계에서 고려 단계 또는 준비 단계로
4 의도, 인지된 행동 통제
5 예를 들면 '학교 식당에서 아침식사를 판매한다.', '아침 자율학습시간 후 쉬는 시간에 간편식으로 아침식사를 제공한다.' 등
6 상품(product)

06

지역사회 영양 요구 진단

지역사회 영양 프로그램 개발은 다음의 단계에 따라 이루어진다. 첫 번째 단계는 지역사회의 요구 진단이다. 이 단계에서는 인구 동향, 사회현황, 환경과 같은 지역사회의 특성과 건강 및 영양 문제를 탐색한다. 또한 건강 및 영양 문제에 영향을 미치는 다양한 관련 요인과 영양 프로그램에 대한 지역사회의 요구를 파악한다. 두 번째 단계는 파악된 영양문제 중에서 우선순위를 선정하고 프로그램의 목적과 목표를 설정한다. 세 번째 단계는 영양문제 해결을 위한 전략 수립에 가장 적합한 이론과 모델을 적용하여 프로그램 수행을 위한 세부 내용을 설계한다. 프로그램 설계 시에는 평가에 대한 계획도 포함한다. 수립된 프로그램 설계에 따라 영양 프로그램을 실행하고 평가하는 단계로 이어진다(그림 6-1).

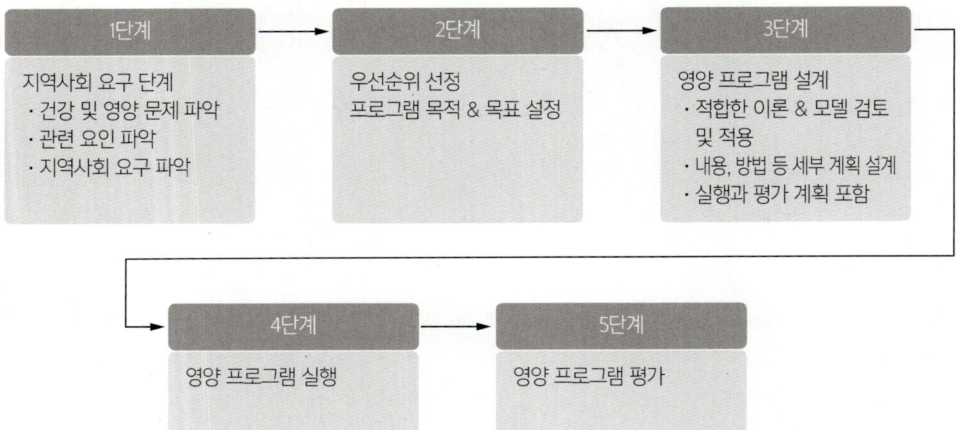

그림 6-1 지역사회 영양 프로그램 개발 단계

1. 지역사회 요구 진단 개념

1) 지역사회 요구 진단의 의미

지역사회 요구 진단(community needs assessment)이란 지역사회에서 영양중재 프로그램을 계획하고 수행하기 전에 지역사회의 영양 요구를 평가하는 과정이다. 지역사회 요구 진단에서는 지역주민의 건강문제와 영양문제에 대해 파악하고, 문제가 있는 영양 취약 집단을 선별한다. 그리고 영양문제의 원인과 건강 및 영양 상태와 관련된 요인들을 분석한다. 그 외에도 지역주민의 영양문제를 해결하기 위해 시행되고 있는 기존 영양 프로그램이나 관련 보건사업의 유무와 이러한 프로그램들이 대상자들의 요구에 부합하는지 등을 파악한다.

2. 지역사회 요구 진단 관련 자료

1) 일차 자료와 이차 자료

지역사회 요구 진단에 활용할 수 있는 자료로는 일차 자료(primary data)와 이차 자료(secondary data)가 있다(표 6-1). 일차 자료는 조사자가 대상자들로부터 직접 구할 수 있는 자료로 설문조사, 인터뷰, 식사섭취조사, 신체계측조사 및 생화학적 조사 등이 있다. 일차 자료는 현장에서 직접 조사하므로 필요한 자료를 정확하게 얻을 수 있는 장점이 있으나, 조사비용 및 조사 기간이 많이 소요된다.

이차 자료는 국가나 지역사회 단위의 통계자료로 인구통계연보(기대여명, 출생률, 주민등록인구현황, 인구동향조사, 국제인구이동통계, 가족실태조사 등), 사망원인통계연보(사망률, 사망원인별 사망률 등), 보건복지통계(질병이환율, 직업병, 기초생활보장, 의료급여, 의료자원, 건강검진, 건강보험, 국민연금, 인구정책 등), 국민건강영양조사 자료(건강설문조사, 검진조사, 영양조사)와 식품수급표(식품공급량, 영양공급량 등) 등이 있다. 지역사회에 기존 이차 자료들이 있다면 경제적인 면을 고려하여 일차 자료를 수집하지 않고 이를 활용하기도 한다. 그러나 이 경우에는 해당 지역사회의 특정 영양문제를 진단하는 데 어려움이 있을 수 있다.

표 6-1 지역사회 요구 진단 활용 자료

자료	내용
국가통계포털 (Korean Statistical Information Service, KOSIS)	• 통계청이 제공하는 one-stop 통계 서비스. 국내·국제·북한의 경제·사회·환경에 관한 국가승인통계 수록 • 홈페이지 : https://kosis.kr/index/index.do
보건복지데이터포털	• 한국보건사회연구원이 제공하는 보건복지 분야 특화 자료 • 보건복지부, 식품의약품안전처, 질병관리청, 한국보건사회연구원의 보건의료 및 사회복지 관련 국내 통계 • 국제기구(UN, OECD, IMF, WHO, FAO, WTO, ILO)별 통계 제공 • 홈페이지 : https://data.kihasa.re.kr/kihasa/main.html

자료	내용
만성질환건강통계	• 질병관리청 제공. 국민건강영양조사, 지역사회건강조사 등 통계자료를 통합 제공 • 건강행태 자료(음주, 흡연, 식생활, 신체활동 등), 만성질환유병률(비만, 고혈압 등), 의료이용 등에 대한 자료 • 홈페이지 : https://chs.kdca.go.kr/cdhs/biz/pblcVis/main.do
국민건강영양조사/ 국민건강통계	• 질병관리청 수행 • 국민건강영양조사 결과에 근거한 '국민건강통계' 매년 발간 • 한국인의 식품 및 영양소 섭취에 대한 통계 포함 • 홈페이지 : https://knhanes.kdca.go.kr/knhanes/main.do https://www.khidi.or.kr/nutristat
식품수급표	• 한국농촌경제연구원 제공 • FAO 권장 방식에 따라 식품 및 영양수급 분석표 작성 • 국민에게 공급되는 식품의 수급 상황, 1인 1일당 식품공급량 및 영양 공급량 제시 • 식품수급정책, 국민영양 및 식생활 개선을 위한 연구 자료로 이용되고 있음. 국제 비교도 가능 • 홈페이지 : https://www.krei.re.kr
보고서	• 질병관리청 발간 보고서 : 국민건강통계, 지역사회건강통계, 청소년건강행태조사통계, 건강행태 및 만성질환 통계 • 한국건강증진개발원 발간 보고서 : 생애주기별 건강영양문제 현황, 국민건강증진종합계획(Health plan) 보고서 • 한국보건산업진흥원 발간 보고서 : 국민영양통계 • 한국농촌경제연구원 발간 보고서 : 식품수급표
논문	• 국내 논문 검색 사이트 RISS(한국교육학술정보원) KISS(한국학술정보) • 국외 논문 검색 사이트 PubMed(NIH) PLOS

2) 양적 자료와 질적 자료

지역사회 요구 진단을 위해 양적 자료와 질적 자료를 적절하게 선택하여 사용할 수 있다. 양적 자료(quantitative data)는 설문조사 결과 연구논문, 연구(사업)보고서, 기록 및 보건 관련 조사 자료이며, 통계분석 방법을 적용할 수 있는 계량화된 자료이다(표 6-1). 양적 자료는 지역사회의 인구 정보, 건강 및 영양 문제 수준 등을 숫자로 나타낼 수 있으나 지역사회의 특성의 자세한 부분을 설명하기에는 어려움이 있다.

질적 자료(qualitative data)는 해당 지역사회의 건강·영양 문제 여부와 중재 프로그램 등에 대해 잘 알고 있는 전문가 및 정보 제공자와의 면담이나 개인의 식생활 패턴을 관찰하여 얻을 수 있는 의견, 식견 등의 자료이다. 이로부터 사회, 문화, 경제 등 다양한 측면에서 유용한 정보를 얻을 수 있다(표 6-2). 그러나 질적 자료는 양적 자료에 비해 주관적이며 정량화된 수치로 제시하기 어렵다. 실제 현장에서 프로그램 수행 시에는 조사 내용에 따라 어떤 자료를 선택하여 활용할지를 결정해야 한다. 각 자료는 단독 또는 서로 상호 보완적으로 활용할 수 있다.

표 6-2 지역사회 영양 프로그램 요구 진단 활용 질적 조사 방법

조사 방법	내용
인터뷰 (interview)	• 표적집단면접법(focus group interview) 일정한 자격 기준에 의해 6~12명 정도를 한 집단으로 하여 면접자의 진행 아래 조사 목적과 관련된 참여자의 요구도를 파악하고자 인터뷰를 진행. 참여자 간의 상호작용을 통하여 지역의 영양문제 배경이나 영양문제의 인지 정도에 대한 유익한 정보를 얻을 수 있으며, 이를 지역사회 요구 진단이나 기존 보건 프로그램의 수정, 마케팅 등에 사용함 • 주요 정보 제공자 면담(key informant interview) 대상 집단 중에서 리더와 같은 주요 인물을 대상으로 인터뷰를 실시함
관찰 (shadowing)	• 인간 행동과 관련된 연구에서 사용 • 조사 대상자들의 식품 섭취 관련 행동과 결정에 개입하지 않고 관찰하여 식사 관련 사항을 이해하는 방법 • 활용 : 조사자가 해당 지역사회를 모를 때, 다른 문화 집단을 연구할 때, 대상자의 무의식적인 행동에 대한 정보를 얻고자 할 때 • 방법 : 한 장소에서 다양한 사람 관찰/특정 대상자의 식행동을 하루 동안 관찰
프로브 (probes)	• 서비스디자인 분야에서 주로 사용하는 기법 • 대상자가 생활하는 곳에 생각과 느낌을 기록하는 프로브 패키지 보내서 작성하게 함. 대상자 관점에 대한 깊이 있는 통찰을 얻음 • 다른 조사에서 알아내기 어려운 식생활에 영향을 미치는 요인을 이해하는 데 도움 • 방법 : 일기 노트, 관찰자가 대상자들의 삶에 대해 알고자 하는 질문(행복한 식사 의미, 좋아하는 음악, 건강 식생활의 중요도, 실천도 등), 일과, 식사 시간 및 식사 내용을 일정 기간 작성
지역사회 지도 그리기 (community mapping)	• 대상자들이 해당 지역사회의 지도를 그림 • 지역사회 영양문제 해결을 위해 필요한 지역사회 자원을 지도에 표시하여 시각화함. 조사자는 수행 과정 중에 대상자 스스로 문제를 해결할 수 있도록 지원함 • 활용 : 대상자들이 지역사회 자원을 발견하고, 자원을 영양문제 해결을 위해 활용할 방법을 강구 • 방법 : 지역사회 실제 현장을 탐사하고 지도에 자원 표시
설문조사 (survey)	• 대상자들에게 조사 목적과 내용에 따른 사항을 기입한 설문지를 배포하여 필요한 정보를 수집 • 방법 : 보편적인 설문조사 방법은 자기식 조사표로 설문지에 기록된 질문에 조사 대상자가 스스로 응답하는 방식. 종이로 된 설문이 일반적이나 요즘은 온라인 설문 방식도 많이 이용되고 있음

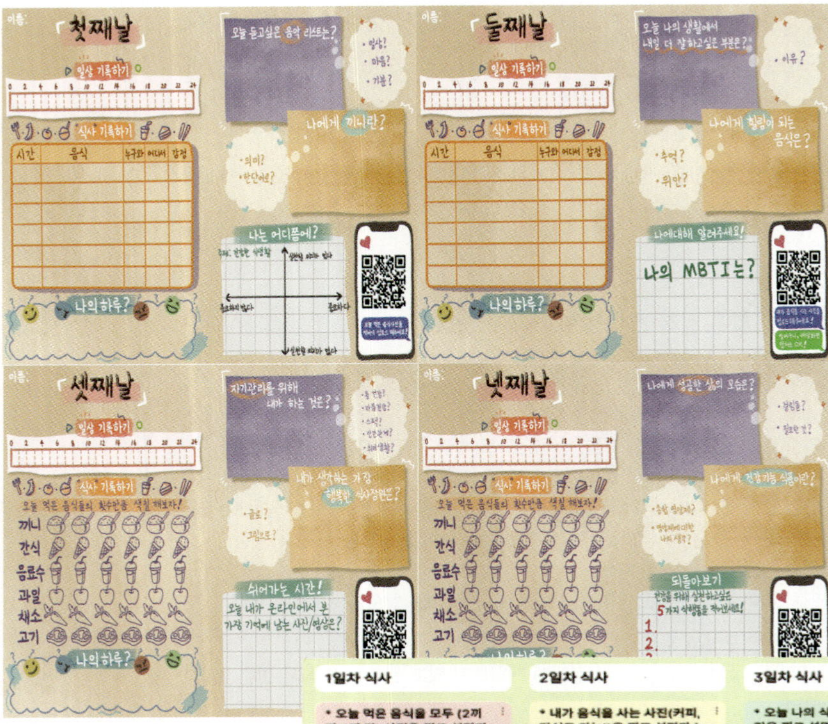

그림 6-2 프로브 패키지(대상자에게 보낸 자료 & 대상자에게서 응답받은 자료)

자료 : Jo EB, Shin JE, Ryou HJ, Kim KR, Song SJ, Kim HJ, Ahn JS, Kwon KI, Lee HY, Park SH., Using service design tools in community nutrition research: A case study in developing dietary guidelines for young adults, *Korean J Community Nutr* 27(3):177–191, 2022

3. 지역사회 요구 진단 단계별 내용과 방법

지역사회 요구 진단할 때는 먼저 지역사회의 영양문제와 건강문제를 파악하고, 지역사회 내 목표 집단을 선별하여 특정 영양문제를 알아낸다. 그리고 지역사회의 건강 및 영양 문제와 관련된 행동, 환경과 이에 영향을 미치는 요인들을 파악한 후 지역사회 요구 진단 결과를 지역주민, 전문가 및 다른 단체와 공유한다. 그리고 영양문제 중에서 문제의 크기, 심각성, 중재 후의 변화 가능성 및 국가나 지역사회의 정책적 지원 등을 고려하여 우선순위를 결정하여 영양 프로그램을 계획한다. 이 외에도 지역사회 대상자가 영양 프로그램에 원하는 요구에 대해서 알아보고, 현재 시행되고 있는 기존의 영양 관련 프로그램의 내용을 파악하여 새로운 영양 프로그램에 활용할 수 있는지 여부도 알아본다.

1) 지역사회의 건강문제 탐색

지역사회 요구 진단에 따라 영양 프로그램을 수행할 때 최종 목적은 문제가 되는 영양상태를 개선하여 질병 발생률이나 유병률을 줄이고 지역주민의 건강을 증진하는 것이다. 따라서 요구 진단 시에는 지역주민의 삶의 질에 영향을 미치는 건강문제 파악이 우선되어야 한다.

목표 집단의 건강문제를 파악할 때는 객관적 자료와 주관적 자료들을 수집하여 이용한다. 객관적 자료로는 보건복지통계연보, 인구통계연보 및 전국 규모의 건강영양조사인 국민건강영양조사 자료 등이 있다(표 6-1). 이러한 자료들로부터 역학조사 결과, 질환별 발병률, 유병률 및 사망률 등의 자료를 이용할 수 있다(표 6-3). 그 외 목표 집단과의 설문조사, 인터뷰(focus group interview, key informant interview)와 같이 지역주민들이 생각하고 있는 건강문제를 파악할 수 있는 주관적인 자료가 있다(표 6-2).

표 6-3 보건통계 지표

지표	산출 공식
조출생률	(특정 1년간의 총 출생아 수/해당 연도의 연앙인구)×1,000
조사망률	(특정 1년간의 총 사망자 수/해당 연도의 연앙인구)×1,000
영아사망률	(특정 연도의 1세 미만 사망자 수/해당 연도의 총 출생아 수)×1,000
모성사망률	(임신·분만·산욕기 합병증으로 사망한 모성 수)/15~49세 여성 수×1,00,000
합계출산율	한 여성이 가임기간(15~49세) 동안 낳을 것으로 예상되는 평균 출생아 수, 연령별 출산율의 총합

지표	산출 공식
연령별 출산율	(모의 연령별 출생아 수/해당 연령별 여자연앙인구)×1,000
조혼인율	(특정 1년간의 총 혼인 건수/해당 연도 연앙인구)×1,000
조이혼율	(특정 1년간의 총 이혼 건수/해당 연도 연앙인구)×1,000
부양비	총부양비=(유소년인구 + 고령인구)/생산 가능 인구(15-64)×100
질병 이환율	발병률(incidence rate) : 일정 지역에서 일정 기간 동안 특정 질병으로 새로 진단받은 환자 수/집단 전체 인구 유병률(prevalence rate) : 일정 지역, 일정 시점에서의 특정 질병 이환자의 총 수/집단 전체 인구 • 인구 1,000명당 또는 100,000명당으로 표시
질병별 사망률	(연간 특정 질환에 의한 사망자 수/해당 연도의 연앙인구)×100,000

자료 : 통계청(https://kosis.kr/index/index.do)

2) 지역사회의 영양문제 파악

현대의 중요한 질환인 암, 심혈관계질환, 당뇨병, 고혈압 등은 식사, 신체활동 등 생활습관과 관련이 있는 만성질환이다. 올바른 영양 관리를 통하여 만성질환을 예방하고 건강을 증진하여 삶의 질을 높이는 것이 중요하다. 따라서 지역사회의 건강문제를 파악한 후에는 건강문제와 관련이 깊은 영양문제를 알아내고, 영양문제에 영향을 미치는 식행동과 환경요인을 파악하도록 한다.

목표 집단의 영양문제를 알아내기 위해서는 개인과 집단의 영양 상태를 평가하는 영양판정 과정을 이용한다. 영양판정 방법에는 식사섭취조사(dietary method), 신체계측조사(anthropometric method), 생화학적 조사(biochemical method), 임상조사(clinical method)가 있다. 일반적으로 목표 집단의 식품 또는 영양소 섭취 실태를 24시간회상법, 식품섭취빈도조사법, 식사기록법, 식사력조사법 등으로 조사하여 영양문제를 찾아내며, 이 외 생화학적 조사, 신체계측조사 및 임상조사 등의 방법을 함께 사용하여 집단의 영양문제를 정확히 판정하도록 한다(표 6-4).

표 6-4 영양판정 방법

조사	방법
식사섭취조사	24시간회상법, 식품섭취빈도조사법, 식사기록법, 식사력조사법
생화학적 조사	혈액, 소변, 조직의 영양소 또는 영양소 대사물 농도, 특정 영양소 의존 효소 농도, 면역 기능 분석
신체계측조사	체위(신장, 체중, 머리둘레, 허리둘레) 및 체구성 성분(체지방량, 체지방률, 피부두겹두께, 체질량지수) 측정
임상조사	영양 상태 변화에 의한 임상 징후(sign) 및 증상(symptom) 관찰

지역사회의 건강문제에 관련된 영양문제를 찾아낸 후, 영양문제에 영향을 미치는 식행동과 환경요인을 파악하도록 한다. 이 단계에서 파악된 식행동과 환경요인은 추후 영양 프로그램에서 개선해야 할 목표로 설정된다. 예를 들면 A 지역사회의 주된 건강문제가 뇌졸중이고 이와 관련된 영양문제로는 혈압 증가와 비만이 있다. 이러한 영양문제에 영향을 미치는 식행동으로 고염식, 고지방식 및 고열량식이 있다. 환경인자로는 가정을 비롯한 지역사회의 고염식 음식 및 가공제품 판매 등을 들 수 있다.

3) 영양문제와 관련된 식행동 및 환경요인 탐색

지역사회 영양문제와 관련된 식행동과 환경 인자가 파악이 되면 이에 영향을 미치는 요인이 무엇인지 알아본다. 이러한 요인들은 영양 프로그램에서 건강증진의 목적을 위해 개선되어야 할 중요 항목으로 설정된다. 이들 요인을 파악하기 위해 앞에서 기술한 PRECEDE-PROCEED 모델의 단계 중 3단계인 교육·생태 진단 과정을 활용할 수 있다.

(1) 영양문제와 연관된 식행동에 영향을 미치는 요인

식행동에 영향을 미치는 요인을 동기부여요인, 행동가능요인, 강화요인의 세 부분으로 분류하여 알아본다.

동기부여요인은 영양문제 개선과 건강증진을 위해 건강 지향적인 방향으로 식행동을 변화시키는 데 필수적인 요소이다. 이는 인지적 요인으로 영양과 건강 관련 지식, 태도, 신념, 가치, 자아효능감 및 확신 등이다. 질병에 대한 영양 관련 지식(질병 정의, 진단, 위험인자, 식사관리 등)을 습득하고 있는 사람은 그렇지 않은 사람보다 식행동 변화가 훨씬 더 쉽다. 질병의 심각성과 바람직하지 않은 식생활로 인한 질병 발병 가능성 및 식행동 변화의 이점에 대한 인식 또한 식행동 변화에 대한 의지를 높일 수 있다. 그리고 식생활을 바꾸려고 하는 태도와 변화된 식행동을 할 수 있다는 자아효능감이 높을수록 행동 변화에 대한 자신감이 높아 바람직하지 않은 식행동에 대한 수정 가능성이 높다.

식행동을 포함한 건강 관련 행동을 바람직한 방향으로 변화시키기 위해서는 반드시 동기부여요인이 필요하지만, 실제적인 행동 변화에는 행동가능요인이 요구된다. 가능요인은 지역주민이 건전한 식행동을 습득하고 유지하는 데 도움이 되는 내·외적 환경으로 서비스 접근성, 이용 가능성, 자원의 유용성, 기술, 법 등이 포함된다. 즉 식행동 개선을 위해서 식품 선택 능력, 구매 능력, 식단 작성 능력, 조리 기술이 있어야 한다. 더불어 가정이나 지역사회에서 식품 구매 여건, 식품 유용성, 이용 가능성과 제품의 적정가격 책정, 지역사회 단체(학교, 보건소 등)의 교육 정보 제공 및 대중매체의 영양 정보 이용 가능성 등이 필요하다.

강화요인은 변화된 바람직한 건강 관련 행동이 지속적으로 유지될 수 있도록 강화하는 요인이다. 유지가 어려운 행동 변화가 계속 이어질 수 있도록 가족, 친구, 영양사 등 주위 사람들의 칭찬, 보상, 지지, 조리 기술 도움 및 같이 식사하는 사람들의 식행동과 같은 강화요인이 수반되어야 한다.

(2) 영양문제와 연관된 환경에 영향을 미치는 요인

지역사회의 영양문제를 해결하기 위해서는 개인이나 집단의 식행동에 영향을 미치는 요인과 더불어 가정이나 지역사회단체(학교, 보건소, 병원 등)의 식환경과 관련된 요인에 대한 진단이 필요하다. 가정과 지역사회에서 건강 지향적인 식행동 변화에 도움이 되는 식품공급 가능성과 이용 가능성과 같은 자원의 유용성을 살펴봐야 하고, 실제 지역단체에서의 식환경 변화를 수행하기 위해 규제가 요구되기도 한다.

위와 같이 지역사회의 영양문제에 관련된 식행동과 환경을 파악하고, 이에 영향을 미치는 요인들을 진단하는 방법으로는 영양학을 포함한 건강 관련 전문 서적을 이용하거나, 영양 프로그램 계획에 참여하는 전문가들로 구성된 집단이 브레인스토밍을 통해 여러 관련된 요인들을 찾아내는 것이다. 이렇게 도출된 요인들은 동기부여요인, 행동가능요인, 강화요인의 세 분야의 요인들이 모두 포함되게 골고루 선택하여 우선순위를 정하게 된다.

4) 기타

지역사회 요구 진단에는 위의 방법 이외에도 목표 집단의 구성원들이 영양 프로그램에서 요구하는 주제, 내용, 방법, 기존의 영양 프로그램의 장점과 개선점 등을 파악하여 영양 프로그램에 반영할 수 있다. 또한 지역사회에 유사한 영양 및 보건 프로그램이 수행되고 있는지를 파악하여 자원의 중복을 피하도록 하고, 기존 프로그램을 활용할 수 있는 방안을 고안한다.

단원정리

- 지역사회 요구 진단은 영양중재 프로그램을 계획, 수행하기 전에 지역주민의 주된 건강문제와 영양문제를 파악하고, 영양문제에 영향을 미치는 식행동과 환경요인 및 이와 관련된 인자들을 분석하여 지역사회의 영양 요구를 평가하는 과정이다.

- 지역사회 요구 진단에 이용할 수 있는 자료는 대상자들로부터 직접 얻을 수 있는 일차 자료와 국가나 지역 단위의 이차 자료가 있다. 지역사회에 이차 자료가 존재한다면 인적·물적 자원을 절약하기 위하여 일차 자료를 수집하지 않고 이차 자료를 활용할 수 있다. 또한 양적 연구 자료는 통계분석 방법을 적용할 수 있는 계량화된 자료로 설문조사 결과, 연구(사업)보고서 및 기록들이다. 개인의 식생활 패턴을 관찰이나 면담 등을 통해 다양한 측면에서 유용한 정보를 얻을 수 있는 질적 연구 자료가 있다.

- 지역사회 요구 진단을 위해서 우선 지역사회의 영양문제와 건강문제를 탐색하고, 특정 영양문제를 알아낸다. 그리고 건강·영양 문제와 관련된 식행동과 환경에 영향을 미치는 요인을 파악한다. 지역사회 요구 진단 결과는 지역주민, 전문가 등과 공유한다. 지역사회의 영양문제 중에서 심각성, 크기, 중재 후 변화 가능성, 지역사회나 국가 정책 및 지원 등을 고려하여 우선순위를 결정하여 영양 프로그램을 계획한다. 이 외에도 지역사회에서 수행되고 있는 기존의 프로그램을 파악하여 자원의 중복을 피하고 활용할 수 있는 방안을 고안한다.

연습문제

1 지역사회 영양 요구 진단 과정에서 활용할 수 있는 일차 자료들을 설명해 보자.

2 주민들의 영양문제와 연관된 식행동을 건강증진을 위해 건강 지향적인 방향으로 변화시키는 데 필수적인 요소를 설명해 보자.

3 지역주민들의 영양문제를 개선하기 위해 필요한 실제적인 행동 변화 가능요인에 대해 설명해 보자.

정답과 풀이

1 요구 진단에 활용할 수 있는 일차 자료는 대상자들로부터 직접 구할 수 있는 식사섭취조사, 신체계측조사, 생화학적 조사, 설문조사, 인터뷰 등이다.

2 동기부여요인으로 영양·건강 관련 지식, 태도, 신념, 가치, 자아효능감 및 확신 등이 있다.

3 지역주민이 건전한 식행동을 습득하고 유지하는 데 도움이 되는 행동 변화 가능요인으로는 서비스 접근성, 이용 가능성, 기술, 법 등이 있다.

07

지역사회 영양중재 프로그램의 설계

지역사회 요구 진단에서 도출된 건강과 영양 문제를 해결하기 위해서 수집된 자료를 근거로 하여 영양중재 프로그램을 계획한다. 요구 진단에 따라 파악된 여러 인자에서 우선순위 영양문제를 선정한다. 그리고 우선순위 영양문제에 영향을 미치는 인자 중에서도 가장 중요한 것을 결정한다. 또한 영양중재 프로그램을 효과적으로 수행하기 위해 프로그램의 목적과 이를 달성하기 위한 목표를 설정한 후에 프로그램의 내용, 방법, 자원 및 문제점 파악, 수행, 평가 방법까지 구체적으로 계획한다.

1. 영양중재 프로그램 대상

영양중재 프로그램의 대상은 개인, 지역사회와 지역사회 시스템이다. 영양중재 프로그램은 최종 목적(영양문제 해결, 건강증진)을 달성하기 위해서 1단계 인식 변화, 2단계 행동 변화, 3단계 주위 환경 변화(지지 환경 조성)와 같은 세 단계를 거친다. 프로그램 수행 시 단계마다 목표를 달성하기 위해 다양한 전략을 활용하는데, 이때 프로그램의 대상에 따라 각기 다른 전략을 이용할 수 있다(표 7-1).

표 7-1 영양중재 프로그램의 대상에 따른 단계별 전략 방법

단계	개인	지역사회	지역사회 시스템
1단계 인식 변화	• 영양 선별(screening) • 소모임(건강 주제) • 팸플릿, 포스터 등 • 인터넷	• 인터넷 • 미디어를 통한 홍보	• 법규 • 식품 표시(영양표시)
2단계 행동 변화	• 1 대 1 상담 • 소집단 토의	• 피트니스 프로그램 • 건강증진 프로그램	• 지역사회의 건강 관련 위원회 설립 • 건강 관련 행동 변화 시 인센티브 제공
3단계 환경 변화	• 직장 내 건강 프로그램(카페테리아 프로그램) • peer leadership 프로그램	• 정책 • 보건 프로그램 수행 단체에 대한 인센티브	• 영양상담 비용 책정 • 영양 정책(학교) • 법규

자료 : Boyle MA, Holben DH., ***Community nutrition in action***, 5the ed., Wadsworth, 2010

2. 영양중재 프로그램 설계

지역사회 요구 진단 결과 선정된 영양문제를 개선하기 위해 영양중재 활동을 개발하는 과정이 영양 프로그램 설계이다. 영양 프로그램은 보건 프로그램의 일부분에 해당하므로 프로그램 설계 시 보건 프로그램의 설계 방법을 적용하여 사용한다. 영양 프로그램을 설계할 때는 기본적으로 프로그램이 이루고자 하는 목적과 목적 달성에 필요한 목표, 중재활동 방법, 자원, 수행 및 평가 계획이 포함된다. 이번 장에서는 Boyle & Holben(2010)의 영양 프로그램 설계 과정을 제시하고자 한다(그림 7-1).

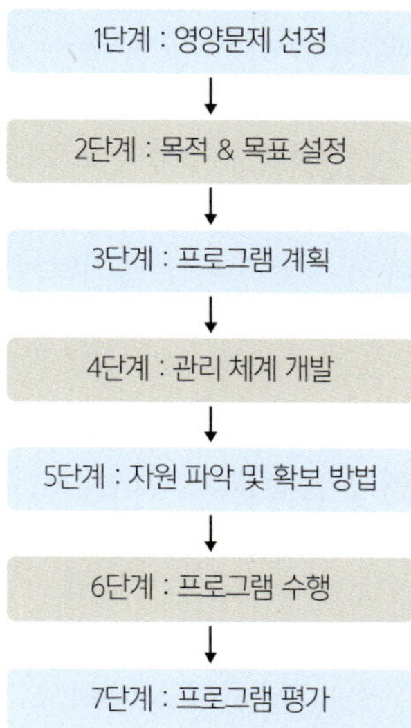

그림 7-1 영양중재 프로그램 설계 단계

자료 : Boyle MA, Holben DH., *Community nutrition in action*, 5th ed., Wadsworth, 2010

1) 1단계 : 우선순위의 영양문제 선정

(1) 우선순위 영양문제 선정 기준

영양중재 프로그램 설계의 첫 번째 단계는 우선 해결해야 하는 영양문제를 선정하는 것이다. 지역사회 요구 진단 결과로 파악된 영양문제 중에서 프로그램 수행의 효과성과 효율성을 고려하여 목표 집단의 대다수에 영향을 미치고 있으며 집단의 건강문제와 심각하게 연관되어 있고, 중재 프로그램 수행 후 변화 가능성이 큰 문제를 우선순위로 선정한다(표 7-2, Commission on Health Research for Development, COHRED). 또한 선정된 영양문제에 영향을 미치는 원인 중에서 가장 중요한 원인을 정하여 이를 변화시켜 영양문제를 해결할 수 있도록 계획한다.

표 7-2 지역사회 건강 및 영양 문제 우선순위 기준

기준	내용
적절성(appropriateness)	윤리·법·정치적으로 적절. 기존에 비해 프로그램 수행의 유용성이 있어야 함
연관성(relevance)	문제 크기, 심각성, 지역사회의 관심도 및 국가 보건정책과 부합 여부
실행 가능성(feasibility)	가용자원의 범위 내에서 해결 가능한 문제, 기술·경제·정치·문화·윤리 측면 고려
사업 효과성(impact)	장단기 이익, 효율성, 효과성, 형평성

자료 : Commission on Health Research for Development(COHRED), A manual for research priority setting using the ENHR strategy, Counsil on Health Research for Development, COHRED Document No. 2000.3

(2) 우선순위 영양문제 선정 도구

도출된 건강 및 영양 문제 중에서 우선순위를 결정하기 위해 우선순위평정시스템(basic priority rating system, BPRS)을 활용할 수 있다. 이 시스템은 세 가지 기준—문제의 크기, 문제의 심각성, 사업의 중재 효과—에 의해 우선순위를 결정하도록 한다(표 7-3). 문제의 크기는 만성질환에서는 유병률이나 발생률로 나타내고, 건강행동에서는 문제행동을 가지고 있는 사람의 비율로 표시한다. 문제의 심각성은 문제의 긴급성, 경중도, 경제적 비용 및 다른 사람에게 미치는 영향 등을 고려하여 결정한다. 사업 중재 효과를 판정하기 위해서 6단계 효과성 범위(Neiger 등, 2011)를 흔히 사용하고 있다. 세 가지 기준의 점수를 이용하여 공식에 의해 최종 점수가 산출되면 이에 따라 우선순위가 도출된다.

이 외에도 우선순위 영양문제를 결정하기 위해 사용하는 도구로 미국 질병관리예방센터(Centers for Disease control and prevention, CDC)에서 개발한 지역보건의료계획 접근법(planned approach to community health, PATCH)이 있다.

표 7-3 우선순위평정시스템에 의한 건강 및 영양 문제 우선순위 선정 기준

선정 기준별로 분류					
기준	항목	점수	기준	항목	점수
문제의 크기	25% 이상	9~10	문제행동 인구 크기	80% 이상	9~10
	10.0~24.9%	7~8		60~79%	7~8
	1.00~9.99%	5~6		40~59%	5~6
	0.10~0.09%	3~4		30~39%	3~4
	0.01~0.09%	1~2		20~29%	1~2
	0.01% 미만	0		20% 미만	0
문제의 심각성	매우 심각함	9~10	사업 중재 효과	매우 효과적	9~10
				상당히 효과적	7~8
	심각함	6~8		어느 정도 효과적	5~6
	다소 심각함	3~5		약간 효과적	3~4
	심각하지 않음	0~2		아주 약간 효과적	1~2
				비효과적	0

세 가지 선정 기준 점수를 이용한 공식에 의해 최종 우선순위 도출					
문제	기준			BPRS	순위
	문제의 크기 A(0~10점)	문제의 심각성 B(0~10점)	사업 중재 효과 C(0~10점)	(A+2B)*C	

자료 : Nieger BL, Thackeray R, Fagen MC., Basic priority rating model 2.0: current applications for priority setting in health promotion practice, *Health Promot Pract* 12(2):166-171, 2011

2) 2단계 : 목적과 목표 설정

프로그램 설계의 두 번째 단계에서는 요구 진단 결과에 따라 프로그램의 목적과 목표를 설정한다. 목적은 집단의 건강과 관련된 영양 문제의 변화에 대한 광범위한 기술이며, 목표는 목적을 이루기 위한 측량 가능한 활동들이다. 목표는 다시 결과목표, 과정목표 및 구조목표로 세분화하여 설정한다.

(1) 목적

목적(goal)은 실현하고자 하는 일이나 방향에 대한 장기적이고 광범위한 기술이다. 계획하는 영양중재 프로그램에 대한 방향을 제시하며 영양문제의 변화에 대한 것으로 설정한다. 프로그램 목적의 예로는 'D 지역사회의 노인 고혈압 유병률을 감소시킨다'거나, '영양중재 프로그램 수행 후 참가한 성인의 비만율을 감소시킨다' 등을 들 수 있다.

(2) 목표

목표(objective)는 영양중재 프로그램의 목적을 이루기 위한 영양중재 활동의 효과나 결과에 대한 것으로 측정이 가능한 형태로 제시한다. 즉 누구에게, 언제, 무엇을, 얼마나 변화가 있기를 기대하는지를 구체적인 숫자를 이용하여 서술한다. 이는 영양중재 프로그램 종료 후 효과를 평가할 때도 사용된다. 목표 설정 시에는 목표가 구체적이며 측정 가능한지, 대상자들이 건강문제에 영향을 미치는 행동에 변화를 가져올 수 있도록 실현이 가능한 목표인지 등에 유의하여야 한다. 목표는 주로 결과목표를 말하며, 그 외에 과정목표와 구조목표의 세 가지로 구분하여 정한다.

① 결과목표

지역사회 영양 요구 진단에서 먼저 건강문제와 관련된 행동이나 환경에 대한 목표를 세우고, 이러한 행동이나 환경에 영향을 미치는 식행동과 식환경(동기부여요인, 가능요인, 강화요인 : 지식, 태도, 인식, 가치관, 자원 등)을 개선하기 위한 목표를 설정한다. 이러한 목표들을 결과목표(outcome objective)라고 하며, 대상자들이 영양중재 프로그램에 참여한 후에 지식, 태도, 인식, 자원 등에서 변화가 생기고 행동과 환경 목표를 달성하게 되면, 결국 집단의 영양문제와 건강문제에 개선 효과가 나타나게 된다(그림 7-2).

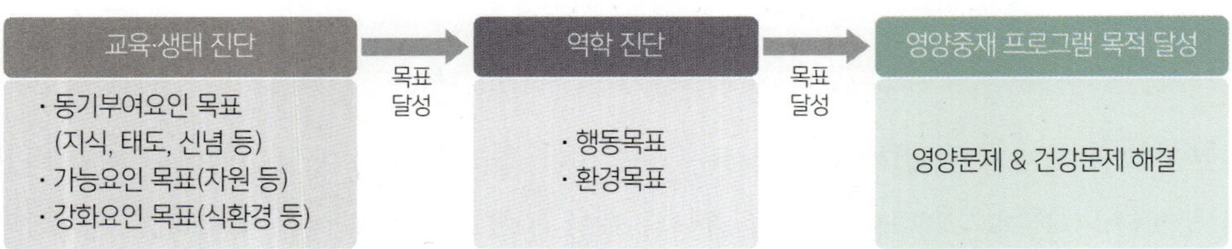

그림 7-2 영양중재 프로그램의 결과목표와 목적과의 연관성

결과목표의 예는 다음과 같다. D 지역사회의 성인들의 고혈압 유병률이 증가하는 원인이 염분 섭취에 대한 지식 부족인 것으로 나타났을 때, '지역사회 성인들의 염분 섭취에 관한 지식을 1년 이내에 50% 증가시킨다'와 '영양중재 프로그램 종료 후 1년 이내에 고혈압인 성인 참여자의 80%는 염분이 적게 함유된 식사를 계획할 수 있다'와 같이 구체적인 목표를 설정한다.

② 과정목표

과정목표(process objective)는 영양중재 프로그램을 수행하는 전문가 집단(영양사, 보건교육사 등)이 프로그램 운영 과정 중에 수행해야 하는 활동이나 과정을 측정할 수 있도록 나타내는 것이다. 예를 들면 '지역사회 영양교육자는 1년의 영양중재 프로그램 과정에서 비만 영양교육을 5회(60분/회) 수행한다' 등으로 기술한다.

③ 구조목표

구조목표(structure objective)는 영양중재 프로그램 운영에 필요한 인적 자원, 예산, 운영 시스템, 자원 활용 및 조직의 협조 등과 관련된 목표를 말한다. 즉 '지역사회 영양사는 영양중재 프로그램 수행에 소요되는 지출내역을 매달 마지막 날에 제출한다' 등과 같이 기술한다.

Tip 건강증진 중재 프로그램을 개발할 때 고려해야 할 점

① 변화되어야 하는 요구는 무엇인가?
② 프로그램이 목표로 하는 것은 어느 수준의 중재인가?
③ 어느 수준의 영향력에 중재의 초점을 맞출 것인가?
④ 프로그램의 초점을 다루는 데 어떤 유형의 중재 전략이 효과적인가?
⑤ 표적집단에 부합하는 중재인가?
⑥ 선정된 중재를 실행하는 데 필요한 자원은 이용 가능한가?
⑦ 단일 전략과 복합 전략 중 어느 것으로 구성된 중재를 활용하는 것이 좋은가?
⑧ 체계적으로 계획된 중재인가?

자료 : Dignan MB, Carr PA., *Program planning for health education and promotion*, 2nd ed., 1992

3) 3단계 : 영양중재 프로그램 계획

설계의 3단계는 프로그램 계획 과정으로, 프로그램의 목적과 목표를 달성하기 위해 영양 프로그램에 사용될 방법과 영양중재 활동, 영양교육, 홍보, 마케팅 계획에 관한 내용이 포함된다. 지역사회의 영양문제를 해결하기 위한 프로그램은 여러 가지로 설계될 수 있다. 그중에서 해당 프로그램이 목표집단의 요구 및 생활 방식과 잘 맞는지, 프로그램 수행에 필요한 정보들이 충분한지, 영양문제의 주된 원인을 변화시킬 수 있는지, 지원 기관의 목적에 합당한지 등을 검토한 후 가장 적합한 프로그램을 결정한다. 프로그램 결정 시에는 다른 건강 관련 전문가 집단(지역사회 영양사, 보건의료 전문가, 운동 전문가, 심리학자, 교사 등), 지역사회 구성원들과 내용을 공유하고 논의하여 정하도록 한다.

지역사회의 영양 프로그램은 다양한 접근 방법으로 설계할 수 있다. 영양 프로그램의 종류로는 영양교육과 영양상담, 급식이나 식품 공급 전략, 이벤트, 사회 마케팅 및 학교나 지역사회의 영양 정책 등이 있다.

(1) 영양교육과 영양상담

영양중재 프로그램에서 학교와 지역사회에서의 영양교육과 영양상담은 중요한 부분을 차지한다. 영양교육을 계획할 때는 교육 주제, 대상자, 장소, 인력, 예산 등을 고려하여야 한다. 영양교육 시에는 교육 주제와 대상자에 적합한 영양교육안을 마련한다. 영양교육안에는 교육의 목적, 목표(주제별 2~3개), 내용, 방법, 자료, 기간 및 시간 등을 제시하도록 한다. 영양교육 내용은 최신의 영양 정보(지식), 식행동 변화에 도움이 되는 기술(훈련), 지지 환경(가족, 친구, 동료의 도움, 칭찬, 식단, 조리)에 대한 항목이 모두 포함된다.

Tip 영양교육 시 개인의 적극적인 참여를 유도하는 방법

- 실습, 소모임 토의, 게임, 시뮬레이션, 퀴즈, 면담 등

(2) 사회 마케팅

사회 마케팅(social marketing)은 특정 집단이 사회적 아이디어, 가치 등을 수용하게 하여 행동을 변화시키는 데 초점을 두고 있다. 사회 마케팅은 대상자들에게 특정 문제에 대한 지식, 태도 등을 알리고 홍보하는 것뿐 아니라 행동 자체를 변화시키는 데 목적이 있다. 보건 정책의 목표는 대상 집단의 의식 변화 없이는 효과적으로 달성될 수 없으므로 사회 마케팅은 보건 위생 분야의 행동 변화에 자주 이용된다. 예를 들면 깨끗한 화장실 문화 캠페인, 금연 캠페인, 아동 학대 금지와 음주운전 예방 등의 사례가 있다.

영양 프로그램을 설계할 때도 건강, 영양에 대한 지식, 인식, 태도를 지역사회 대상자들에게 홍보하기 위해 마케팅 계획을 세운다. 지역사회 구성원들의 행위 변화를 위한 메시지 전달과 중재 서비스를 통합하는 캠페인을 개발하고 홍보한다. 사회 마케팅에 대한 자세한 내용은 제5장 지역사회영양사업의 이론과 모델에 설명되어 있다.

대표적인 영양 프로그램의 사회 마케팅 예가 'National 5-a-Day'이다. 이는 미국 캘리포니아주에서 시행된 국가적 캠페인이며, 성인을 대상으로 채소와 과일 섭취를 늘리기 위한 계획이다. 캠페인의 메시지는 '만약 하루에 과일과 채소를 2인분 더 먹으면 체형이 개선되고 더 활기찬 생활을 할 수 있다'로 구성되었으며, 홍보를 위해 슈퍼마켓에서 전단지를 배포하고 구성원들이 구독하는 잡지에 홍보 기사를 내었다. 그 결과, 하루에 5인분 섭취하는 사람의 비율이 8%에서 36%로 증가하였다.

표 7-4 마케팅 믹스를 사용한 영양 프로그램의 효과적인 지역사회 홍보 전략

항목	전략 방법의 예
제품(Product)	행위 변화를 위한 유·무형의 영양 서비스 • 과일과 채소 섭취 증가
가격(Price)	행위 변화를 위해 필요한 노력 • 건전한 식생활 유지에 필요한 지속적인 동기부여 • 식품 선택 시 동료들의 압력을 견디는 것 • 경제적 부담 감당
장소(Place)	특정 목표 집단에 메시지를 전달하기 위한 접근 방법, 시간, 장소 • 대상 집단이 구독하는 잡지에 기사 실음 • 포스터 부착 : 지역사회의 슈퍼마켓, 교회의 알림판, 자주 이용하는 시설
홍보(Promotion)	목표 집단의 캠페인에 대한 긍정적인 태도와 행동 변화 유도 • 어린이 : 인형극 이용. 과일과 채소 섭취 시 더 강해진다는 메시지 전달 • 성인 : 과일과 채소 섭취 시 활기차고 피로감이 덜해진다는 메시지를 담은 표지 모델이 있는 전단지 이용

자료 : 황인경, 지역사회 보건소 중심 영양 사업의 현황과 발전 방향, 보건연구정보, 2004

(3) 직접적 중재 전략

영양중재 프로그램 설계 시 목표집단의 영양문제를 해결하는 방법으로 급식, 보충식품 공급 등의 직접적인 중재 전략을 사용한다. 어린이의 칼슘 섭취를 증가시키기 위해 학교급식에서 유제품(우유, 치즈, 요구르트 등)을 제공하거나, 보건소에서 시행하고 있는 영양플러스사업에서 저소득층의 영유아, 임신부, 수유부를 대상으로 식사에서 부족한 영양소를 함유한 보충식품을 제공한다.

(4) 학교나 지역사회의 영양 정책

지역사회의 영양중재 프로그램을 효과적으로 운영하기 위해서는 학교나 지역사회의 건강 지향적인 식환경 조성과 정책적인 뒷받침이 필요하다. 영양문제와 관련된 행동 변화를 위해서는 개인 차원에서뿐만 아니라 시스템 차원에서 바람직한 식환경과 영양 정책 및 규제가 마련된다면 지역사회 주민의 행동이 건강 지향적으로 변화·유지될 것이다.

보건복지부(2005)의 소아비만 예방을 위한 학교 중재 프로그램의 모델(안)에서 비만 예방 및 관리를 위한 지지적 환경 조성 전략의 예를 보면 다음과 같다.

비만 예방 및 관리를 위한 지지적 환경 조성과 영양 정책 마련 전략을 위해서는 여러 분야의 자원과 인력들을 유기적인 협조 체제로 구성해야 한다. 도시 설계 및 교통 정책, 법규, 인센티브, 학교교육, 급식 기준, 홍보 및 교육 등 6가지 영역에서 영역별로 환경 중재 전략을 개발한다. 우선 도심에 보행자 전용 지역, 자전거 전용도로 건설, 자전거 보관소 확충, 거리 조명 개선과 운동시설 확충 등을 통해 지역사회 주민들의 신체활동을 증가시킬 수 있다. 식품영양표시제의 의무화와 일정 수준 이상의 고지방·고열량 식품에 대한 광고 제한 및 저지방 식품 생산자에게 보조금을 지급하는 법규는 영양관리 도모에 도움이 될 것이다. 학교에서 학생들의 신체활동을 늘리기 위해 체육 시간을 교과 과정에 충분히 배정하고 요리 교육을 하며, 교내 자판기나 학교 매점에서 판매되는 식품에 대한 관리를 강화하는 것은 건강 지향적 행동 변화를 유도할 수 있다. 또한 급식업체에 대한 영양 기준과 지침을 설정하고, 바람직한 식습관과 영양에 대한 지식을 홍보하고 교육하는 프로그램을 활성화하며, 소아비만과 가장 큰 관련이 있는 어린이의 TV 시청 시간을 제한하는 등과 같은 식환경의 변화와 영양 정책의 마련을 통해 영양문제를 해결하고 관련된 건강을 증진할 수 있다.

4) 4단계 : 프로그램 관리 체계 개발

프로그램을 효율적으로 관리하기 위해 인적 자원, 비용 및 자료 관리에 관한 방식을 마련하는 과정이다. 인적 자원 관리는 프로그램을 개발하고 수행하는 사람에 대한 관리를 말한다. 자료관리는 영양중재 프로그램의 대상자, 프로그램 이용 횟수, 방법 및 성과에 관한 자료를 수집·기록하는 것이다. 비용관리에는 프로그램 수행 시 필요한 직접경비(인건비, 자료, 출장 경비, 장비 구입)와 간접경비(사무실 임대료, 유지비 등)를 계획한다.

5) 5단계 : 자원 파악 및 확보 방법

5단계는 프로그램 수행에 필요한 자원을 파악하고 확보하는 방안을 계획한다. 영양 프로그램에 소요되는 자원으로는 인건비, 재료비, 교육자료비 및 마케팅 비용 등이 있다. 우선 프로그램에 소요되는 예산을 기관의 예산과 비교 검토하여 외부에서 자원을 조달받아야 하는지를 결정하고, 확보 방안을 강구한다. 외부에서 재정을 조달받아야 하는 경우 재정 사용 목적이 분명하게 명시된 기금 모집 제안서를 관련 기관에 제출한다.

6) 6단계 : 프로그램 실행 방법 설계

이 단계는 영양중재 프로그램을 계획안에 의해 실제로 수행하는 과정이다. 영양 프로그램의 효율적인 수행을 위해서는 지역사회 영양사가 프로그램이 진행되는 동안 계획을 수정·보완해야 할 경우 대상자와 목적에 맞도록 융통성을 가지고 진행해야 한다. 또한 인적 자원과 예산 및 자료를 숙련되게 관리하도록 한다. 프로그램 실행에 대한 내용은 제8장에 자세하게 제시되어 있다.

7) 7단계 : 프로그램 평가 방법 설계

영양중재 프로그램 수행 후 평가에 대한 계획도 프로그램 계획 단계에서 미리 마련해야 한다. 평가는 프로그램의 장기 진행 결정과 프로그램 결과를 대상자들에게 알리기 위해 필요하다. 프로그램이 진행되는 동안에도 프로그램의 평가 방법과 평가에 필요한 자료를 수집하며, 분석 시 문제가 나타나면 프로그램 진행 중이라도 수정한다.

평가 내용으로는 프로그램에 투입된 자원이 계획 대비 적절했는지, 프로그램이 계획과 같이 운영되었는지, 대상자가 프로그램 진행 시간과 디자인에 만족하는지, 정보들은 유익하고 이해가 잘 되었는지, 효율적인 프로그램과 효과가 적은 프로그램 및 원인에 대한 조사, 영양 프로그램의 목적과 목표가 달성되었는지 등이 있다.

영양 프로그램의 평가 결과는 영양 정책 결정과 다른 프로그램을 계획하는 데 활용될 수 있으며, 평가 보고서를 작성하여 기관 내부, 다른 지역사회와 대중들에게 배포하여 활용되도록 한다. 프로그램 평가 실행 계획, 전략 및 평가 과정에 대해서는 제8장에 설명되어 있으므로 참조하도록 한다.

Tip 해외 영양 프로그램 운영 사례

TAF program(Trim and Fit program)

초중고 학생들을 대상으로 비만, 신체활동 감소, 흡연 등의 만성질환 위험인자에 대한 생활 습관 개선을 강조한 싱가포르의 국가적 건강증진 프로그램(1992). 이 프로그램의 목적은 아이들의 체력을 향상하고 비만율을 감소하는 것으로 비만 아동뿐 아니라 학부모, 교사, 학교 주변 환경을 대상으로 하는 다각적인 접근법을 시도하였다. 프로그램 수행 결과 1992년에서 2001년까지 체력 측정 테스트를 통과하는 비율이 57.8%에서 80.3%로 증가하였고, 비만 유병률은 14%에서 10%로 감소하였다. 세계보건기구가 선정한 어린이 건강증진에 효율적인 방법이다.

CATCH(Child and Adolescent Trial for Cardiovascular Health)

아동을 대상으로 한 대규모의 위험인자(신체활동, 영양) 중재 프로그램. 지방 섭취 감소, 신체활동의 증가를 목표로, 미국 캘리포니아를 비롯한 여러 주의 96개 초등학교를 선정하여 학교급식 개선, 체육 시간을 통한 신체활동 증가, 영양교육, 체육교육을 실시하였다. 프로그램 대상으로 아동뿐 아니라 가족도 포함하였으며, 학교 기반 중재 프로그램의 실행 가능성과 학교 내 환경 변화 가능성을 보여 준 것으로 평가받고 있다.

자료 : 보건복지부, 2005년 비만예방사업 안내, 2005

단원정리

- 영양중재 프로그램의 목적은 프로그램의 방향을 제시하고 지역사회 구성원의 영양문제 변화에 관한 것으로 설정하며, 목표는 프로그램의 목적을 이루기 위한 중재활동의 효과에 대한 것으로 구체적으로 서술한다. 목표는 결과목표, 과정목표 및 구조목표의 세 부분으로 기술한다.

- 영양중재 프로그램의 대상은 개인, 지역사회와 지역사회 시스템이며, 프로그램 수행 시 인식 변화, 행동 변화, 주위 환경 변화 단계마다 대상에 따라 각각 다른 목표 달성 전략을 활용한다.

- 영양중재 프로그램 설계는 7단계로 구성된다. 1단계에서는 지역사회 요구 진단 결과 파악된 영양문제와 관련된 인자 중에서 우선순위에 따라 가장 중요한 문제를 선정하고, 2단계에서는 프로그램의 목적과 목표를 구체적으로 서술한다. 3단계에서는 프로그램의 목적과 목표를 달성하기 위해 영양 프로그램의 방법, 중재활동, 영양교육, 홍보, 마케팅 등에 대한 계획을 세운다. 4단계에서는 프로그램을 효율적으로 관리하기 위해 인적 자원, 비용 및 자료 관리 체계를 개발하고, 5단계에서는 자원을 파악하고 필요시 자원 확보 방안을 강구한다. 6단계는 프로그램 계획안에 의해 실제로 프로그램을 수행하는 과정이며, 7단계는 프로그램 평가에 대한 계획을 수립한다.

- 지역사회 영양 프로그램의 종류로는 영양교육, 영양상담, 직접적인 중재 전략, 사회 마케팅 및 학교나 지역사회의 영양 정책 등이 있다. 영양교육 시에는 교육 주제와 대상자에 적합한 영양 교육안을 마련하여 최신 영양 정보, 식행동 변화에 도움이 되는 기술, 지지 환경에 대한 내용이 모두 포함되도록 한다. 그리고 지식, 인식, 태도 등을 대상자들에게 홍보하고 행위 변화를 유도하기 위해 사회 마케팅 방법을 활용하여 마케팅 전략을 수립한다. 또한 대상자들의 식행동을 건강 지향적인 방향으로 변화·유지하기 위해 지역사회 시스템 차원에서 바람직한 식환경과 영양 정책을 마련하기 위한 계획을 세운다.

연습문제

1 고혈압 노인을 대상으로 영양중재 프로그램을 설계하고자 할 때 목적과 목표를 서술해 보자.

2 당뇨병 성인 대상 영양중재 프로그램에서 영양교육 시에 활용할 수 있는 교육 자료를 설명해 보자.

3 영양중재 프로그램의 대상에 따라 다양한 전략적 방법이 사용된다. 개인을 대상으로 할 때 1단계 인식 변화를 위해 활용할 수 있는 방법을 말해 보자.

4 대사증후군 성인을 대상으로 영양 프로그램 마케팅 계획을 세우고자 한다. 목표 대상자들이 쉽게 기억할 수 있는 슬로건을 고안해 보자.

정답과 풀이

1 목적 : A 지역사회의 노인 고혈압 유병률을 감소시킨다. 노인의 복부비만율을 감소시킨다 등
목표 : 프로그램 종료 후 1년 이내에 노인들의 염분 섭취에 관한 지식을 60% 증가시킨다 등

2 당뇨병에 대한 최신 영양 정보, 당뇨 식단 작성 방법, 조리 실습 등

3 영양 선별, 건강 주제 소모임, 인터넷, 팸플릿 등

4 예) 서울시 대사증후군 관리사업 지원단의 '서울시와 오락하자', '빼자! 허리둘레, 내리자! 혈압' 등

08

지역사회 영양중재 프로그램의 실행과 평가

실행은 계획한 대로 활동을 펼쳐서 목표를 이루는 과정이고, 평가는 그 목표를 얼마나 달성했는지 확인하는 단계이다. 지역사회 영양중재 프로그램을 성공적으로 실행하기 위해서는 명확한 목적과 세부 목표를 설정하는 것 외에도 프로그램을 실행하는 과정에서 유연한 대응 전략과 체계적인 관리가 필수적이다. 왜냐하면 실제로 프로그램을 진행하는 동안 예상치 못한 문제들이 발생할 수 있기 때문이다. 예를 들면 조리실습교육에 필요한 일부 도구를 미처 준비하지 못했다거나, 다문화권 주민을 대상으로 한 영양교육에서 자료의 언어 수준이 부적절했다거나, 주민들의 참여도가 낮을 수밖에 없는 부적절한 시기에 프로그램을 실행했다거나 하는 것이다. 한편, 프로그램 평가는 프로그램을 마친 후에만 하는 것은 아니다. 프로그램의 준비단계부터 실행, 그리고 실행 후 결과에 이르기까지 모든 단계를 평가할 수 있다. 따라서 실행과 평가는 반드시 시간적 순서에 따라 명확하게 구분하기는 어렵다.

1. 영양중재 프로그램의 실행

1) 실행 계획과 전략

실행 계획은 영양중재 프로그램을 진행하는 구체적인 세부 실천 방안을 세우는 것이다. 즉 프로그램 운영 주체를 결정하고, 업무 내용과 순서, 구성원들의 역할, 필요한 자원의 관리 방안, 일정 계획, 모니터링과 위기 대응 방안 등을 포함한다(표 8-1). 실행 계획은 프로그램 참여자들이 서로 이해하고 협력하게 하며, 전체 프로그램의 수행 기간을 예측할 수 있고, 프로그램이 지연될 때 그 원인을 분석할 수 있으며, 업무 수행에 필요한 자원을 배분할 수 있는 전략이 된다.

지역사회에서 영양사업이 성공한다는 것은 일회적인 영양중재 활동으로 의도한 목표를 달성하는 데에 그치지 않는다. 지역사회영양사업은 지속적으로 수행되어 더 많은 참가자들이 자발적으로 참여할 수 있도록 확산되고, 긍정적인 결과를 유도할 수 있어야 한다. 영양중재 프로그램의 실행단계에서 점검이 필요한 전략 요소는 표 8-2와 같다.

표 8-1 영양중재 프로그램의 실행 계획

항목	세부 내용
운영 주체 결정	• 기획기관 자체 운영 또는 위탁 운영 여부 결정 • 참여 인력의 역할 분담
수행 단계별 업무 내용 분담 및 담당자 지정	• 업무 담당자별 책임과 권한을 명확히 기술 • 필요시 지침서(manual)와 서식(format) 작성
자원관리 방안 마련	• 예산 자원 : 세부 업무별 예산액과 확보 방안 • 예산 외 자원 활용 및 확보 방안 - 인력 : 세부 업무별 필요 인력 인원과 확보 방안 - 인력 활용 방안 : 지역사회기관, 보건의료기관, 교육기관, NGO, 종교기관, 자원봉사자 등 - 인력교육 및 홍보 방안 - 기타 자원 : 세부 업무별 공간, 시설, 장비 및 물품 등
일정 계획	• 시작과 종료 시기 및 각 세부 업무별 예상 소요시간 고려 • 실행팀, 실행 책임자, 업무별 담당자 결정, 시한별 업무 세분화
모니터링	• 프로그램이 예정대로 수행되고 있는지 확인함 • 업무별 기대 성과와 평가 기준 마련 • 프로그램 실행 계획 단계에서 평가 계획도 함께 수립 • 평가 결과의 활용 방안 마련
위기 대응 방안 마련	• 실행 과정에서 발생할 수 있는 예상 가능한 문제점 파악 • 각 문제점에 대하여 대처 방안 마련 • 능숙한 위기 대응 훈련

표 8-2 영양중재 프로그램 실행 단계의 전략 요소 점검사항

실행 단계의 전략 요소 점검사항	예	아니오	비고
실행 계획은 구체적인가			
실행 계획은 수혜자 중심의 접근 방법인가			
실행 계획은 지역사회 문화를 반영하였나			
실행 계획은 적절한 이론과 모델을 적용하였나			
실행 예산은 확보되었나			
실행 조직은 안정적으로 확보하였나			
실행 계획은 사회·정치적 지지를 받을 수 있는가			
실행 계획은 지역사회 연대와 참여를 촉진할 수 있는가			
실행을 위한 시설과 장비는 안정적으로 확보하였나			
실행을 위해 필요한 전문가와 관련기관의 협력 방안이 있는가			
실행을 관리할 책임자(예 : 영양사)의 책임과 권한은 충분히 고려되었는가			

실행계획서

· 프로그램명 : 한국인 영양섭취기준(KDRI)를 이용한 대학생의 영양교육
· 우선순위 : OOO
· 책임자 : OOO
· 최종 검토일 : OO년 O월 O일

단계	작업명	담당자	예산 (천원)	장비, 시설	일정		비고
					시작	종료	
준비	교육프로그램 개발	이개발	3,000	컴퓨터, 빔프로젝트	년월일	년월일	
	전문가자문단 구성	홍전문	3,000	-	년월일	년월일	
	교육자료 인쇄	서인쇄	1,000	외부제작	년월일	년월일	
	레시피북 개발	이개발	3,000	조리실	년월일	년월일	
	설문지 인쇄	김제작	1,000	외부제작	년월일	년월일	
	설문지 IRB 승인	김제작	500	심의비	년월일	년월일	
실행	영양지식 사전/사후설문	표설문	1,000	설문지 참여비	년월일	년월일	
	영양교육 실시	김실시	5,000	강의실	년월일	년월일	
	레시피 경진대회	마경진	5,000	조리실	년월일	년월일	
	교육 만족도 설문	김만족	1,000	강의실	년월일	년월일	
평가	영양교육 효과 분석 및 평가	이평가	-	-	년월일	년월일	
	레시피 경진대회 평가	이평가	3,000	조리실	년월일	년월일	
	교육 만족도 분석 및 평가	박평가	-	-	년월일	년월일	

그림 8-1 실행계획서 예시

2) 실행계획서와 추진일정표 작성

실행 계획은 세부 프로그램별로 실행계획서와 추진일정표를 작성한다. 실행계획서 초안은 각 단위사업의 책임자가 담당한다. 업무 수행자들의 실무에 대한 의견을 반영할 수 있도록 배려한다. 각 단위 프로그램 책임자가 작성한 실행계획서 초안은 전체 기획회의에서 검토, 수정, 보완하여 확정한다.

추진일정표는 각 세부 업무별 소요시간을 가능한 한 정확하게 예측해서 작성한다. 그러나 업무 진행은 실제로 계획과 반드시 일치되지 않으므로 융통성 있고 수정이 가능하도록 작성한다. 추진일정표는 세부 업무 내용과 수행 일정을 막대그래프와 같은 도표로 표시하는 간트차트(Gantt chart)나 화살표와 결합점을 이용하여 업무 순서와 기간 및 업무량을 표시하고, 수학적으로 해석하여 일정을 관리하는 네트워크 기법인 PERT(program evaluation and review technique) 등이 있다(그림 8-2). 이러한 차트를 이용하여 일정표를 작성한 후 실행계획서는 보통 1~2쪽 분량으로 우선순위와 책임자 및 최종 검토일 등을 명기하여 작업분석표를 첨부하면 완성된다.

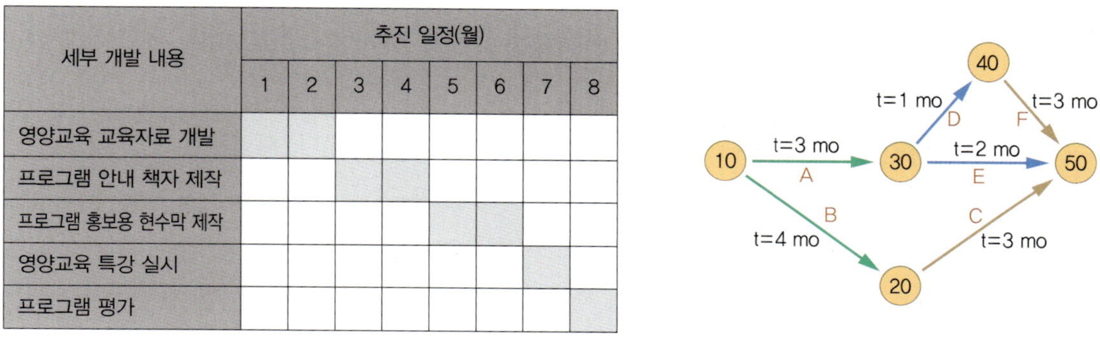

(a) Gantt 차트

(b) PERT 차트

그림 8-2 추진일정표 예시

3) 프로그램 관리

지역사회 영양중재 프로그램을 원활하게 수행하기 위해서는 구체적인 실행 계획과 함께 크게 두 가지 측면에서 관리가 필요하다. 우선 준비 단계에서 '참여율을 어떻게 증진시킬 것인가'와 실시 단계에서 '프로그램을 어떻게 개선할 것인가'이다.

(1) 준비 단계 : 홍보관리

프로그램 참여율이 높으면 높을수록 지역사회 영양 프로그램이 효과적일 수 있고, 장기적인 참여로 행동 변화가 일어날 가능성 또한 크다. 프로그램 참여란 건강증진 활동에 참여하는 사람들의 수를 뜻한다. 만일, 건강증진 활동이 집단을 대상으로 이루어졌다면 참여율은 각각의 교육이 종료되는 시점에 참여하는 사람의 수가 될 것이다. 또한 프로그램이 뉴스레터 형식이었다면 참여율은 뉴스레터를 받는 사람 수×연간 뉴스레터 출간 횟수 또는 우편 발송 수가 될 것이다.

참여율은 프로그램이 얼마나 새로운지 또는 참여하면 보상(인센티브)이 있는지 여부에 따라 다양하게 나타난다. 일반적으로 그룹 활동에서는 인센티브 없이 자발적인 참여 유도가 많은데, 이때 참여율은 5~35% 정도이다. 반면에 뉴스레터 형식으로 프로그램 참여를 유도하면 참여율은 85~95%로 상승한다.

지역사회 영양 프로그램 실행 단계에서 참여율을 높이는 방안은 다음과 같다.

첫째, 참여집단의 요구와 관심도를 파악하는 것이 매우 중요하다. 또한 더 나은 프로그램을 설계하기 위해서 앞서 운영되었던 프로그램에 대한 평가와 관련 연구 자료를 활용하는 것이 필요하다. 일반적으로 참여율을 높이기 위해서는 프로그램이 재미있고, 참여자들의 수요와 잘 맞아야 한다.

둘째, 참여하기 어려운 장애요소를 파악하여 제거해야 한다. 사람들은 서로 다른 여러 가지 이유를 가지고 건강증진 활동에 참여한다. 예를 들면 '재미있는 활동을 하고 싶어서', '친구나 가족과 함께하기 위해서', '무엇인가 새로운 것을 배우고 싶어서', '목표에 충실한 성격이거나 지원받고 싶어서' 등이다. 따라서 성공적인 프로그램 실행을 위해서는 참여자들의 요구와 성격을 잘 파악하는 것이 중요하다. 참여하기 쉬운 여건을 조성하고, 참여하기 편안한 시간을 정하는 것도 프로그램의 성공률을 높이는 데 있어 매우 중요한 요소이다.

셋째, 적절한 인센티브를 활용하는 것이다. 인센티브는 공식적으로 인정을 해주는 '상'이 될 수도 있고, 또는 티셔츠, 생활용품, 요리책 등 다양한 형태가 될 수 있다.

넷째, 참여자들 사이에 '소유권'을 부여할 필요가 있다. 프로그램의 정체성을 분명히 할 슬로건이나 피규어, 로고 등을 이용하는 것이다.

마지막으로 참여율을 높이는 방법은 프로그램을 대상 집단에게 알리고 또 알려야 한다.

(2) 실시 단계 : 프로그램의 실행 효율성 제고를 위한 고려 사항

① 영양중재 프로그램의 운영 및 모니터링 : 추진일정표를 이용한 진행 상황 확인

- 등록 사항 : 참가자가 자발적으로 등록하거나 참가비를 납부해야 하는 활동이라면 사전에 등록절차를 준비해야 한다.
- 기록관리 : 모든 활동에는 기록을 남겨야 한다. 등록 과정에서 수집한 정보, 의료 정

보, 참가자의 반응과 프로그램에 대한 환류 및 기록의 보관과 관련된 절차 등을 포함한다.

② 위기 대응

- 법률 사항 : 모든 활동에 대해 법률적 논란의 여지가 없는지 확인해야 한다. 건강증진 활동은 대부분 집단을 대상으로 하는 경우가 많기 때문에 참가자에 대한 위험이 작다고 하더라도 책임보험 등을 활용하는 것이 필요하다. 또한 운영자는 활동 전에 참가자들에게 주의 사항들을 충분히 설명하고 숙지하도록 하며 참가자의 동의(informed consent)를 구한다.
- 의료 사항 : 만일 활동에 참여하는 참가자들이 특별한 의료적 위험에 노출될 수 있다면 의료적 허가가 필요한지 확인해야 한다. 필요하다면 활동에 참가해도 문제가 없다는 의료적 허가에 대한 조치가 사전에 검토되었음을 확인하는 내용을 확보하는 것이 좋다.
- 안전 사항 : 프로그램 참가자와 운영자의 건강과 안전은 최대한 보장할 수 있는지 사전에 검토되어야 한다.

Tip 건강증진사업에 적용할 수 있는 홍보 전략

- 현재 또는 미래에 고객이 원하는 요구를 결정한다.
- 고객의 요구를 만족시키는 산출물을 개발한다.
- 고객에게 정보를 전달하고 설득할 수 있는 전달 체계를 개발한다.
- 고객의 편리를 고려한 시기와 장소를 선택하여 최선의 비용으로 제시한다.
- 고객을 지속적으로 관리한다.

2. 영양중재 프로그램의 평가

1) 평가의 의의

평가는 프로그램을 얼마나 잘 계획하고 실행했는지, 그리고 그 효과가 얼마나 좋은지를 알아보고 개선하기 위한 과학적인 방법이다. 프로그램을 평가하는 것은 크게 두 가지 차원에서 의의가 있다. 첫 번째는, 프로그램을 진행하면서 새로운 정보를 모으고, 필요하다면 그 정보를 바탕으로 프로그램을 조정하기 위한 것이다. 이때 평가는 결과를 중심으로 하는 것이 아니라 영양문제를 찾고, 중재목표를 세우며, 프로그램을 만들고 실행하는 모든 단계에서 이루어질 수 있다. 두 번째, 평가의 의의는 프로그램이 얼마나 효율적이고 효과적인지 확인하는 것이다. 즉 프로그램을 시작할 때 세운 목표와 실제로 실행한 후의 결과를 비교하여, 프로그램이 얼마나 잘 이루어졌는지 결과를 중심으로 평가하는 것이다.

2) 평가의 목적

영양중재 프로그램을 평가하는 목적은 프로그램의 의의를 확보하고, 프로그램을 실행하는 동안 나타날 수 있는 문제를 개선하거나 조정하여 그 효과성과 효율성을 확보하고, 참여자에 대한 영향력을 설명하기 위한 것이다. 평가는 반드시 이해관계자의 주요 관심사에 초점을 맞추고, 시간과 자원을 최대한 효율적으로 사용한다.

Tip 보건 프로그램 평가 설계의 목적과 내용

목적	내용
1. 관점의 확보	• 프로그램의 혁신적 접근법에 대한 가능성을 판단하는 관점 • 기존의 평가로부터 도출된 정보들을 프로그램 개발단계에서 활용하는 관점
2. 실행의 변화	• 프로그램 운영 체계, 운영 방법, 전체적인 프로그램 전략을 실행 단계에서 어떻게 반영하여 미세조정할지 적절히 기술되어야 함 • 프로그램 활동의 질, 효과, 효율성을 개선하기 위해 시행됨
3. 효과 판정	• 프로그램 활동과 관찰된 결과 간의 관계를 평가할 필요가 있음 • 원인과 효과의 직접적인 관계 속에서 효과가 파악되기도 함 • 어떤 효과는 하나의 프로그램에 의한 결과가 아닌 경우도 있으며, 이때 각 프로그램의 공헌도에 대한 근거를 찾는 것이 평가의 목적이 됨
4. 참여자에 대한 영향	• 논리적이고 체계적인 반성은 프로그램에 참여하는 이해 당사자의 자발적 변화를 유도할 수 있음 • 영향의 예 - 추가적 프로그램 조정 : 지속적 설문을 통한 메시지 강화 - 프로그램 참여자의 권한 증대 : 프로그램 방향에 대한 참여자의 조절 능력 증대 - 관리자의 능력 개발 증진 : 근거 해석, 분석, 수집 능력에 대한 교육 효과 - 조직 성장에 기여 : 조직의 역할과 임무와 프로그램 간의 관계를 분명히 함 - 사회적 변화의 가속화 : 자기 결정에 대한 지역사회 논쟁의 가속화

3) 평가의 유형과 내용

프로그램의 평가는 여러 가지 차원에서 실시할 수 있지만(표 8-3), 대체로 영양 프로그램의 평가는 구조 평가, 과정 평가, 결과 평가를 중심으로 설명할 수 있다.

표 8-3 여러 가지 프로그램의 평가 유형과 내용

평가 항목	평가 유형	평가 내용
평가 인력	내부 평가	프로그램을 실시하는 기구의 내부 인력에 의한 평가
	외부 평가	외부 인력에 의한 평가
평가 기준	절대 평가	평가자의 주관에 의한 절대 평가
	상대 평가	여러 프로그램 비교 평가
평가 목적	프로그램 개선	프로그램 개선을 목적으로 하는 평가
	프로그램 관리	프로그램 관리를 목적으로 하는 평가
	연구	연구 목적으로 하는 평가
평가 단계	계획 평가	프로그램 계획 수립 단계의 평가
	실시 평가	프로그램 실행 단계의 평가
	종합 평가	프로그램 마무리 단계의 평가
평가 시기	구조 평가	프로그램 실행 전에 실시하는 평가
	과정 평가	프로그램 실행 과정 중에 실시하는 평가
	결과 평가	프로그램 완료 후에 실시하는 평가
성과 수준	질적 평가	수치화 불가, 명목척도와 순서척도로 평가
	양적 평가	수치화 가능, 등간척도와 비율척도로 평가

(1) 구조 평가(structure evaluation)

영양 프로그램을 진행하면서 활용된 인적·환경 자원을 알아보고, 이 자원들이 계획대로 잘 사용되었는지, 그리고 사용량은 적절한지 확인하는 것이다. 이때, 인적 자원이란 프로그램을 수행하는 전담 인력이나 내·외부 협력자, 조직 구조 등이다. 환경 자원이란 공간시설이나 컴퓨터, 실험장비, 활동에 필요한 정보, 기술, 경험 등의 무형 자원과 프로그램 수행에 필요한 예산 등이다(표 8-4). 구조 평가를 통하여 프로그램 관리자는 운영진과 프로그램 활동을 지원하는 방안을 모색할 수 있다.

표 8-4 구조 평가의 영역 및 내용

평가 영역		평가 내용
인적 자원	인력 활용	• 프로그램을 수행하는 전담 인력 • 교육·훈련 참가자 • 지역사회 내·외부 협력
	조직구조	• 사업 수행 부서의 조직 내 위상
환경 자원	시설	• 사업 수행에 필요한 공간시설의 보유 상태
	장비	• 사업 수행에 필요한 장비의 보유 상태
	무형 자원	• 활동에 필요한 정보, 기술, 경험 등
	예산	• 비용과 예산 확보율, 활동별 예산, 교육훈련 예산 • 사업 수행 예산의 자체 기여도 • 계획된 예산 중 실제 집행 예산

(2) 과정 평가(process evaluation)

영양중재 프로그램을 수행하는 동안 프로그램 내용이나 활동 및 운영이 계획대로 진행되었는지 평가하는 것이다. 일반적으로 평가위원회를 조직하고, 정기·비정기 회의를 통하여 프로그램 내용의 적합성이나 참여율, 서비스의 질에 대한 참여자들의 반응과 만족도 등 추진 과정을 면밀히 검토한다(표 8-5). 과정 평가는 프로그램 운영의 효율성을 파악하고, 그 결과를 바탕으로 문제점을 수정할 수 있는 근거 자료를 확보할 수 있다.

$$(\text{실제 활동}/\text{계획된 활동}) \times 100 = \text{수행도}(\%)$$

표 8-5 과정 평가의 영역과 내용

평가 영역		평가 내용
전략적 기획	사업기획조직	• 전담 부서 존재 여부 • 사업운영위원회의 사업기획 참여
	자료조사	• 선행 사업 및 연구 자료 문헌고찰 • 지역사회 주민의 건강 수준 자료 활용
	사업 내용의 적절성	• 지역보건의료계획 목표와의 정합성 • 사업계획서 내용
사업관리	사업담당자의 적합성	• 사업담당자의 해당 사업 수행 기간 • 사업담당자의 외부교육 횟수
	사업 내용	• 사업 진행 상황 정기 확인, 문서 작성 및 보관 • 타 부서와의 업무 협조 정도 • 진행 상황에 따른 사업목표 및 내용 수정 가능성
	사업관리	• 사업 수행과 관련된 홈페이지 활용 • 대상자의 의견 및 만족도 조사 여부

(3) 결과 평가(outcome evaluation)

영양 프로그램을 마친 후 프로그램의 목적과 목표의 달성도나 파급 효과 등을 평가하는 것이다(표 8-6). 프로그램을 실시한 후 영양문제와 관련된 지식과 인식, 태도의 변화, 식행동 및 식습관의 개선, 영양 상태의 개선 등을 평가한다. 만일, 과정 평가가 긍정적이었다고 할지라도 최종적으로 달성한 결과가 투입된 자원에 비해 적다면 그 프로그램은 개선이 필요하거나 폐기할 수도 있다.

표 8-6 결과 평가의 영역과 내용

평가 영역		평가 내용
만족도	프로그램 시행자	• 프로그램 진행 방법에서의 권한 • 프로그램 수행을 위한 인력 규모 • 프로그램 수행을 위한 재정 지원 • 프로그램 수행을 위한 시설, 장비, 훈련 지원 수준 • 담당자의 전문성 • 기관장 및 지방자체단체장의 의지 • 프로그램에 대한 전반적 만족도
	프로그램 참여자	• 프로그램 홍보 만족도 • 프로그램 제공 담당자의 친절도 • 프로그램 참여의 시간적, 장소적 용이성 • 프로그램 제공 담당자의 전문성 • 프로그램의 유용성 • 타 기관 프로그램과 비교 시 우위성 • 프로그램에 대한 전반적 만족도 • 프로그램 재이용 의사 • 프로그램 권유할 의사

4) 평가지표 개발

(1) 평가지표의 의의

지역사회에서 영양중재 프로그램이 어떠한 영향을 미쳤는지 평가하기 위해서는 적절한 측정도구, 즉 평가지표의 개발은 필수적이다. 지표란 방향이나 목적, 기준 등을 나타내는 것으로 지역사회 프로그램의 평가지표는 프로그램이 목표에 도달했는지, 도달한 수준은 어느 정도이며 적절한 수준인지, 어떻게 목표에 도달했다고 할 수 있는지 알려 주는 도구라고 할 수 있다. 지금까지 개발된 국민 영양의 목표 지표에는 아침식사, 과일이나 채소 섭취, 지방 섭취, 나트륨 섭취, 당 섭취 및 건강한 식생활 실천율 등이 있다(표 8-7).

표 8-7 우리나라 주요 정책별 국민 영양의 목표 지표

지표	제4차 국민건강증진종합계획 제2차 국민영양관리기본계획	지역사회통합 건강증진사업	지역보건의료계획		기타
	국민건강영양조사 한국보건산업진흥원	지역사회건강조사	지역사회건강조사	청소년건강행태조사	국민건강영양조사 2018년 식품의약품 통계연보
아침식사	아침결식률 감소	5일 이상 아침식사 실천율	아침식사 빈도율	주 5일 이상 아침식사 결식률	
과일 섭취	과일·채소 500 g/일 이상 섭취 인구비율 증가		월간 과일 섭취율 (지역조사, 서울시, 2017)	1일 1회 이상 과일 섭취율	
채소 섭취	과일·채소 500 g/일 이상 섭취 인구비율 증가		월간 생채소 섭취율(지역조사, 서울시, 2017)		
지방 섭취	적정 수준의 지방 적정 섭취 인구비율 증가				에너지/지방 과잉 섭취자 분율
나트륨 섭취	나트륨 2,000 mg/일 이하 섭취 인구비율 증가	저염선호율	저염식 실천 노력 경험률(지역조사)		나트륨 목표섭취량 이상 섭취자 분율
영양표시	영양표시 이용률 증가	영양표시 독해율	영양표시 활용률		영양표시 인지율
당 섭취	적정 수준의 당 섭취 인구비율 증가			주 3회 이상 탄산음료 섭취율 주 3회 이상 단맛음료 섭취율	가공식품을 통한 당류 섭취량(g)
패스트푸드 섭취				주 3회 이상 패스트푸드 섭취율	
건강식생활	건강식생활 실천율 증가				

자료 : 한국건강증진개발원, 2022

(2) 평가지표의 조건

평가지표는 관찰 및 측정이 가능해야 하며, 구체적이고, 명확해야 한다. 또한, 평가에 적극적으로 참여할 수 있도록 동기를 제공하고, 측정 오차 관리가 쉬우며, 문항에 사용하는 용어에 일관성이 있고 윤리성 및 도덕성을 갖춰야 한다. 궁극적으로 좋은 평가지표는 평가 상황에 대한 적용 가능성(applicability), 평가를 받는 사람이 받아들일 수 있는 수용 가능성(acceptability), 실제로 평가에 사용될 수 있는 실용성(practicality) 및 타당도(validity)와 신뢰도(reliability)가 높은 것을 뜻한다.

(3) 평가지표의 개발 절차

평가지표를 개발하기 위해서는 우선 프로그램의 궁극적인 목적을 파악하고, 프로그램을 평가하는 목적을 정확하게 설정한 후 유형별로 평가할 시점을 결정한다. 표 8-8은 보건소 사업에서 평가 영역별로 제시할 수 있는 평가지표 사례를 보여 준다. 평가 자료는 언제, 어떻게 수집할지 정하고, 평가 문항을 결정하여 제작한 다음 수정 및 검토에 걸쳐 최종 확정한다.

표 8-8 보건소 사업의 성과 평가를 위한 평가지표 사례

평가 영역	평가 항목	평가지표
투입	인력	• 최소 배치 기준 충족률 • 보건사업별 실제 투입 인력 수 • 보건사업별 담당자 중 교육훈련 이수자 수
	예산	• 지방자치단체 예산 중 보건소 예산이 차지하는 비율 • 보건소 예산 구성비(인건비 및 보건사업 비율) • 주요 보건사업별 예산 집행액(사업별, 인구 1인당) • 교육훈련비
활동·산출	지역사회 건강 수준 모니터링	• 지역사회 건강 수준 파악 여부 • 지역사회 건강 수준 공개 여부 • HP2020 주요 건강지표 중 산출 가능한 건강지표 수 • 인구집단 건강관리 등록사업 실시 여부
	건강 정보 제공 및 교육	• 건강 정보 제공 여부 • 보건교육 실시 여부
	지역사회 협력	• 지역사회 협력 체계 구축 방안(설명회, 협조 요청) 실시 여부 • 지역사회 협력에 포함된 기관의 다양성 • 지역사회 협력을 통해 수행하는 보건사업의 다양성 • 지역사회 협력기관으로부터 자원 공유 여부 • 지역의료 계획 심의위원회 개최 횟수 • 지역의료 계획 심의위원회 활동 내용
	법률 및 제도 강화	• 건강문제 해결을 위한 지방자치단체 조례 제정 여부 • 건강 환경 조성 여부 • 모범 사례 발굴 및 언론보도, 포상 실시 여부
	보건의료 서비스 제공	• 취약계층에 대한 서비스 제공 정도 • 적정 서비스 제공 정도
	보건사업 평가	• 사업 평가 실시 여부 • 사업 만족도조사 실시 여부 • 주민 의견조사 실시 여부

평가 영역	평가 항목	평가지표
결과	보건소 단위, 지역사회 단위에서 사업 결과와 건강 수준 변화	• 건강위험요인 지표의 관리 실적 -사업 참가자의 흡연율, 음주율, 혈압 조절률, 혈당 조절률 등 -지역 단위의 흡연율, 음주율, 혈압 조절률, 혈당 수준 등 • 질병 예방 및 질병관리지표 관리 실적 -사업 참가자의 흡연율, 음주률, 예방접종률, 혈압 조절률 등 -지역 단위의 흡연율, 음주율, 예방접종률, 혈압 수준 등

자료 : 한국보건산업진흥원 건강증진사업지원단, 보건소 업무수행성과 평가체계 개발, 2007

5) 평가의 실행

영양중재 프로그램의 평가를 실행하는 과정은 미국 질병통제예방센터(CDC)에서 제시한 보건사업 프로그램 평가 과정(그림 8-3)을 적용하여 설명할 수 있다.

- 1단계(이해관계자 참여) : 보건 프로그램은 팀워크를 기반으로 이루어지므로 이해관계자의 참여가 필수적이다.
- 2단계(영양 프로그램 기술) : 프로그램의 개요, 중재 방법, 서비스 제공자 및 서비스를 제공받은 대상자의 특성, 프로그램 예산과 자원, 실행 중에 나타난 이슈, 프로그램 실행 단계 등에 대한 사항을 모두 기술한다.
- 3단계(평가 설계) : 평가의 목적, 결과 활용자, 평가 항목, 평가 방법, 협정 등의 사항을

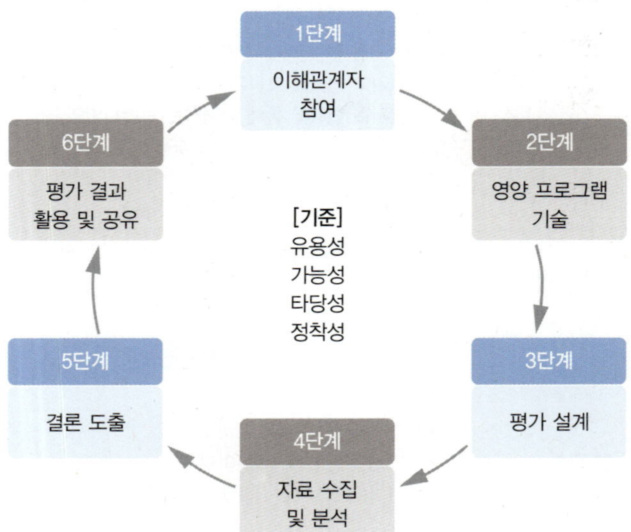

그림 8-3 미국 질병관리본부(CDC)의 보건사업 평가 단계

설계한다.

- 4단계(자료 수집 및 분석) : 설문조사, 관찰, 인터뷰, 초점집단면접(focus group interview), 일지, 기록 자료 등 구체적인 자료 수집 방법 등을 결정하여 신뢰할 만한 근거 자료를 수집한다.
- 5단계(결론 도출) : 수집된 자료를 분석하고 평가 기준에 따라 분석 및 조합하여 판단하고 권고하는 결론을 도출한다.
- 6단계(평가 결과 활용 및 공유) : 평가 결과는 여러 가지 양식으로 다양한 경로를 통해 지역사회 영양활동 이해관계자들에게 공유한다. 예를 들면 사업보고서, 성과보고회, 소식지 발행, 매체 보도, SNS 활동 등을 활용할 수 있다. 보고서를 작성할 때에는 보고받을 주체를 결정하고, 결과 보고를 누가 할 것인지, 어떤 형태로 결과를 보급할 것인지, 평가 결과를 프로그램에 어떻게 활용할 것인지 등을 고려한다. 또한 평가의 핵심과 한계를 설명하고, 제때에 준비하여 가능한 한 많은 잠재 수요자들에게 보급할 수 있도록 준비한다.

Tip 평가보고서 내용 및 작성 방법

- 요약 또는 초록 : 평가의 목적과 방법 등 개요, 주요 결과, 결론, 제안
- 서론 : 평가의 목적과 목표, 사업 및 참여자 특징
- 방법 : 평가 모형, 표적집단, 표적집단 추출 방법, 대표성, 평가도구, 자료 수집 과정, 예비조사 결과, 자료 분석 방법, 제한점
- 결과 : 분석 결과, 결과 설명, 그림과 그래프, 특별한 결과 강조
- 결론 및 제언 : 결과의 해석, 활동 효과에 대한 결론, 추후 활동 제안, 추가 정보

Tip 평가 자료 해석의 주의점

- 자료의 정확도와 신뢰도
- 표본 추출 방법과 대표성
- 측정치의 적합성
- 분석 방법의 적절성
- 결과 제시 방법
- 윤리성
- 원자료 제시 여부

6) 지역사회 중재사업 실행 및 평가의 실제

(1) 지역사회 통합건강증진사업

① 추진 배경

지역사회 통합건강증진사업(2020년)은 지자체가 지역주민을 대상으로 건강생활실천 및 만성질환 예방, 취약계층 건강관리를 목적으로 지역사회 특성과 주민의 요구가 반영된 프로그램 및 서비스 등을 기획하고 추진하는 사업이다. 사업 영역 간 경계를 없애고, 통합하고 협력하여 수행할 것을 권장하며 지방분권식, 상향식, 과정 및 성과중심 평가, 지역 여건에 따른 사업, 보건소 내외 사업 통합, 연계를 활성화한다.

② 사업 영역

금연, 절주, 신체활동, 영양, 비만 예방관리, 구강보건, 심뇌혈관질환 예방관리, 한의약 건강증진, 아토피천식 예방관리, 여성 어린이 특화, 지역사회 중심 재활, 방문 건강관리, 치매 예방관리

③ 목적 및 목표

지자체가 주도적으로 사업을 추진하여 지역사회 주민의 건강증진사업 체감도 및 건강행태를 개선하여 건강 수준을 향상하기 위하여 실시한다. 중앙정부와 지방정부가 함께 국민건강증진종합계획 목표를 달성하고 지역별 다양한 특성과 주민 요구와 연계된 건강증진사업을 개발하고자 한다.

표 8-9 핵심 성과지표

건강생활 실천	만성질환 예방·관리
① 성인 남자 현재 흡연율 ② 흡연자의 금연시도율 ③ 비흡연자의 직장 실내 간접흡연 노출률 ④ 월간 음주율 ⑤ 고위험 음주율 ⑥ 영양표시 독해율 ⑦ 5일 이상 아침식사 실천율 ⑧ 걷기 실천율 ⑨ 중등도 이상 신체활동 실천율(★) ⑩ 비만유병률 ⑪ 모유수유 실천율 ⑫ 어제 점심식사 후 칫솔질 실천율	⑬ 혈압 인지율 ⑭ 혈당 인지율 ⑮ 1년 후 300일 이상 고혈압 투약 순응률 ⑯ 1년 후 300일 이상 당뇨 투약 순응률 ★2020년 변경지표 -해당 지표는 2018년 자료는 조사되지 않아 지표값이 없으므로 이에 대한 고려 필요

※ ⑩ 비만유병률 : 2017년 이전의 비만유병률은 자기기입 방식으로 2018년 이후 실측을 통한 비만유병률과 연계하여 보기 어려움

자료 : ⑪, ⑮, ⑯ 국민건강보험공단 건강보험통계, 그 외 지역사회 건강조사

통합건강증진사업 모형 지역사회 통합건강증진사업은 건강문제, 대상군, 수행 방법 측면을 고려하여 사업을 구성하고 추진

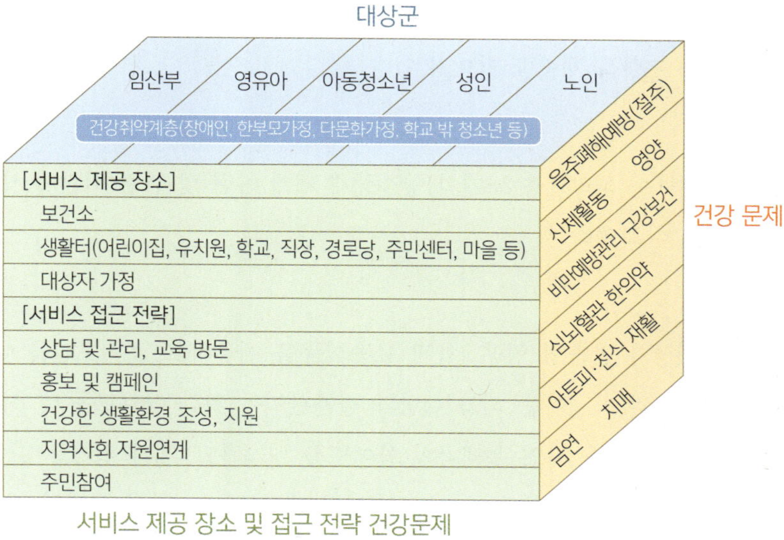

그림 8-4 사업 모형

표 8-10 지역사회 통합건강증진사업 중 영양중재 프로그램의 목표와 성과지표 및 현황

목표	성과지표	구분	현황 (2018)[1]	목표치	
				국민건강증진종합계획[2] (2020)	국민영양관리기본계획[3] (2021)
건강식생활 실천 인구 비율 증가 또는 유지	1. 적정 수준의 지방 섭취 인구 비율 증가	조율	55.6%	50.0%	50.0%
	2. 나트륨 2,000 mg/일 이하 섭취 인구 비율 증가	조율	26.0%	30.8%	31.0%
	3. 적정 수준의 당 섭취 인구 비율 증가	조율	-	80.8%	80.0%
	4. 과일·채소 500 g/일 이상 섭취 인구 비율 증가	조율	29.3%	41.2%	41.2%
	5. 가공식품 선택 시 영양표시 이용 인구 비율 증가	조율	26.4%	30.0%	30.0%
생애주기별 영양관리 강화	6. 아침 결식률 감소	조율	26.2%	18.3%	18.0%

자료 : 보건복지부, 한국건강증진개발원, 2019

(2) 서울시 취약계층 어르신 맞춤 영양관리사업

① 추진 배경

서울시에 거주하는 취약계층 노인의 식품 안정성 및 영양 건강 상태 증진을 위한 맞춤형 영양관리사업 모형을 개발할 필요가 있다.

② 목적

서울시에 거주하는 취약계층 노인의 영양중재 체계 마련 및 관련 기관별 사업 업무 매뉴얼을 개발하고자 하였다.

③ 사업 모형

약 4개월간 대상자 맞춤형 영양교육과 보충식품을 제공하고, 로직모델을 이용하여 평가하였다. 구조 및 과정 평가는 허약 예방과 질환관리를 위한 영양교육 및 식품지원서비스에 투입된 자원과 활동, 사업 수혜자의 참여도를 평가하고, 결과 평가는 단기, 중기, 장기 결과로 구분하여 식품 안정성 및 영양소 섭취 개선, 만성질환과 허약의 개선, 삶의 질 향상 등을 측정하고 그 효과를 파악하였다.

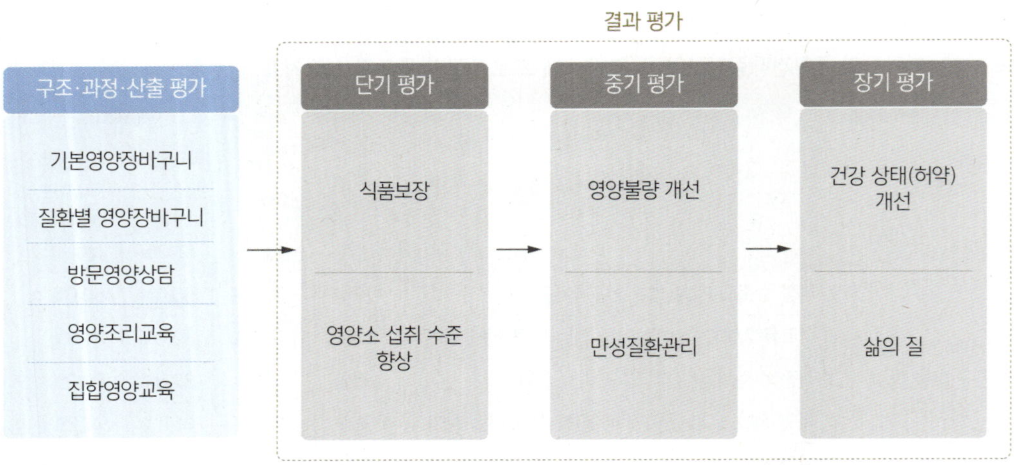

그림 8-5 서울시 취약계층 어르신 맞춤 영양관리사업 모형
자료 : 이경은, 2017(재구성)

표 8-11 취약계층 어르신 맞춤 영양관리사업의 평가 항목 및 지표

평가 유형	평가 항목	평가지표
구조	인력 구성	• 적절한 전문인 투입 • 인력 투입의 적정성 • 업무 분장의 적절성
	공간 확보	• 공간 확보 적정성 • 배치의 적정성
	예산	• 예산 사용의 적정성
과정	서비스 운영	• 임상영양사에 의한 맞춤영양관리계획 수립 여부 • 계획의 구체성, 실천 가능성 • 주기적 관리, 피드백 적정 여부
	자원 연계	• 통합건강관리팀과의 연계 정도 • 지역 자원현황 파악 제공 여부 • 보건소 자체사업 연계 정도
	대상자 교육 및 상담	• 대상자 교육 및 상담 참여도 • 대상자 교육 및 상담 횟수 • 교육 및 상담 내용의 이해도 및 실천 정도 • 교육 및 상담 사업의 만족도
	서비스 제공	• 가정방문 서비스의 횟수 • 식품지원(장바구니) 서비스의 참여도 • 식품지원(장바구니) 서비스의 횟수 • 식품지원(장바구니) 서비스의 만족도(재이용 의사 및 권유 의사)
	사업담당자의 교육훈련	• 사업담당자 교육 실시 및 참여도(자체 및 서울시) • 교육 및 사업의 만족도
	홍보	• 자체 홍보 실적
	자체 평가	• 서비스 문제점, 요구도 파악 여부 • 자체 개선 노력 여부
결과	단기 결과	• 식품 안정성 • 영양소 섭취 개선
	중기 결과	• 영양불량 개선 • 만성질환관리
	중장기 결과	• 건강 상태(허약) 개선
	장기 결과	• 삶의 질

자료 : 이경은, 2017(재구성)

표 8-12 취약계층 어르신 맞춤 영양관리사업 결과 평가의 지표 및 내용

<table>
<tr><th>기간</th><th>영양 프로그램 목표</th><th>평가 항목</th><th>평가지표</th><th>평가 내용</th><th>평가 시기</th></tr>
<tr><td rowspan="3">단기</td><td>영양소 섭취 부족군 비율 26%(국민건강증진종합계획 목표치)</td><td>영양소 섭취 개선(24시간 회상법)</td><td>• 에너지 섭취량
• 단백질
• 칼슘
• 철
• 비타민 A
• 티아민
• 리보플라빈
• 나이아신
• 비타민 C 섭취량 충족 여부</td><td>• 에너지 섭취량이 필요추정량의 75% 이상이고,
• 단백질, 칼슘, 철, 비타민 A, 티아민, 리보플라빈, 나이아신, 비타민 C 섭취량이 각각 KDRI 평균필요량 이상</td><td>• 사업 참여 전
• 중간 평가(매 6개월)
• 사업 종료 시</td></tr>
<tr><td>식품 안정성 확보 대상자 비율 95%(국민건강증진종합계획 목표치)</td><td>식품 안정성</td><td>식품 안정성</td><td>식품 안정성 개선</td><td>• 사업 참여 전
• 중간 평가(매 6개월)
• 사업 종료 시</td></tr>
<tr><td>영양관리 서비스 평가</td><td>구조·과정·산출 평가 : 영양관리 서비스 참여도 및 만족도</td><td>영양교육과 식품지원서비스 투입자원, 활동, 서비스 수혜자의 참여도 및 만족도</td><td>영양교육과 식품지원서비스 투입자원, 활동, 서비스 수혜자의 참여도 및 만족도</td><td>• 중간 평가(매 6개월)
• 사업 종료 시</td></tr>
<tr><td rowspan="2">중기</td><td>만성질환 정기관리군에서 집중관리군으로 악화되는 대상자 비율 0%</td><td>만성질환 관리</td><td>• 혈압
• 혈당</td><td>혈압, 혈당 수치의 참고치 범위 내로 개선</td><td>• 사업 참여 전
• 사업 종료 시</td></tr>
<tr><td>영양 상태가 위험군에서 불량군으로 또는 정상군에서 위험군으로 악화되는 대상자율 0%</td><td>영양불량 개선</td><td>• MNA 측정 결과
• 혈중 Hb</td><td>• 영양 상태 개선
• Hb 참고치 범위 내로 개선</td><td>• 사업 참여 전
• 사업 종료 시</td></tr>
<tr><td>중장기</td><td>정상군에서 허약군으로, 허약위험군에서 허약군으로 악화되는 대상자율 0%</td><td>허약 개선</td><td>허약 수준</td><td>허약 수준 개선</td><td>• 사업 참여 전
• 사업 종료 시</td></tr>
<tr><td>장기</td><td>삶의 질 수준 확보</td><td>삶의 질</td><td>EQ-5D</td><td>EQ-5D 점수 향상</td><td>• 사업 참여 전
• 사업 종료 시</td></tr>
</table>

자료 : 이경은, 2017(재구성)

(3) 영양플러스사업

① 추진 배경

영양플러스사업은 임신·수유부 및 영유아의 영양 상태 개선 및 건강증진을 목적으로 보건소를 중심으로 진행된 지역사회영양사업이다. 미국의 Special supplemental nutrition program for women, infants and children(WIC) 사업을 모델로 2004년 사업안을 마련하고, 2005년부터 3년간 시범사업을 실시한 후 2008년부터 전국 단위로 수행하였으며, 2013년도부터 지역사회 통합건강증진사업에 포함되어 지자체에서 자율적으로 사업 규모를 결정하여 수행하고 있다. 2020년 기준 전국 17개 시·도 252개 보건소가 수행하고 있다.

② 사업 영역

영양플러스사업의 대상자는 가구 규모별 기준 중위소득 80% 이하의 임산부 및 영유아(만 6세 미만) 가운데 영양위험요인(빈혈, 저체중, 성장부진, 영양불량)을 가진 사람이다. 영양교육 및 상담 프로그램을 실시하고, 정기적인 영양평가를 실시하며, 결핍 위험이 있는 영양소를 보충식품 패키지를 통하여 제공한다.

③ 사업 목표

임신·수유부 및 영유아의 영양 상태를 개선하고, 자기주도적인 식생활관리 능력을 향상시키는 것을 주요 목표로 한다.

④ 평가 항목 및 지표

영양플러스사업의 평가 유형에 따른 항목과 지표는 표 8-13과 같다.

표 8-13 영양플러스사업의 평가 항목과 평가지표

평가 유형	평가 항목	평가지표	비고
구조	대상자	• 목표 대상자 수 • 총 수혜자 수 • 총 퇴록자 수 • 현 관리 대상자 수	
	신청 대기자	• 현 신청 대기자 수	
	사업담당자	• 국비 인력 수 • 지자체 인력 수	
	예산(보충식품비)	• 편성액 • 집행액	
과정	대상자 교육 및 상담	• 교육 및 상담 프로그램별 수혜자 수 • 대상자 교육 및 상담 참여자 수 • 대상자 교육 및 상담 횟수	
결과	사업 참여 전 (대상자 선정 시)	• 빈혈검사(혈중 Hb) • 신체계측(신장, 체중) • 영양섭취상태조사(24시간 회상법) • 영양지식·태도조사(설문지)	

평가 유형	평가 항목	평가지표	비고
	대상자 등록 후 6개월 시점 (자격 재평가)	• 빈혈검사(혈중 Hb) • 신체계측(신장, 체중) • 영양섭취상태조사(24시간 회상법)	• 대상자 여부(소득기준) 재판정 • 영양위험요인이 해소되어 퇴록 시 사업 종료 평가 실시
	사업 참여 후 (퇴록시)	• 빈혈검사(혈중 Hb) • 신체계측(신장, 체중) • 영양섭취상태조사(24시간 회상법) • 영양지식·태도조사(설문지) • 사업만족도 조사(설문지)	

자료 : 보건복지부, 한국건강증진개발원. 2021(재구성)

⑤ 성과홍보 및 공유

영양플러스사업의 수행 성과는 그림 8-6과 같이 홍보 및 공유되었다.

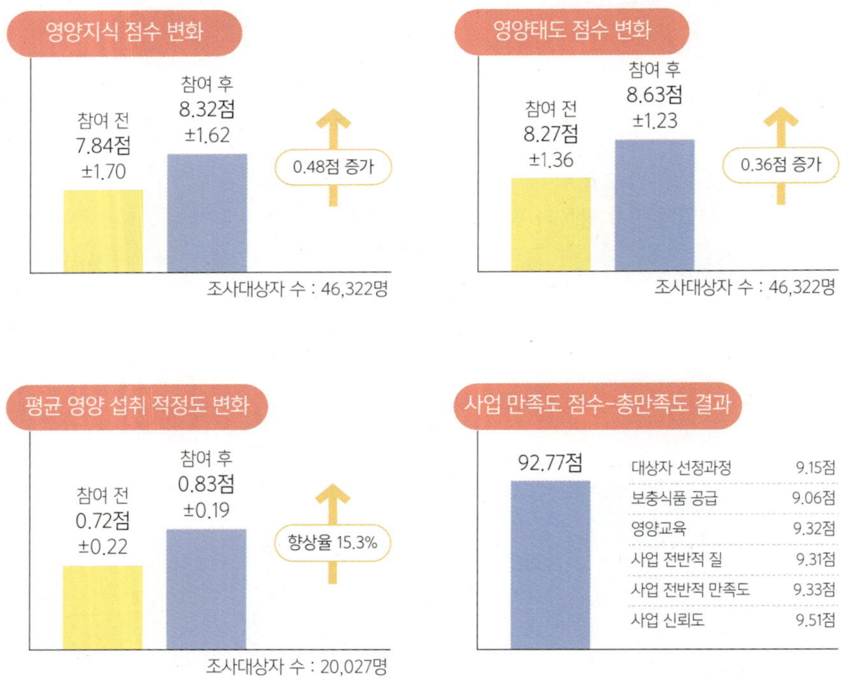

그림 8-6 영양플러스사업의 수행 성과 공유

자료 : 보건복지부·한국건강증진개발원, 2019 영양플러스사업 추진성과, 대한지역사회영양학회 추계학술대회, 2020

(4) 국내외 식습관 관련 디지털헬스 중재 프로그램 현황

최근 인공지능과 사물인터넷을 이용한 AIoT 디지털헬스 중재 프로그램이 시도되고 있다. 국내외에서 진행된 생애주기별 디지털헬스 중재 프로그램의 실행과 평가에 대한 사례를 정리하면 표 8-14부터 8-16과 같다. 아직까지 대부분의 중재 프로그램은 식습관 개선 및 신체활동 증진을 목적으로 이루어졌다. 스마트폰 등 웨어러블 기기를 이용하여 신체활동 중재를 실시한 사례가 많았고, 주로 개인 상담이나 스마트폰을 이용하여 정보를 제공하는 유형의 교육이 실시되었다. 따라서 중재활동의 내용은 주로 지식 및 태도, 자기 조절, 사회적 지지 및 강화를 위하여 실행되었으나 아직까지 기술 및 자기 효능감 향상을 위한 중재는 부족한 것으로 평가되었다.

표 8-14 국내외 식습관 관련 디지털헬스 중재 프로그램 현황(영유아기 및 임신부 대상)

영유아기 및 임산부								
저자(연도)	**국가**	**기간**	**운영 주체**	**대상**	**중계 목적**	**주요 중재 요인**	**중재 방법 및 전략**	**결과 및 효과**
Kennelly et al. (2016)	아일랜드	2013~2016년 임산부당 34주	University College Dublin	18~45세, 임신주기가 10~15주인 BMI 25 kg/m^2 이상의 임산부	스마트폰을 활용한 임산부의 혈당과 체중관리	• 혈당수치 • 체중 • 식행동 • 신체활동	• 동기부여 상담 제공 • 저혈당 식이요법 지식 제공 • 적정량의 식품섭취량에 대한 지식 제공 • 프로그램 참여율을 위한 지속적 알림 • 하루의 신체활동과 식품 섭취에 관한 조언 제공 • 임신 시 운동의 주의법과 실용적인 팁 제공	• 혈당 수치 감소 • 혈당 식품 섭취량 감소 • 신체활동 태도 개선
Vidmar et al. (2020)	미국	2018년 6개월	University of California Los Angeles	12~18세, 음식 중독성을 보이는 청소년	식습관 개선 및 체중감량	• 간식과 식사량 조절(식사량 감소), 문제 음식 기피 능력	• W8Loss2Go 앱 사용 • 2회 진료소 방문(방문당 45분) • 주 5일 SMS 제공 • 주 1회 전화(15분×24세션=360분), 총 11.5시간 연락	• 평균 식사량 40% 감소 • 문제 음식과 간식 섭취량 감소 • 체중 감소 • BMIz 감소 • 평균 -2.2 kg 체중 변화
Shin et al. (2017)	한국	12주	서울대학교	19~45세 성인, BMI 27 이상 남자	신체활동 증가 및 체중 감량	• 신체활동	• 식이요법, 운동 및 신체활동에 대한 지침 및 권장사항 관련 교육 자료 제공 • 간호사로부터 식이요법과 운동에 대한 교육 • 앱을 이용한 신체활동 모니터링	• 체중 감량

자료 : 한국건강증진개발원, 2022(재구성)

표 8-15 국내외 식습관 관련 디지털헬스 중재 프로그램 현황(청년기 및 중장년기 대상)

청년기 및 중장년기								
저자(연도)	국가	기간	운영 주체	대상	중계 목적	주요 중재 요인	중재 방법 및 전략	결과 및 효과
Tanaka et al. (2018)	일본	12주	쓰쿠바 대학	20~64세 성인, 심장 대사 위험 인자 보유	체중 감소	• 식이 코칭 • 전문가의 피드백 제공	• 그룹 채팅을 통한 영양 전문가의 식이 코칭 제공	• 체중 감소 • 트라이글리세라이드 및 당화 헤모글로빈 Alc 개선
Huberty et al. (2019)	미국	8주	Arizona State University	18세 이상 대학생, PSS Score 14 이상	마인드 컨트롤 모바일 앱 Calm을 활용한 대학생의 스트레스 개선 확인	• 정신건강 (스트레스)	• 여러 프로그램 중 본인의 목표(행복 또는 자존감에 맞는 명상 프로그램 제공 • 일일 기분을 이모티콘 및 일기 형식으로 기록 및 모니터링 • 원하는 스토리 청취하며 숙면에 도움 • 수면, 휴식, 집중 등 원하는 테마별 음악 제공	• 자기공감(self-compassion) 개선 • 지각된 스트레스 감소 • Total mindfulness 개선
Stephens et al. (2017)	미국	3개월	Johns Hopkins University	18~25세 성인	체중 감량	• 식습관 개선 • 신체활동 증가	• 에너지 균형, 음식의 영양 정보, 설탕 음료 소비 및 신체활동 기록 앱과 개인 코칭 서비스	• 체중, BMI, 허리둘레 감소 • 건강한 식습관 개선 • 자기 효능감 향상

자료 : 한국건강증진개발원, 2022(재구성)

표 8-16 국내외 식습관 관련 디지털헬스 중재 프로그램 현황(노년기 대상)

노년기								
저자(연도)	국가	기간	운영 주체	대상	중계 목적	주요 중재 요인	중재 방법 및 전략	결과 및 효과
보건복지부, 한국건강증진개발원 및 한국사회보장정보원 (2022)	대한민국	2020년	보건복지부, 한국건강증진개발원, 한국사회보장정보원	65세 이상	허약, 만성질환 관리 및 건강관리 행태 개선	• 신체활동 증가, 영양 실천, 건강 행태 실천	• AI, IoT 기술 활용한 모형개발 • 비대면 건강관리 서비스 • 어르신 친화적 건강관리 앱 및 디바이스 활용	• 효과성 결과 부재
Richard et al. (2019)	네덜란드, 핀란드, 프랑스	2018년 18개월	University of Amsterdam, University of Toulouse, University of Eastern Finland	지역사회에 의존하는 어르신	심혈관질환 위험요인 감소	• 수축기 혈압, BMI, LDL콜레스테롤과 같은 심혈관질환 위험요인	• 코치의 원격지원을 통한 동기 부여 및 생활습관 조언 • 시간의 흐름에 따른 동기 부여 유발 피드백 제공	• 심혈관질환 위험요소 개선, 수축기 혈압 감소, BMI 감소, LDL콜레스테롤 감소, 심혈관질환 발생률 감소, 치매 감소

자료 : 한국건강증진개발원, 2022(재구성)

단원정리

- 지역사회 영양중재 프로그램은 구체적인 실행 계획을 통하여 목표 달성의 전략을 세우고 각 세부 업무 내용과 담당자, 예산 지원 등에 대한 운영지침을 기술하며 추진 일정에 따라 단계적으로 실행한다. 실행계획에는 프로그램 참여율 증진을 위한 다양한 홍보활동관리와 프로그램의 효율성을 제고하기 위한 관리활동, 프로그램의 평가 계획과 위기 대응 방안도 함께 수립한다.

- 평가 설계는 평가의 관점과 평가 단계별 수행 계획을 설계하는 것으로, 평가 목적과 의도를 명확히 하고 평가 결과를 활용하는 사람을 위해 표본 추출, 자료 수집, 자료 분석, 결과 해석, 판단 등을 기술한다. 또한 협정 또는 협약을 준비하여 이해 당사자들 간의 역할과 책임을 명시하고 중대한 환경 변화가 발생하는 경우에 대비할 수 있도록 한다.

- 평가는 우선, 이해 관계자를 정의하고, 프로그램을 기술한 후 평가 설계를 수립하고, 신뢰할 만한 근거자료를 수집·분석하여 도출된 결론을 평가 결과 보고서를 통해 작성하며, 평가 결과를 공유하고 활용하는 과정으로 실행된다.

연습문제

1 프로그램의 실행 계획을 수립하는 의의에 대하여 이야기해 보자.

2 프로그램 평가를 실시하는 중요성과 목적에 대하여 이야기해 보자.

3 당뇨병이 있는 40~50대 비만 직장인을 대상으로 8주간 실시하는 영양교육 프로그램에서 프로그램 종료 후에 대상자들의 평가지표를 전후 비교 평가하는 것은 어떤 평가 모델을 적용한 것인지 이야기해 보자.

정답과 풀이

1 영양중재 프로그램의 목표 달성을 위한 전략이 될 수 있고, 실제 프로그램이 진행되는 동안 예정대로 수행되고 있는지 확인할 수 있으며, 만일 계획대로 수행되고 있지 않다면 무엇이 문제인지 수정할 내용을 파악하고 조치하여 당초 설계한 프로그램의 목표를 최대한 효율적으로 달성할 수 있도록 관리하는 데 도움이 된다.

2 프로그램을 평가하는 것은 크게 두 가지 차원에서 그 목적과 중요성이 있다. 첫째, 프로그램을 실행하면서 발생하는 환경 변화에 대응하여 지역사회 영양문제의 목표 수립, 프로그램 개발, 실행하는 모든 과정에서 의사 결정을 위한 정보로서 활용할 수 있으며 프로그램의 품질관리 시스템을 갖출 수 있다. 둘째, 프로그램의 효율성과 효과성을 직접적으로 측정하여 성취도를 측정할 수 있다.

3 결과 평가 모델 중 전후 모델

제3부

대상별 지역사회 영양중재의 실제

09

임산부와 영유아 영양중재

1. 임산부 및 영유아 영양의 중요성과 영양문제

영양이 부족한 모체에서 태어난 영아는 건강한 모체에서 태어난 영아에 비해 선천성 장애나 정신적·육체적 발달 장애 및 질병이 쉽게 걸리며, 충분한 영양 공급을 해주어도 잘 회복되지 않을 수 있다(그림 9-1). 따라서 임신기와 수유기의 적절한 식생활관리로 영양 상태를 최상으로 유지하는 것은, 임산부 자신의 건강뿐만 아니라 태아 발달 및 출생 후 아기의 정상적인 발육과 건강 그리고 그 이후의 성장과 발달에 영향을 미친다는 의미에서 그 중요성이 더해진다.

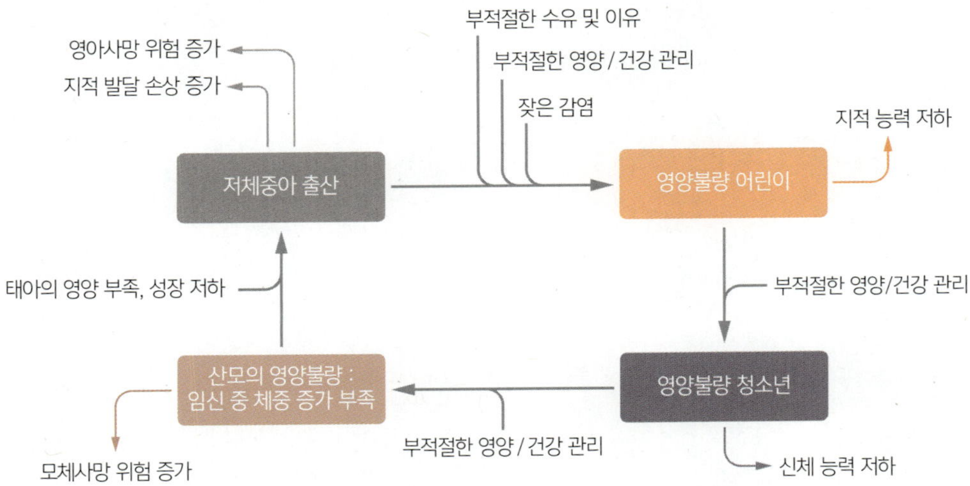

그림 9-1 모체의 영양이 태아의 발달 및 건강에 미치는 영향

생애 초기인 태아기 및 영유아기의 건강은 생산성 높은 인구를 보장하는 지름길이며, 건강한 여성은 건강한 아기를 출산하고 건강한 가족을 이루며 건강한 사회활동이 가능하여 지역과 국가 발전에 이바지할 수 있다. UN SDGs(유엔 지속가능개발목표) 중 3번째 목표인 "Good Health and Well-being"은 산모와 영유아 사망률 감소를 세부 목표로 삼고 있다. 우리나라의 국민건강증진종합계획2030(HP2030)은 모성 건강과 영유아 건강에서 모성 사망비와 영아 사망률을 대표 지표로 삼고 있다. 영아 사망률(infant mortality rate)은 연간 태어난 출생아 1,000명 중에 만 1세 미만에 사망한 영아 수의 천분비로, 건강 수준이 향상되면 영아 사망률이 감소하므로 국민 보건 상태의 측정지표로 널리 사

용되고 있다. 모성 사망비(maternal mortality ratio)는 출생아 10만 명당 산모 사망자 수를 말한다. 두 지표는 국제적으로 국민 보건 수준을 가늠하는 중요 지표로 사용되고 있다. 우리나라의 경우 생후 1년 이내 사망한 영아 사망률은 2008년 출생아 천 명당 3.4명에서 2020년 2.5명으로 감소하였으며, 모성 사망비는 같은 해 출생아 10만 명당 12.0명에서 2020년 11.8명으로 감소하였다. OECD 회원국의 모성 사망비 평균은 10.9명으로, 한국은 OECD 평균보다 다소 높은 수준이다.

최근 제5차 건강증진종합계획(Health Plan) 2030에서의 대표 지표로서 모성 사망비를 출생 10만 명당 7명으로 낮추고, 영아 사망률은 출생아 1,000명당 2.3명으로 정하고 있다. 현재 우리나라에서는 임산부, 출산·수유부, 영유아 대상 영양관리로는 여성·어린이 건강증진을 위한 영양교육, 영양 섭취 상태 개선 등 영양 취약계층에 대한 영양관리사업(영양플러스사업)과 이유식·유아식 조리 방법 및 영유아 비만 예방을 위한 식습관, 운동 관련 교육, 영유아 양육 부모 간이 정보 교환을 위한 온오프라인 환경이 마련되고 있다.

Tip 모성 사망비 & 영아 사망률

$$\text{모성 사망비(Maternal mortality ratio)} = \frac{\text{당해 연도 모성 사망자 수}}{\text{당해 연도 연간 출생아 수}} \times 100{,}000$$

$$\text{영아 사망률(Infant mortality rate)} = \frac{\text{당해 연도 0세 사망자 수}}{\text{당해 연도 연간 출생아 수}} \times 1{,}000$$

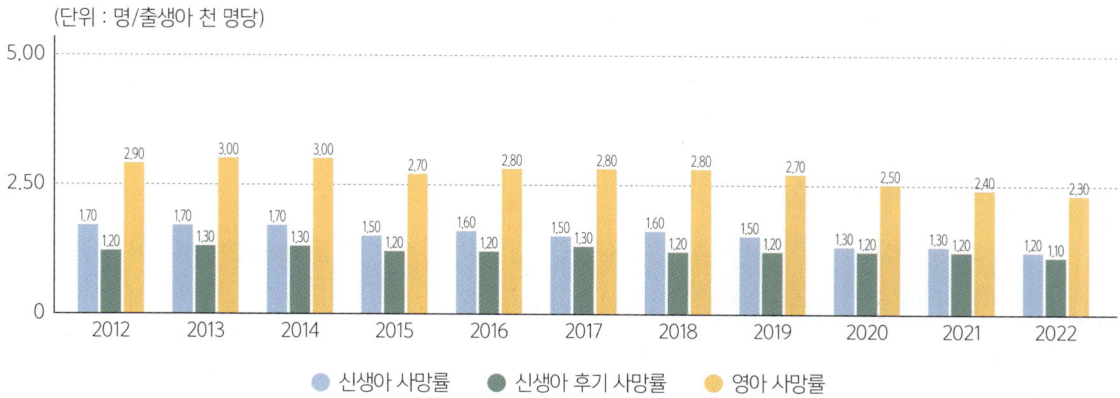

그림 9-2 영아 사망자 수 및 사망률 추이
자료 : 통계청

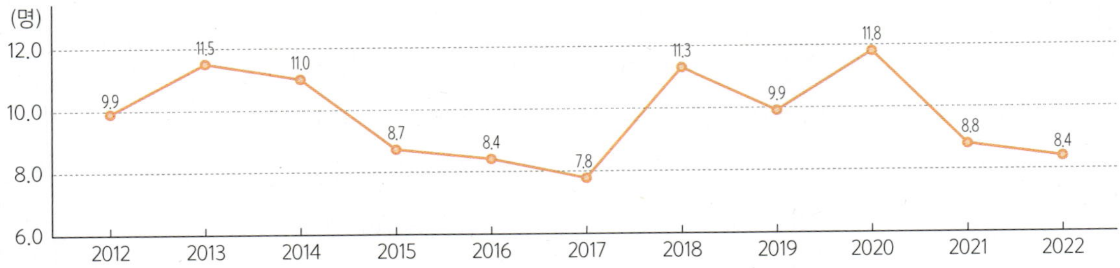

그림 9-3 모성 사망비(출생 10만 명당)
자료 : 통계청

1) 임산부

임신으로 인한 태반의 발달, 혈액량 증가, 유선조직 지방조직과 같은 신체조직의 증가는 에너지필요량을 증가시킨다. 임신부의 에너지 필요추정량(2020 한국인 영양소 섭취기준)은 해당 연령의 일반 성인 여자의 에너지필요추정량(EER)에 임신에 따른 에너지소비량 증가분과 모체 조직의 성장에 필요한 에너지 축적량을 추가로 더하여 산출하였다. 한국 여성의 임신 중 체중 증가량(12.2~14.6 kg)과 신생아 체중(3.27~3.39 kg)을 참고로 설정하여 임신 1/3분기에는 에너지필요추정량을 추가하지 않으며, 2/3분기에는 1일 340 kcal, 3/3분기에는 450 kcal, 수유부의 경우 340 kcal를 비임신 여성 필요추정량에 추가하여 섭취하도록 한다. 임신기의 탄수화물 필요량은 모체의 두뇌에서 사용되는 포도당과 태아의 두뇌에서 사용되는 포도당을 고려하여 비임신 여성의 권장섭취량에 45 g을 추가하도록 권장한다. 수유기의 경우 수유부의 두뇌에서 사용되는 포도당과 모유로 분비되는 포도당량을 합하여 비임신 여성의 권장섭취량에 80 g을 추가 섭취하도록 권장한다. 임신수유부의 단백질 권장섭취량은 임신 중기에 15 g, 임신 후기에 30 g, 수유기에 25 g을 비임신 여성의 권장섭취량에 추가하도록 권하고 있다. 임신 기간에 철분 섭취 부족은 빈혈을 유발하고 조산 및 저체중아 출산 등 태아 건강에 부정적인 영향을 미침에 따라서 임신부는 성인 여성의 철분 권장섭취량에 하루 10 mg을 추가하여 섭취하도록 하며, 수유부는 추가 설정하지 않았다.

(1) 저체중아 및 조산아 출산

임산부의 영양불량으로 태아에게 공급되는 영양소의 양이 감소하면 태아의 성장이 지연될 수 있다. 또한 모체 태반이 구조적 결함이나 기능 저하 상태일 때에도 태아에 대한 영양소 공급이 방해받을 뿐만 아니라 산소 공급도 원활하지 않으므로 태아의 성장 방해 및 기형 등을 유발할 수 있으며 저체중아 출산 또는 영아 사망으로 이어지기 쉽다. 저체중아 및 조산아 출산율의 관련 요인으로는 낮은 사회·경제 지표, 건강관리 서비스 부족, 영양 상태 불량, 낮은 교육 수준, 비위생적 주거 환경, 건강에 좋지 않은 습관(흡연, 과음, 약물사용), 고령 임신, 10대 임신 등이 있다. 저체중아 및 조산아는 분만 시 합병증이 많이 나타날 수 있으며 신체적·정신적 결함의 초래나 질병에 걸릴 확률도 높다. 저체중아는 임신 기간을 모두 채우고 태어났어도 영아 사망률을 높이는 주요 인자가 되므로 영아 사망률을 감소시키려면 우선 저체중아 출산율을 감소시켜야 한다.

일반적으로 35세 이후에 임신과 출산을 하는 경우 고령 임신, 고령 출산이라고 한다. 고령 임신과 출산인 경우 임신성 당뇨, 고혈압, 염색체 변이에 의해 선천성 기형아 출산, 자연 유산율 증가 등의 문제가 일어날 수 있다. 우리나라 고령 출산(35세 이상에서의 출산)은 인구 1,000명당 2022년 52.3명으로 전년 대비 1.2% 상승하였다. 따라서 고령 임신에 관한 사전 예방교육과 그에 따른 안전한 출산을 위한 교육이 필요하다. 2021년 태아알코올증후군 예방센터에서 출산 경험이 있는 한국 여성 1,675명을 대상으로 임신 중 음주 및 흡연율을 조사한 결과, 1.43%는 임신기간 동안 알코올을 섭취하였고, 1.13%는 흡연을 하였으며 25.43%는 간접흡연에 노출된 적이 있다고 보고하였다. 임신 중 흡연 및 음주는 출생 시 저체중, 선천성 기형, 발육 지체, 신경 장애의 위험을 높이는 등 유아기의 사망과

표 9-1 모(母)의 연령별 출산율 및 합계출산율(2010~2022)

구분		2010	2015	2020	2021	2022
합계 출산율[1]		1.226	1.239	0.837	0.808	0.778
연령별 출산율[2]	15~19세	1.8	1.4	0.7	0.4	0.4
	20~24세	16.5	12.5	6.2	5.0	4.1
	25~29세	79.7	63.1	30.6	27.5	24.0
	30~34세	112.4	116.7	78.9	76.1	73.5
	35~39세	32.6	48.3	42.3	43.5	44.1
	40~44세	4.1	5.6	7.1	7.6	8.0
	45~49세	0.2	0.2	0.2	0.2	0.2

[1] 단위 : 가임여성 1명당 명
[2] 단위 : 해당 연령 여자 인구 1천 명당 명
자료 : 통계청 국가통계포털, 2023

질병 발생의 원인이 된다. 이 외에 10대 임신 및 출산은 경제적 빈곤, 부적절한 영양 섭취, 임신 전의 불량한 건강 상태 등 사회·경제적 요인에 의해서 모체 자신 및 태아에 부작용이나 합병증을 유발할 수 있다. 즉 10대의 임신은 모자보건 차원에서 모체 자신에게 미치는 부작용이나 합병증 유발 가능성이 20, 30대보다 더욱 크며, 임신중독증으로 인한 저체중아 출산 빈도도 더 높아진다.

(2) 철 결핍성 빈혈

임신기의 빈혈은 조산이나 사산, 저체중아 출산과 깊은 관련이 있다. 특히 철 결핍은 임신 중 가장 흔히 일어나는 영양문제이다. 철 결핍의 위험성이 가장 큰 집단은 가임여성 중에서도 임신 후반기와 사회·경제 지표가 낮은 여성이다. 빈혈 예방 및 치료를 위해서는 좋은 영양 상태를 유지하는 것이 필요하고, 임신 중 빈혈은 균형 잡힌 식사를 함으로써 치료할 수 있다. 우리나라의 보건소에서 임신부들의 철 결핍 예방 및 치료를 위해 철 보충제 및 영양교육을 실시하고 있다.

(3) 임신 중 비정상적 체중 증가

임신 중 바람직한 체중 증가는 11~16 kg 정도이며, 쌍둥이를 임신한 임신부는 16~20 kg, 세쌍둥이를 임신한 경우에는 20~25 kg 정도의 증가가 좋다. 다만, 임신 전 저체중이었던 임신부는 13~18 kg, 과체중이었던 임신부는 7~11 kg 정도의 체중 증가가 바람직하다. 임신 중 체중 증가가 너무 적으면 저체중아 출산 위험이 높아지고 이렇게 태어난 아기의 사망률도 높다. 반면, 임신 중 체중 증가가 너무 많으면 분만 합병증과 분만 후 비만의 위험이 높아진다. 출생 시 신생아의 체중은 신생아의 사망률, 아동기 성장, 성인 건강에 중요한 역할을 하여 출생 시 몸무게가 낮았던 사람은 심장질환, 고혈압, 고콜레스테롤

표 9-2 임신 전 체중에 따른 임신기 동안의 권장 체중 증가량

임신 전 체질량지수 (BMI)	임신 중 권장 체중 증가량 (kg)	임신 중/후기 주별 체중 증가량* (kg/주)
18.5 미만	12.7~18.1	0.5
18.5~24.9	11.3~15.9	0.5
25~29.9	6.8~11.3	0.3
30 이상	5.0~9.1	0.2

임신 초기(1~3개월)에는 0.5~2 kg 증가, 임신 중기 후기에는 0.5 kg/주로 증가
자료 : 대한산부인과학회, 2016

혈증, 당대사 장애의 위험이 높아진다. 임신 초기의 체중 증가는 적을수록(약 1~2 kg 정도) 좋으며, 그 후로는 일주일에 0.5 kg 정도씩 서서히 증가하는 것이 바람직하다.

(4) 임신성 고혈압

임신성 고혈압은 산모 사망의 주된 원인이며, 저체중아 출산과 조산 위험율이 높아진다. 임신성 고혈압은 평소 고혈압 증세가 있는 임산부, 35세 이상, 초산, 다태아 임신인 경우 위험도가 높아진다. 임신 초기에는 임신부의 체중 증가와 관련 없이 임신성 고혈압이 나타나기도 하지만, 임신 중·후반기에 급격한 체중 증가가 나타나는 경우에 위험도가 증가한다.

(5) 임신성 당뇨

임신 초기에 고혈당이 나타나면 기형아 발생률이 증가하게 되며, 임신 말기에 혈당이 상승하는 경우 거대아 출산율이 증가한다. 또한 태아의 저혈당, 호흡곤란 증세 등이 나타나 임산부와 태아 사망률을 증가시키며, 출생한 아기의 당뇨병 발생 위험도도 증가시킨다. 대부분의 임신성 당뇨병 환자는 출사 후 정상으로 회복되지만, 약 40%는 출산 후 15년 이내에 다시 당뇨병이 발생하는 것으로 보고되고 있다. 임신성 당뇨병의 위험요인은 고령 임산부, 비만, 당뇨병 가족력 및 임신성 당뇨병에 걸린 경험 등이다.

2) 영유아

대한민국 「영유아보육법」에서 '영유아'란 만 6세 미만의 취학 전 아동을 말한다. 좀 더 정확하게는 「표준국어대사전」에 따르면, '영아는 출생 직후부터 걷기 전 또는 만 1세가 되기 전의 어린아이를 일컫고, 유아는 걸음마를 시작할 즈음부터 초등학교에 입학하기 전까지의 어린이'를 가리킨다.

영유아기는 성장 발육이 빠르고 체중에 비해 체표면적이 넓기 때문에 생애 어떤 시기보다 체중 kg당 에너지 요구량과 단백질 권장량도 높다. 특히, 영아기는 골격 형성이 빠르게 진행되므로 칼슘 필요량과 충분한 양의 비타민 D 섭취가 필요하다. 성숙아에 비해 미숙아는 체내 칼슘 보유율이 낮기 때문에 더 많은 양의 칼슘이 필요하다. 정상적으로 건강하게 출생한 영아는 충분한 양의 철분을 가지고 태어나지만, 출생 후 혈액양이 급격히 증가함에 따라 5개월만 지나면 철분 결핍이 나타난다. 따라서 모유 수유를 하는 경우

4~6개월부터 이유식을 통한 철분 보충이 필요하며, 인공영양인 경우 철분이 강화된 조제유를 권하고 있다.

Tip 영아 & 유아

대한민국 「영유아보육법」에서 '영유아'란 만 6세 미만의 취학 전 아동을 말한다. 더 정확하게는 「표준국어대사전」에 의하면 '영아는 출생 직후부터 걷기 전 또는 만 1세가 되기 전의 어린아이를 일컬으며, 유아는 걸음마를 시작할 즈음부터 초등학교에 입학하기 전까지의 어린이를 말한다'고 정의하고 있다.

(1) 철 결핍성 빈혈

세계보건기구(WHO)에 의하면 전 세계 인구의 30%가 철 결핍성 빈혈을 앓고 있으며, 특히 취학 전 아동의 43%, 임산부의 51%, 학동기 아동의 37% 정도가 앓고 있는, 인류에게 가장 흔한 만성질환 중의 하나이다. 국내의 여러 조사 결과를 보면 철 결핍성 빈혈은 영유아의 50% 내외, 소아의 7~8%로 보고되어 있으며, 2014년 '국민건강통계' 결과 1~2세 유아 중 철분 평균필요량 미만을 섭취하는 유아 비율이 32.3%로 나타나 철분 결핍을 보였다. 아기는 태어날 때 철 저장량을 가지고 태어나므로 첫 4개월까지는 섭취가 부족해도 별 문제가 없으나, 이후부터 3세까지 급격한 성장기에 해당하므로 철 섭취가 부족하면 결핍 증상이 나타날 가능성이 커진다. 우유에는 철 함량이 매우 적으므로 조제유를 먹은 영유아에 철 결핍의 우려가 높다. 따라서 조제유를 먹일 때는 철이 강화된 조제유를 선택하는 것이 바람직하다. 또 6개월 이상 철 보충 없이 모유만 먹는 유아, 저체중 출산아, 사회·경제 지표가 낮은 유아에게서 철 결핍이 나타나기 쉽다.

(2) 비만

유아 비만은 성인 비만으로 이행될 확률이 높으므로 주의해야 한다. 유아기는 지방세포의 수가 증가하는 시기이므로 유아 비만일 경우 지방세포의 크기가 커질 뿐 아니라 지방세포의 수도 증가하므로 에너지 제한만으로 정상 체중으로 돌아가기가 매우 어렵다. 유아 비만의 경우 과식, 폭식, 패스트푸드와 가공식품의 다량 섭취, 아침 결식, 지나친 간식, 짜게 먹는 식습관 등이 문제될 수 있다. 되도록 신체활동량을 늘려서 식품 섭취와 에너지 소비의 불균형을 개선하는 것이 바람직하다. 일반적으로 영유아의 성장 평가에 있어서는 성별, 연령별 집단의 신장과 체중의 분포로 나타낸 백분위수를 이용하며, 동일 집단에 비교하여 95백분위수 이상일 때 비만이라고 할 수 있다.

(3) 성장 장애

영유아에게 성장 장애를 일으키는 요인으로는 영양학적·신체적·사회적·심리적 요인 등이 있으며 이 중에서 영양학적 요인이 가장 큰 비중을 차지한다고 알려져 있다. 즉 영양 공급의 문제이거나 만성질환에 의한 문제로 인한 성장 장애가 유발될 수 있다. 영아의 경우 모유 수유 횟수 감소, 약한 흡유력 등으로 모유 섭취량이 부족한 경우 또는 중추신경계 질환, 선천성 심장질환 등으로 인한 에너지 요구량이 증가하는 경우, 모체의 유즙 생성량이 저하되거나 생성된 유즙의 배출이 잘 안 되는 경우 영양 부족으로 영아의 성장 장애를 가져올 수 있다. 또한 이유 시기가 너무 늦어지는 경우에도 영양 부족으로 성장 장애가 일어날 수 있다. 영유아의 신체 성장과 관련된 측정치는 백분위수로 평가하며, 정상적으로 성장하는 보통 체격의 영유아는 대개 50백분위수에 근접한다. 일반적으로 3백분위수에서 97백분위수까지의 범위 안에 포함되면 표준성장의 '정상 범위'에 속한다.

(4) 식품 알레르기

알레르기는 집먼지, 진드기, 꽃가루, 음식 등의 원인물질과 접촉해서 기관지, 피부, 장 등의 신체조직에 과민반응을 일으키는 증상을 의미한다. 식품 알레르기는 1세 이하의 영아기에 가장 많고 나이가 들수록 줄어든다. 특히 만 3세 이전의 아이들은 체내 면역 기능이 완전하지 않아 식품 알레르기 반응이 흔히 일어난다. 대부분 음식을 섭취한 후 1~7일 이내에 증상이 나타난다. 달걀, 우유, 대두는 영유아기에 가장 흔한 알레르기 유발 식품이며, 이 밖에도 메밀, 땅콩, 돼지고기, 닭고기, 고등어 등 생선류, 조개류, 갑각류, 토마토, 복숭아 등도 알레르기를 잘 일으킬 수 있는 식품이다. 그 외 「어린이 식생활안전관리 특별법」 제11조의2에 따라 알레르기 유발 식품(19종)을 '난류(가금류에 한함), 우유, 메밀, 땅콩, 대두, 밀, 고등어, 게, 새우, 돼지고기, 복숭아, 토마토, 아황산류(이를 첨가하여 최종 제품에 SO_2로 10 mg/kg 이상 함유), 호두, 닭고기, 쇠고기, 오징어, 조개류(굴, 전복, 홍합 포함), 잣을 함유한 원재료'로 정하였다.

알레르기의 이상 증상으로는 비염, 설사, 구토, 두드러기, 피부염, 과민증 등이 나타나는데 음식을 섭취 후 2시간 이내에 즉시 발생할 수도 있고 4~72시간 이후에 나타나기도 한다. 음식물 알레르기는 영유아에게 가장 많으나 성장하면서 대략 5세 정도가 되면 자연 치유되는 경우가 많다. 알레르기 증상 중의 하나인 아나필락시스는 심각하고 치명적인 전신적 반응으로 알레르기를 유발하는 물질(식품 등)에 노출된 후에 갑작스럽게 일어나며 "빠르게 진행되어 생명을 잃을 수 있는 심각한 알레르기 반응"으로 정의된다. 증상은 호흡기, 피부, 소화기, 순환기 등 다양하게 나타날 수 있으며 심각한 증상에서 경미한 증상까지 다양하다.

2. 영양중재 프로그램 사례

1) 산모 건강관리 사업

(1) 철분제 지원사업

지방자치단체에서 자체 예산으로 추진해 온 철분제 지원사업과 연계하여 2008년 하반기부터 전국 시·군·구(보건소)에서 임신 16주 이상 보건소에 등록된 임신 5개월(20주) 이상 임산부에게 분만 전까지 철분제를 지원[2013년부터 지역사회 통합건강증진사업으로 추진(지자체 포괄보조사업)]한다. 보건소에 등록된 임산부에게 임신 16주부터 5개월분의 철분제를 지원한다.

Tip 임산부 철분제 1일 섭취기준(대한산부인과학회)

- 보통의 건강한 임산부들이 섭취해야 하는 하루 최소 철분 함량 : 27 mg
- 다태아 임산부 또는 철 결핍성 빈혈 임산부의 경우 하루 섭취 철분 함량 : 60~100 mg

(2) 엽산제 지원사업

계획 임신 및 건강한 아기 출산을 위해 전국 시·군·구(보건소)에서 보건소에 등록된 임산부에게 임신일로부터 3개월까지 엽산제를 지원하고, 모든 보건소 등록 임산부, 보건소 방문 가임기 여성 등에 대한 체계적 우울증 진단 실시, 사후관리 안내 및 상담을 시행한다.

Tip 임신기 엽산 권장량

- 미국의 질병관리센터와 산부인과학회는 임신 1개월 전부터 임신 초기 3개월까지 1일 0.4 mg 엽산제 복용을 권장
- 한국영양학회의 '2020 한국인 영양섭취기준'에서는 임신부의 엽산 권장섭취량은 비임신 여성의 권장섭취량에 220 μg DFE 추가 섭취할 것을 권장하고 있음.
- 한국모자보건학회(2014)는 건강한 여성의 경우 임신 2~3개월 전부터 분만 후 4~6주 또는 수유 기간 동안 지속적으로 엽산제 0.4~1.0 mg의 섭취를 권장

2) 보건소 모유 수유 클리닉 운영

모유 수유는 영아의 성장을 위해 필요한 모든 영양소 공급 및 질병에 대한 면역력을 증강시켜 주며 모자간의 정성적 유대감 형성, 경제적, 위생적, 안전성, 간편성 등 많은 이점을 가지고 있다. 또한 모유 수유는 영유아뿐만 아니라 산모에게도 이점이 많다. 모유 수유를 하면 옥시토신 호르몬 분비의 증가로 자궁 수축을 촉진하고, 유즙 배출을 통한 칼로리 소비를 통해 임신 기간에 증가한 체지방을 소모시켜 체형 회복에 도움을 준다. 또한 산후우울증 예방에 도움이 되며, 갱년기 전의 자궁암, 유방암, 골다공증 등의 질병 발생을 감소시켜 준다. 이러한 모유 수유의 이점으로 WHO에서는 분만 후 첫 6개월 동안은 모유 수유를 영아 영양의 기본으로 권장하고, 12~24개월까지 모유 수유를 지속하면서 적절하고 안전한 보충식을 먹이도록 권고하고 있다.

모유 수유 실천의 증가와 지속을 위해 지역사회의 지지가 필요한데, 이러한 사회적 요구에 부응하여 국내에서는 2009년부터 모자보건사업의 일환으로 보건소 내에 모유수유 클리닉 운영을 시작하여, 서울시 전 지역을 포함한 전국으로 확산되었다.

3) 임산부 및 영유아를 위한 영양플러스사업

임산부 및 영유아를 위한 영양서비스사업은 주로 보건소에서 시행되고 있다. 영양플러스사업(임산부 및 영유아 보충영양관리사업)은 생리적 요인과 환경 여건에 의해 상대적으로 영양 상태가 취약한 대상(임산부 및 영유아)에 대한 영양 지원을 실시하는 것이다. 즉 불량한 영양 섭취 상태 개선과 건강증진을 위한 영양교육을 실시하고, 영양불량 문제의 해소를 돕기 위한 특정 식품들을 일정 기간 지원하는 제도이다. 이 사업은 미국의 WIC(The special supplemental nutrition program for women, infants, and children) 프로그

램을 우리 실정에 맞게 수정·변형한 것으로, 2005년 3개의 보건소에서 시범사업으로 시작하여 현재 전국 보건소로 확대 실시되고 있다. 영양플러스사업 목표는 빈혈, 저체중, 영양불량 등 취약 계층 임산부 및 영유아의 영양문제를 해소하고, 스스로 식생활을 관리할 수 있는 능력을 배양하여 국민의 장기적인 건강을 확보하기 위함이다. 즉 영양교육을 통해 식생활관리 능력을 배양시키고자 하며, 습득한 식생활관리 지식의 실천을 위해서 보충식품을 제공하는 형태로 운영되고 있다.

(1) 대상자 선정 및 사업 내용

① 대상자 선정 및 관리

영양플러스사업의 대상자는 ① 사업 운영 보건소 관할 지역 내에 거주하는 ② 만 6세(생후 72개월) 미만의 영유아와 임신부, 출산부(유산 혹은 사산한 여성도 포함), 수유부로서 ③ 소득수준이 가구 규모별 기준 중위소득의 80% 이하이고 ④ 영양위험요인을 가지고 있는 사람이어야 한다는 4가지 기준을 모두 만족해야 한다. 등록된 대상자에게는 매월 영양교육과 보충식품이 제공된다. 대상자의 수혜 기간은 최대 12개월이며, 영유아는 생후 72개월, 임산부(임신부와 출산부)는 출산 후 6개월, 수유부는 출산 후 12개월까지 수급자격이 인정된다. 관할 지역에 거주하는 외국인을 포함할 수 있으며 유산 혹은 사산한 여성도 출산부의 범주에 포함시킨다.

대상자의 선별 기준이 되는 영양위험요인은 표 9-3에 제시된 빈혈, 성장 부진, 저체중, 영양 섭취 상태 불량이다. 그 외에도 기타 영양위험요인이 있다고 판정된 경우 대상자로 등록될 수 있고, 자격을 갖춘 신청자가 예산 범위를 초과하면 우선순위 기준을 적용하여 대상자를 선정한다. 소득수준이 더 낮거나 소득수준이 같더라도 영양·의학적 위험이 있다면 높은 우선순위를 부여할 수 있다. 조손가구, 한부모가구, 미혼모가구, 다자녀가구, 다문화가구, 다태아 출산가구 등도 더 높은 우선순위를 부여받는다.

Tip 대상자 구분 기준

- 영아 : 생후 만 12개월까지
- 유아 : 생후 만 1세~만 6세(72개월)까지
- 임신부 : 출산 후 6주까지
- 출산부 : 출산 후 6개월까지
- 모유 수유부 : 출산 후 12개월까지(완전 모유 수유부 및 혼합 수유부 포함)

표 9-3 영양위험요인 판정 기준

<table>
<tr><th>영양위험요인</th><th>대상자</th><th>판정지표</th><th>판정 기준</th></tr>
<tr><td rowspan="4">빈혈</td><td>6~59개월</td><td rowspan="4">혈중 헤모글로빈 농도</td><td>11 g/dL 미만</td></tr>
<tr><td>5세 유아</td><td>11.5 g/dL 미만</td></tr>
<tr><td>임신부</td><td>11 g/dL 미만</td></tr>
<tr><td>출산, 수유부</td><td>12 g/dL 미만</td></tr>
<tr><td rowspan="5">성장 부진</td><td rowspan="5">영유아</td><td>연령별 신장 백분위수</td><td rowspan="4">10th 백분위수 미만</td></tr>
<tr><td>연령별 체중 백분위수</td></tr>
<tr><td>신장별 체중 백분위수</td></tr>
<tr><td>연령별 BMI 백분위수</td></tr>
<tr><td>표준체중에 대한 비율</td><td>80% 미만</td></tr>
<tr><td>저체중</td><td>임신, 출산, 수유부</td><td>체질량지수</td><td>18.5 미만</td></tr>
<tr><td rowspan="2">영양 섭취 상태 불량</td><td rowspan="2">6개월 이상</td><td>에너지 섭취량</td><td>필요추정량의 75% 미만</td></tr>
<tr><td>단백질, 칼슘, 철, 비타민 A, 리보플라빈, 나이아신, 티아민, 비타민 C 섭취량</td><td>이 중 하나라도 평균필요량 미만</td></tr>
</table>

자료 : 보건복지부, 한국건강증진개발원, 2024

그 밖에 기타 영양위험요인에 해당되는 경우는 저체중아, 조산, 사산, 유산, 기형아 출산 경력이 있는 임산부, 비만 임산부, 청소년 임신부, 다태아(쌍생아 이상)를 임신 혹은 출산한 임산부, 임신 중 당뇨·고혈압 진단을 받은 임산부, 임신 전 비만이었던 임신부, 임신 기간 중 권장 체중 증가량 기준을 초과한 출산·수유부, 미숙아 또는 저체중으로 출생한 영아, 과체중 유아, 과체중 또는 비만으로 판정된 24개월 이상 유아, 이유식 도입 시기 부적절, 수유량 부족 등 식생활 위험요인이 있는 영아, 영양사의 상담에 의하여 부적절한 식품 섭취를 하고 있어 지원이 필요하다고 판단되는 경우가 되겠다.

② 영양플러스사업 내용

영양플러스사업 내용은 보충식품 공급, 정기적인 영양평가, 월 1회 이상의 영양교육 및 상담으로 구성된다.

- 보충식품 공급 : 식품 패키지는 총 6가지로 구분된다(표 9-4). 보충식품의 선정 기준은 '대상별로 문제가 되는 영양소(target nutrient)의 밀도가 높은 식품 공급원을 우선적으로 고려하며, 운반 및 보관이 쉽고 그 과정에서 일정 기간 품질이 유지될 수 있

는 형태의 식품으로 누구나 어디서나 쉽게 구할 수 있고 가격이 너무 비싸지 않으며, 일반적으로 대상자의 선호도가 높은 식품이어야 한다.'는 원칙에 따라 구성되었다.

표 9-4 영양플러스사업 식품 패키지(1개월 기준)

패키지 종류	대상자	제공되는 식품
식품 패키지 1	영아(0~5개월)	조제분유
식품 패키지 2	영아(6~12개월)	조제분유, 쌀, 감자, 달걀, 당근
식품 패키지 3	유아(13~72개월)	쌀, 감자, 달걀, 당근, 우유, 검정콩, 김
식품 패키지 4	임신부 및 혼합 수유부(출산 후 1년까지)	쌀, 감자, 달걀, 당근, 우유, 검정콩, 김, 미역
식품 패키지 5	출산부(산후 6개월까지) - 모유 수유를 하지 않는 출산 후 여성	쌀, 감자, 달걀, 당근, 우유, 검정콩, 김, 미역
식품 패키지 6	완전 모유 수유부(산후 12개월까지) - 완전 모유 수유를 실시하는 수유부	쌀, 감자, 달걀, 당근, 우유, 검정콩, 닭가슴살 통조림, 김, 미역, 귤(오렌지 주스)

*보충식품은 아래 대체식품으로 대신 공급할 수 있다.
쌀 : 현미, 보리쌀, 찹쌀, 혼합잡곡
감자 : 국수류, 고구마, 시리얼, 채소류 및 과일류
당근 : 애호박, 서양호박, 단호박, 시금치, 채소류 및 과일류
우유 : 호상 요구르트, 치즈, 저지방 우유
검정콩 : 시리얼, 붉은 팥, 두부, 멸치, 북어채, 황태채, 닭가슴살 통조림
닭가슴살 통조림 : 참치 통조림
김 : 애호박, 서양호박, 단호박, 시금치, 브로콜리, 토마토, 방울토마토, 채소류 및 버섯류
미역 : 콩나물, 양배추, 오이, 양파, 브로콜리, 버섯류(팽이, 느타리, 표고, 양송이, 새송이), 채소류 및 버섯류
귤(오렌지 주스) : 사과, 딸기, 키위, 바나나, 파프리카, 채소류 및 과일류
영아용 생식품(식품 패키지 2) : 이유식(분말)
자료 : 보건복지부, 2024

- 영양평가 : 영양평가는 사업 참여 전에 대상자를 선정할 때, 자격에 대한 재평가가 필요할 때, 사업 종료할 때, 그리고 정기적인 중간평가로서 3개월에 1회 실시를 권장하고 있다. 영양평가는 신체계측(신장, 체중), 생화학적 검사(헤모글로빈) 및 24시간 회상법을 이용한 영양섭취상태조사로 구성되어 있다. 평가 결과에 따라 대상자별 맞춤형 영양교육을 실시한다.
- 영양교육 : 영양교육은 사업에서 가장 중요한 부분으로서 각 수혜 대상(영유아의 경우 보호자)에게 가능한 한 월 1회(최소 2개월에 1회 이상) 영양교육 및 상담 서비스를 제공한다. 교육 방법은 집단교육, 개인상담, 가정방문 교육으로 진행되고, 온라인으로도 영양교육 서비스를 받을 수 있는 시스템을 구축하여 운영 중에 있으며, 다문화가족 대상자들을 위해 중국어, 베트남어, 캄보디아어, 필리핀어, 영어 등의 언어로도 제공

하고 있다. 교육의 주요 내용은 임신부, 출산부, 영유아의 식생활·영양 관리 방법, 빈혈 예방 및 관리를 위한 식생활, 올바른 이유식 시작과 진행, 식사 구성안을 이용한 식사계획, 식생활 실천지침, 보충식품의 이용 방법, 모유 수유로 나눠 실시한다.

(2) 영양플러스사업 효과

영양플러스사업에 참여한 대상자의 영양 개선 효과에 대한 결과를 보면 사업 참여자의 '빈혈 유병률 감소', '영양섭취적정도 개선', '신체계측에 의한 영양위험 보유자 감소', '영양 지식 및 태도 개선' 등의 주요 성과를 통하여 영양 개선 효과가 뚜렷이 나타났다.

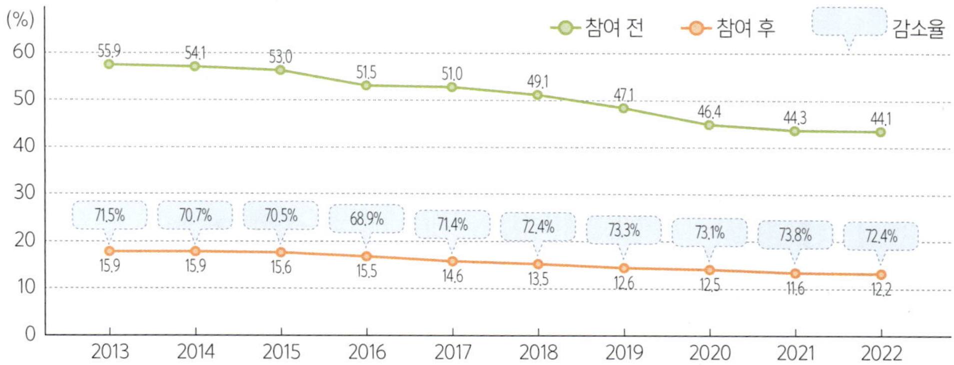

대상자의 빈혈 개선 저도는 사업 참여 전·후 혈 중 헤모글로빈 농도 측정을 통해 분석 하였으며, 빈혈 판정은 WHO 기준을 사용함
※ 영아는 생후 6개월 이후에만 혈액검사를 실시
※ 임신부의 빈혈 개선 정도는 철 보충제의 효과와 구분할 수 없어 결과분석에서 제외

그림 9-4 빈혈 유병률 개선 효과
자료 : 보건복지부·한국건강증진개발원, 2022 영양플러스 사업 추진 성과 자료집, 2023

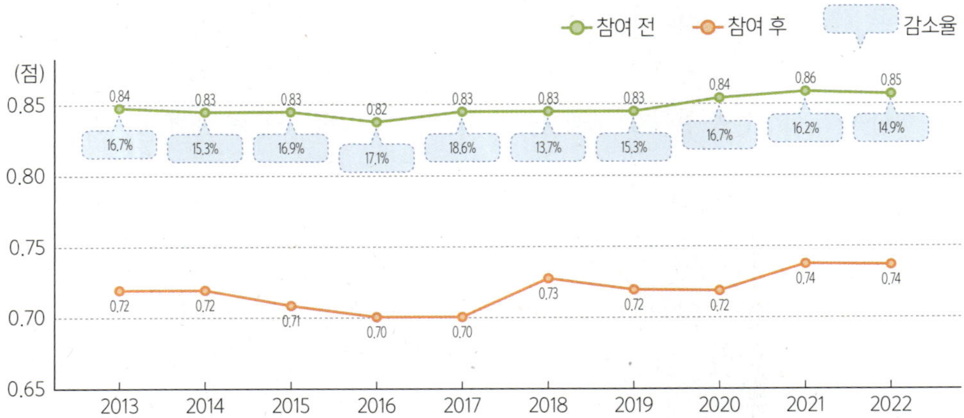

그림 9-5 평균 영양섭취적정도 개선 효과

자료 : 보건복지부·한국건강증진개발원, 2022 영양플러스 사업 추진 성과 자료집, 2023

Tip 평균 영양섭취적정도(Mean Adequacy Ratio, MAR)

단백질, 칼슘, 철, 비타민 A, 티아민, 리보플라빈, 나이아신, 비타민 C 섭취량을 대상별 권장섭취량과 비교한 영양섭취최적정도(Nutrition Adequacy Ratio, NAR)의 평균. NAR의 최고점을 1로 하여 평균을 계산하며 MAR은 0에서 1사이의 값이며 권장섭취량을 충족하며 1에 가까운 값을 갖는다.

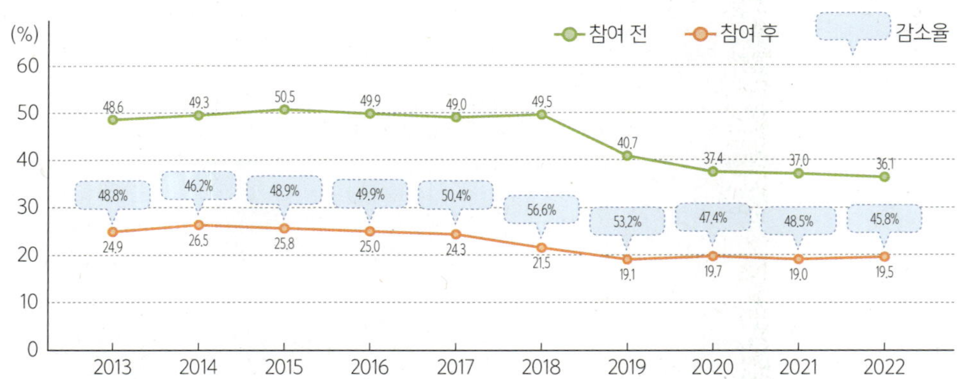

그림 9-6 신체계측에 의한 영양위험 보유자 비율

자료 : 보건복지부·한국건강증진개발원, 2022 영양플러스 사업 추진 성과 자료집, 2023

그림 9-7 영양지식 및 태도 개선

자료 : 보건복지부·한국건강증진개발원, 2022 영양플러스 사업 추진 성과 자료집, 2023

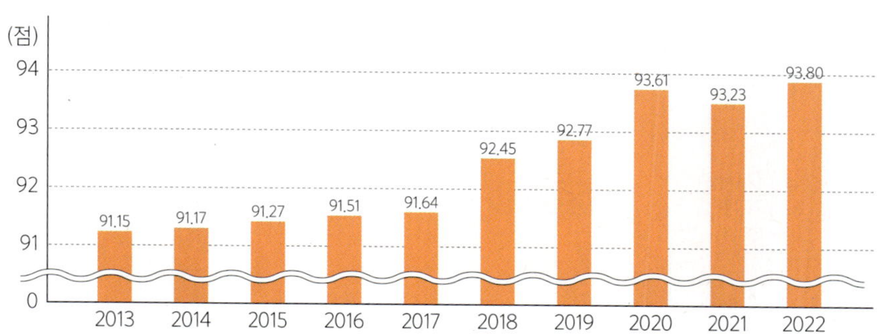

그림 9-8 사업 만족도 점수

자료 : 보건복지부·한국건강증진개발원, 2022 영양플러스 사업 추진 성과 자료집, 2023

4) 어린이·사회복지 급식관리지원센터

식품의약품안전처는 「어린이 식생활안전관리 특별법」 제21조, 「노인·장애인 등 사회복지시설의 급식안전 지원에 관한 법률」 제5조에 근거하여 더 건강한 대한민국을 위한 어린이집, 유치원, 지역아동센터, 노인복지시설, 장애인복지시설 등 단체급식을 제공하는 급식소를 대상으로 체계적이고 철저한 위생·안전·영양 관리를 지원하기 위하여 어린이·사회복지 급식관리지원센터를 설립하였다.

2009년 3월 「어린이 식생활안전관리 특별법」 시행으로 2011년 경기도 하남시를 시작으로 12개의 어린이급식관리지원센터가 운영되었으며, 현재는 전국으로 확대되었다. 지난 2021년 전국 모든 시·군·구에 설치 완료된 어린이급식관리지원센터에는 다문화 가정을 위한 맞춤형 식단·조리법, 학부모·자녀가 함께할 편식 예방활동 자료 등 지역센터의 급식안전·위생지원 우수사례를 확대 적용하고 있다.

노인·장애인 시설 중 약 70%가 영양사 없이 식사를 제공하고 있다. 소규모 급식소에서는 영양사에 관한 고용 의무가 없다. 이에 식품의약품안전처에서는 2019년부터 '사회복지급식관리지원센터'를 설치해, 위생적이고 안전한 급식을 제공하기 위해 노력하고 있다.

식품의약품안전처는 2026년까지 전국 모든 시·군·구에 사회복지급식관리지원센터 설치를 완료하고, 이러한 시설을 이용하기 어려운 노인 및 장애인에 대한 사회적 돌봄 서비스와 연계해 급식안전 지원을 확대하는 등 모든 국민이 보다 건강한 식생활을 누릴 수 있는 급식환경을 조성할 계획이라고 밝혔다.

어린이·사회복지 급식관리지원센터는 어린이·사회복지 급식소의 위생·안전 및 영양관리를 위한 현장 순회방문지도 및 안전한 급식관리를 위한 급식소 컨설팅 등의 지원활

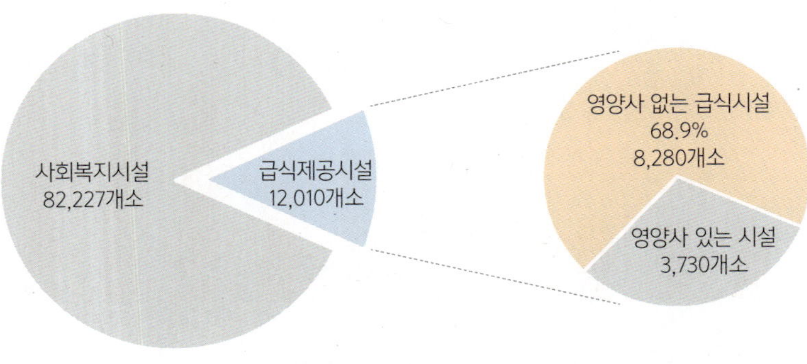

그림 9-9 노인·장애인 사회복지시설의 급식제공시설 현황

자료 : 보건복지부, 노인·장애인복지시설 현황, 2021.12; 식품의약품안전처, 노인·장애인복지시설 급식현황 조사, 2022.12

동을 하며, 어린이·사회복지시설 이용자의 균형 잡힌 영양관리를 위해 연령별·대상별 식단 및 조리안내서를 개발 보급하는 역할을 한다. 사회복지시설 이용자의 경우에는 질환별 식단을 제공하기도 한다. 대상별 맞춤형 식단, 연령별 맞춤형 식단, 저염식단, 저당식단, 알레르기 유발 식품 제외 식단, 로컬푸드 활용 특수식단 등을 개발하고 제공한다. 어린이, 노인·장애인, 조리원, 원장, 교사, 요양보호사, 보호자, 부모 등 대상별 맞춤형 급식 위생·안전 및 영양 교육프로그램을 운영하며, 위생·안전 및 영양관리의 정보 제공 및 인지도 확산을 위한 홍보활동의 역할도 담당하고 있다.

한편, 2021년 「학교급식법」의 개정으로 유치원도 학교급식 대상에 포함되면서 국공립 유치원과 일부 사립유치원이 학교급식 대상에 포함되었다. 이에 따라 학교급식 대상이 되는 유치원 가운데 학교급식 시설과 설비를 갖춘 곳에서는 영양교사 한 명 이상을 배치하는 등 유아 대상 급식의 위생·영양 관리를 강화하고 있다.

표 9-5 사회복지급식관리지원센터 지원 내용

전문영양사의 위생·영양 방문지도	대상별 맞춤식단 및 정보 제공	대상별 식생활 교육	교육 자료 및 물품 지원
• 위생지도 • 영양지도 • 영양관리카드를 통한 입소자 영양관리	• 연령과 질병에 맞는 조리안내서와 식사관리지침서 제공 • 입소자 건강관리를위한 영양·식생활 정보 제공	• 입소자, 조리원, 종사자 등 맞춤교육 진행 - 염도관리 - 개인위생관리 - 식중독 예방 등	• 조리원 대상 급식관리 매뉴얼 제공 • 위생점검일지 및 급식위생 관련 물품 제공

자료 : https://korea.kr/news/policyNewsView.do?newsId=148911703

Tip 어린이급식관리지원센터의 업무 범위(식품의약품안전처 고시 제2022-82호, 2022.11.25)

1. 어린이급식소의 위생 및 영양관리를 위한 순회방문지도, 급식환경 개선을 위한 컨설팅 등 지원
2. 어린이의 영양관리를 위한 연령별 식단과 조리법의 개발·보급
3. 어린이, 조리원, 원장·교사, 부모 등 대상별 위생 및 영양 교육 프로그램의 운영
4. 어린이급식의 위생 및 영양관리에 관한 정보 제공 및 홍보
5. 그 밖에 어린이급식관리지원센터의 장과 지방자치단체장이 어린이 단체급식의 우생 및 영양관리에 필요하다고 인정하는 사항

Tip 사회복지급식관리지원센터의 업무 범위(식품의약품안전처 고시 제2022-82호, 2022.11.25)

1. 사회복지급식소의 위생 및 영양관리를 위한 순회방문지도, 급식환경 개선을 위한 실태조사 실시 및 컨설팅 등 지원
2. 노인·장애인 등의 영양관리를 위한 질환별·장애유형별 식단 제공 및 조리법 개발·보급
3. 사회복지급식소 종사자에 대한 급식 위생·영양관리 지도
4. 사회복지급식소 종사자 및 이용자에 대한 급식 위생·영양 등 식생활 교육, 상담 및 정보 제공
5. 사회복지급식소 이용자별 영양 상태 평가, 영양관리카드 작성·관리, 영양상담
6. 그 밖에 사회복지급식관리지원센터의 장과 지방자치단체장이 노인·장애인 등의 급식 위생 및 영양관리에 필요하다고 인정하는 사항

단원정리

- 임신기와 수유기의 적절한 식생활관리에 의해 영양 상태를 최상으로 유지하는 것은 임산부 자신의 건강뿐만 아니라 태아 발달 및 출생 후 아기의 정상적인 발육 및 건강, 더 나아가 성인기의 건강 상태에도 영향을 미치게 되므로 매우 중요하다.

- 영양플러스사업(임산부 및 영유아 보충영양관리사업)은 생리적 요인과 환경 여건에 의해 상대적으로 영양 상태가 취약한 대상(임산부 및 영유아)에 대한 영양 지원을 실시하는 것이다. 즉 불량한 영양 섭취 상태 개선과 건강증진을 위한 영양교육을 실시하고, 영양불량 문제의 해소를 돕기 위한 특정 식품들을 일정 기간 지원하는 제도이다. 이 사업은 미국의 WIC(The special supplemental nutrition program for women, infants, and children) 프로그램을 우리 실정에 맞게 수정·변형한 것으로, 2005년 3개의 보건소에서 시범사업으로 시작하여 전국 보건소로 확대 실시되고 있다.

- 어린이·사회복지 급식관리지원센터는 어린이·사회복지 급식소의 위생·안전 및 영양관리를 위한 현장 순회방문지도 및 안전한 급식관리를 위한 급식소 컨설팅 등의 지원활동을 하며, 이용자의 균형 잡힌 영양관리를 위해 연령별, 대상별 식단 및 조리안내서를 개발 보급한다.

연습문제

1 국내의 대표적인 영양 보충 서비스인 영양플러스사업을 설명해 보자.

2 어린이 급식관리지원센터의 업무 범위를 설명해 보자.

3 사회복지 급식관리지원센터의 업무 범위를 설명해 보자.

정답과 풀이

1 임산부 및 영유아를 위한 영양 서비스 사업으로 주로 보건소에서 시행되는 영양플러스사업(임산부 및 영유아 보충영양관리사업)은 상대적으로 영양 상태가 취약한 대상(임산부 및 영유아)에 대한 영양 지원을 실시한다. 즉 불량한 영양 섭취 상태 개선과 건강증진을 위한 영양교육을 실시하고, 영양불량 문제의 해소를 돕기 위한 특정 식품들을 일정 기간 지원하는 제도이다. 이 사업은 미국의 WIC(The special supplemental nutrition program for women, infants, and children) 프로그램을 우리 실정에 맞게 수정·변형한 것이다. 영양플러스사업의 목표는 빈혈, 저체중, 영양불량 등 취약계층 임산부 및 영유아의 영양문제를 해소하고, 스스로 식생활을 관리할 수 있는 능력을 배양하여 국민의 장기적인 건강을 확보하는 데 있다. 영양플러스사업 내용은 6가지 패키지의 보충식품 공급, 정기적인 영양평가, 월 1회 이상의 영양 교육 및 상담으로 구성된다.

2
1. 어린이급식소의 위생 및 영양관리를 위한 순회방문지도, 급식환경 개선을 위한 컨설팅 등 지원
2. 어린이의 영양관리를 위한 연령별 식단과 조리법의 개발·보급
3. 어린이, 조리원, 원장·교사, 부모 등 대상별 위생 및 영양 교육 프로그램의 운영
4. 어린이급식의 위생 및 영양관리에 관한 정보 제공 및 홍보
5. 그 밖에 어린이급식관리지원센터의 장과 지방자치단체장이 어린이 단체급식의 우생 및 영양관리에 필요하다고 인정하는 사항

3
1. 사회복지급식소의 위생 및 영양관리를 위한 순회방문지도, 급식환경 개선을 위한 실태조사 실시 및 컨설팅 등 지원
2. 노인·장애인 등의 영양관리를 위한 질환별·장애유형별 식단 제공 및 조리법 개발·보급
3. 사회복지급식소 종사자에 대한 급식 위생·영양관리 지도
4. 사회복지급식소 종사자 및 이용자에 대한 급식 위생·영양 등 식생활 교육, 상담 및 정보 제공
5. 사회복지급식소 이용자별 영양 상태 평가, 영양관리카드 작성·관리, 영양상담
6. 그 밖에 사회복지급식관리지원센터의 장과 지방자치단체장이 노인·장애인 등의 급식 위생 및 영양관리에 필요하다고 인정하는 사항

10

학령기 어린이 및 청소년 영양중재

1. 학령기 어린이 및 청소년 영양문제

학령기와 청소년기[1]는 가정으로부터 이웃과 학교 등으로 활동 반경이 확대되면서 정서적, 사회적 발달이 이루어지는 시기로서 부모, 교사, 또래와의 관계를 바탕으로 자신이 속한 사회의 일원이 되기 위한 사회화 훈련이 이루어진다. 이때 청소년은 생애 두 번째 급격한 성장·발달로 체형 변화를 겪으며 자신의 신체에 대해 인식하고 친구들과 자신을 비교함으로써 신체상을 형성하게 된다.

영유아 시기에 어머니 등이 제공하는 식품을 그대로 섭취하던 어린이는 학령기에 이르게 되면서 식품을 선택할 일이 점차 늘어나고, 청소년기에 이르게 되면 부모 영향에서 더욱 벗어나 서서히 자신만의 식습관을 형성할 준비를 하게 된다.

만 6~11세 학령기와 만 12~18세에 해당하는 청소년기는 성인기로부터 노년기까지 이어질 미래 건강의 바탕을 형성하는 시기이다. 따라서 신체 발육을 위한 영양 상태에 부족함이 없어야 하는 동시에 과도하지 않아야 한다. 또한 신체적으로뿐만 아니라 정신적으로도 건강한 성인기를 맞이하기 위해서는 식습관 교육과 함께 신체상 교육도 동반되어야 한다. 하지만 우리나라 학령기 어린이와 청소년의 건강과 관련된 여러 지표는 악화되고 있는 것이 현실이다.

1) 영양 섭취 불균형

개화기 이후 지난 100여 년간 우리 식생활은 크게 바뀌었고, 특히 지난 수십 년간은 매우 급속히 변화되었다. 산업화와 국제화에 따른 사회·경제적 발전으로 식생활의 서구화와 식품 섭취의 양적, 질적 향상이 있었고, 전통 식생활에서 쉽게 접할 수 없었던 다양한 식재료를 접할 수 있게 되었으며, 동물성 식품의 섭취량이 급증하였다. 또한 가공식품과 편의식품이 발달하고 외식 빈도도 증가하였다. 이처럼 변화된 환경요인은 특히 학령기 어린이와 청소년의 영양 섭취와 식행동에 큰 영향을 주어 과잉 영양 상태와 영양 불균형을 가져오게 되었다. 그 결과, 한국인의 체격에 급속한 세대적 변화(secular trend)가 일어났으며, 조기 지방증 반동(adiposity rebound)[2], 이른 사춘기, 소아비만의 급증 등과

1) 「청소년 기본법」에서는 9세 이상 24세 이하, 「청소년 보호법」에서는 만 19세 미만을 청소년으로 지칭하고 있으나, 이 책에서는 학령기 이후부터 성인기 이전까지의 만 13~18세에 해당하는 시기로 함.

2) 출생 후 1년 동안은 체질량지수가 급격히 증가하다가 어느 시점 이후에는 감소하여 일반적으로 5~6세경 최소의 수치에 이르게 된다. 이처럼 유아기 중 한 시기에 최소의 수준에 이르렀던 체질량지수는 그 이후 다시 증가하게 되는데 이

같은 현상이 나타났고, 성인기 최종 키에는 거의 변화가 없으면서 체중 증가만 현저해지는 신체 발육 양상을 초래하였다.

(1) 에너지 과잉 섭취

6~11세 학령기 어린이의 에너지 과잉 섭취자 분율은 2022년 17.0%로 영유아기를 제외하고는 모든 연령층에서 가장 높은 수준이다(표 10-1). 체계적인 '국민건강영양조사'가 수행된 2007년 이후 학령기 어린이와 청소년에서 에너지 및 지방 과잉 섭취자 분율[3]은 지속적으로 상승하여 특히 지난 10여 년간 높은 수준을 유지하여 왔는데(그림 10-1), 이는 지난 10년간 계속하여 증가한 어린이·청소년 비만율과 관련되어 있다(그림 10-2). 2021년 어린이·청소년 비만율은 19.3%에 달했는데, 특히 10~12세 소아의 비만 유병률은 2012년에 비하여 약 2.5배 증가하였고, 16~18세 청소년의 비만 유병률도 약 2배 증가하였다. 청소년 비만 유병률은 남자가 여자보다 2배 이상 높으며 학년이 올라갈수록 더 높은데 이러한 현상은 주목할 필요가 있다.

표 10-1 에너지 과잉 섭취자 및 영양 섭취 부족자 분율

(단위 : %)

	에너지 과잉 섭취자 분율[1]			영양 섭취 부족자 분율[2]		
	전체	남자	여자	전체	남자	여자
1~2세	47.2	52.2	41.7	0.0	0.0	0.0
3~5세	16.4	19.5	13.4	2.3	1.9	2.7
6~11세	17.0	19.2	14.7	5.9	5.2	6.6
12~18세	10.5	11.0	10.0	21.0	20.2	21.9
19~29세	11.8	13.6	9.9	20.3	18.7	22.1
30~49세	10.9	11.9	9.9	17.3	15.5	19.2
50~	15.2	18.7	12.0	16.9	16.3	17.4
≥ 65세	15.0	16.4	13.7	18.2	15.4	20.5

[1] 에너지 섭취량이 필요추정량의 125% 이상인 분율

[2] 에너지 섭취량이 필요추정량의 75% 미만이면서 칼슘, 철, 비타민 A, 리보플라빈의 섭취량이 모두 평균필요량(또는 영양권장량)의 75% 미만인 분율

기준 : 2020 한국인 영양소 섭취기준(보건복지부, 2020)

자료 : 보건복지부, 2022 국민건강영양조사, 2023

와 같은 현상을 지방증 반동이라고 하며, 지방증 반동 시기가 5세 전에 나타나는 경우에는 성인비만의 위험이 커짐.

3) 에너지 섭취량이 필요추정량(또는 영양권장량)의 125% 이상이면서 지방 섭취량이 에너지 적정 비율을 초과한 분율

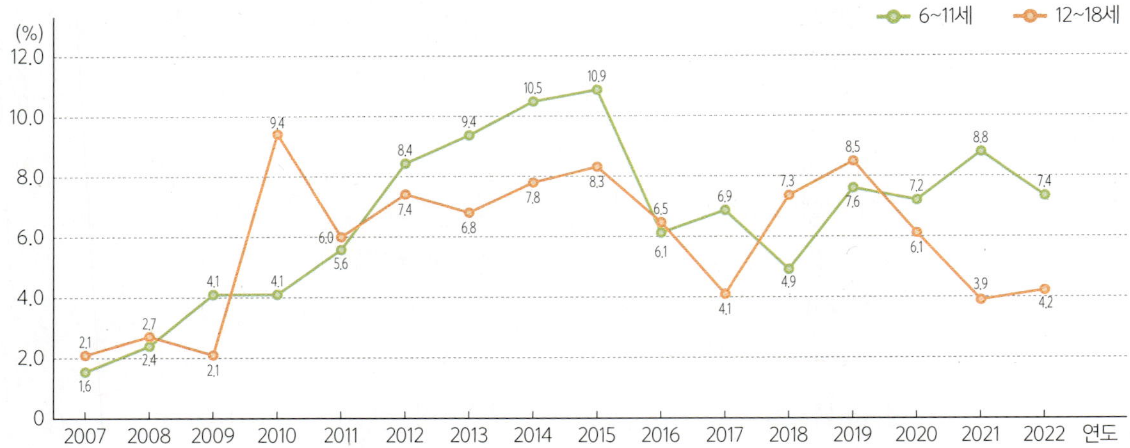

그림 10-1 어린이·청소년 에너지 및 지방 과잉 섭취자 분율 추이

자료 : 보건복지부, 2007~2022 국민건강영양조사, 2008~2023

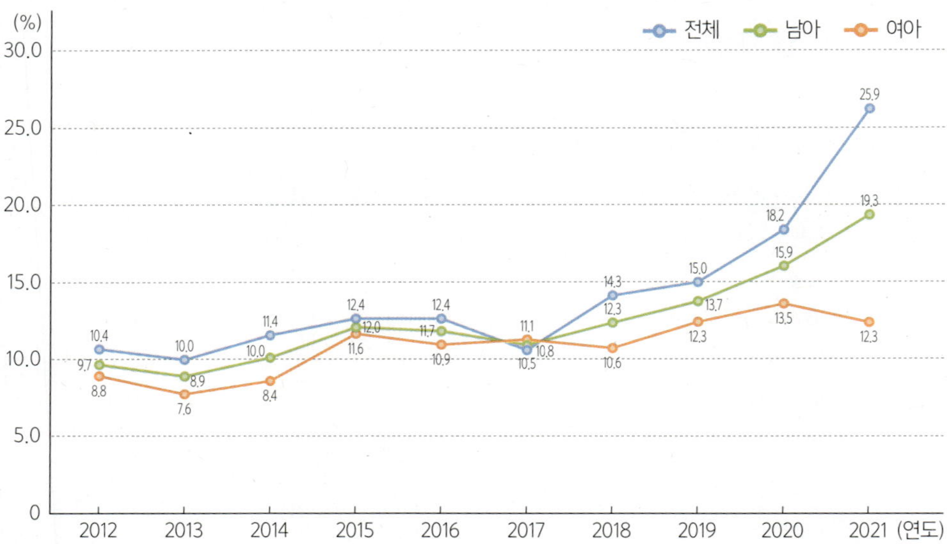

그림 10-2 최근 10년간 어린이·청소년 비만 유병률

자료 : 대한비만학회, 2023 비만 팩트시트, 2023

비만은 과도한 에너지 섭취뿐 아니라 낮은 수준의 신체활동과도 연관되어 있는데, 입시 위주의 교육 환경으로 인해 우리나라 어린이와 청소년은 앉아서 보내는 시간이 길고 신체적 여가활동 기회가 적다. 과거에 비해 청소년의 체격은 크게 증가하였으나 체력 수준은 급격히 감소한 것이 이를 증명한다.

어린이·청소년 비만은 성인기까지 이어질 가능성이 높고 이른 시기에 당뇨병이나 심혈관대사질환의 위험을 높일 수 있다는 점에서 우려스럽다. 또한 비만인 어린이와 청소년은 정상 체중인 경우에 비하여 신체상 불만족도가 높다.

한편, 최근 가정의 경제 수준 및 부모의 학력과 어린이·청소년 비만과의 관련성에 대한 연구들이 수행되면서 사회적 관심이 낮은 환경일수록 건강한 생활습관에 대한 접근성이 낮아져 비만 가능성이 높다는 결과들이 보고되고 있다. 이러한 점에서 어린이·청소년 비만의 예방과 관리를 위한 지역사회, 학교, 가정의 통합적 연계가 필요하다.

(2) 무기질과 비타민 섭취 부족

청소년기 영양 상태의 특징적인 양상은 영양 섭취 부족자 비율이 높다는 점이다. '국민건강영양조사'에 의하면 12~18세 청소년의 영양 섭취 부족자 분율[4]은 21.0%(남 20.2%, 여 21.9%)로 전체 청소년의 1/5 이상으로 나타나고 있다(표 10-1). 부족한 식품의 섭취는 특히 칼슘 영양 상태에 직접적으로 영향을 미치는데, 칼슘은 학령기 어린이와 청소년 모두에서 매우 부족한 영양소이며 어린이에 비하여 청소년에서, 남자에 비하여 여자에서 섭취 상태가 더욱 심각하다. 더구나 '청소년건강행태조사'에서 최근 7일 동안 1일 1회 이상 우유를 섭취한 청소년의 분율이 남·여학생, 중·고등학생 모두에서 해가 갈수록 감소하고 있으며 그 현상은 2010년대 중반 이후 극심하다. 우유는 칼슘의 좋은 급원식품이기 때문에 우유 섭취가 줄어드는 현상은 칼슘 영양 상태를 더욱 악화시키는 요인으로 생각된다. 실제로 여자 청소년의 평균 칼슘 섭취량은 권장섭취량의 절반 정도에 그치고 있으며 여자 청소년 대부분은 권장섭취량 미만의 칼슘을 섭취하고 있다. 청소년기는 급속한 성장이 이루어지는 시기임을 고려할 때 부족한 칼슘 영양 상태는 최종적인 성인 키의 정체 또는 저하, 노년기 이후의 골격 건강문제 등을 일으킬 수 있다. 청소년에서 비타민 A, 엽산, 비타민 C 등의 섭취도 권장섭취량에 비해 낮은 수준인데 이는 지난 10여 년간 과일과 채소 섭취량이 지속적으로 감소한 데 기인한다.

지난 수십 년간 육류 섭취의 증가는 우리 국민의 단백질과 철 섭취량 향상에 영향을 주었지만 여자 청소년에서는 여전히 철 섭취량이 권장섭취량 미만인 분율이 절반 정도에 달하고 있다. 이 시기는 제2차 성징과 함께 월경이 시작되는 시기이므로 부족한 철 섭취

4) 에너지 섭취 수준이 필요추정량(또는 영양권장량)의 75% 미만이면서 칼슘, 철, 비타민 A, 리보플라빈의 섭취량이 평균필요량(또는 영양권장량의 75%) 미만인 분율

는 빈혈 등 보건 문제와 관련되어 있어 각별한 관리가 필요하다.

무기질과 비타민 섭취 부족은 소득수준과도 관련 있으므로 영양 취약 가정의 청소년 대상 지역사회 영양 프로그램은 국민 건강증진의 측면에서 의미가 있다. 또한 낮은 영양 섭취 수준은 이 시기에 특징적으로 나타나는 체중 조절 시도와도 상관 있으므로 올바른 신체상 교육과 함께 성장기의 적절한 영양 섭취의 중요성에 대한 교육이 시급하다.

2) 식생활 실태

영·유아기와 학령기, 청소년기를 거치면서 형성되는 식습관은 성인기 이후에도 이어진다. 한 번 만들어진 식습관을 고치기는 매우 어렵기 때문에 식생활에 문제가 있다면 옳게 바로잡는 것이 중요하고 이른 시기일수록 효과적이다. 이러한 점에서 최근 전반적으로 악화하고 있는 우리나라 어린이와 청소년의 식생활 행태에 대한 정확한 이해와 지역사회의 적절한 중재는 의미가 있다.

청소년기는 과중한 학업량과 함께 입시에 대한 불안감, 사춘기의 심리적 불안정이 존재하는 시기이다. 이와 관련하여 조기 등교로 인한 아침 결식, 불규칙한 식사 시간 등의 식생활 문제가 일어나기 쉬우며, 마른 체형에 대한 선호 및 비만에 대한 염려로 인해 절식이나 식사 조절 현상도 흔히 관찰된다. 또한 영양에 대한 일반적 지식이 부족하고 중요성을 잘 인식하지 못하기 때문에 올바른 식습관을 유지하거나 합리적인 식행동을 하기 어렵다. 식품 구입 시 맛이나 편의성만을 생각하기도 하고 광고와 유행에 치중하기도 한다.

(1) 아침 결식

밤사이 수면하는 동안 공복 상태에 있던 신체, 특히 뇌는 필요한 에너지와 영양소를 기상 후 첫 식사를 통해서 공급받는다. 따라서 아침식사는 중요한 의미를 가진다. 만일 아침식사를 건너뛰게 되면 고칼로리 음식과 간식 섭취에 대한 선호도를 높이므로 전반적인 식사의 질이 불량해지고 과도한 에너지 섭취로 인한 비만의 위험을 높일 수 있다. 이러한 점에서 대사가 왕성한 어린이와 청소년의 활기찬 하루 활동과 학습을 돕고, 건강을 유지하기 위해서 아침식사는 반드시 챙겨야 한다.

우리 국민에서 아침 결식이 시작된 많은 경우가 고등학교 때부터라는 조사 결과가 있어 청소년기 아침식사 결식이 성인기 이후에도 지속되는 것으로 판단된다. 우리나라 어린이와 청소년의 아침 결식률은 지속적으로 높아지는 추세인데 '국민건강영양조사'가

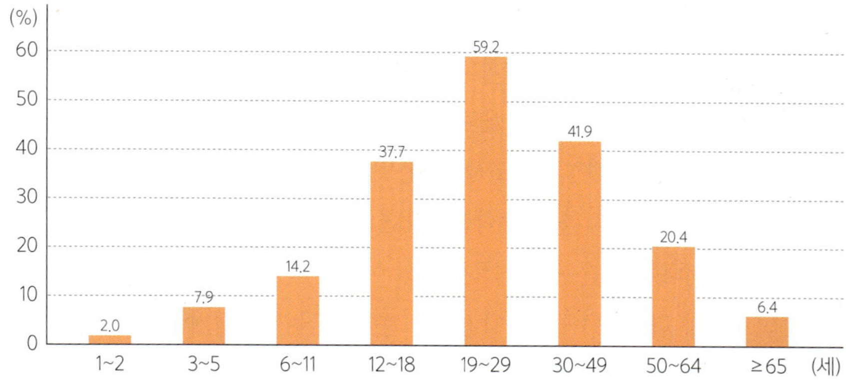

그림 10-3 연령별 아침식사 결식률 현황(2022년)
자료 : 질병관리청, Public Health Weekly Report, 17:72-73, 2024

처음 실시되었던 1998년 아침 결식률은 6~11세 어린이에서 7.1%, 12~18세 청소년에서 17.9%였던 것이, 2022년 각각 14.2%, 37.7%로 증가하였다(그림 10-3). 특히 청소년의 아침식사 결식률은 우리나라 전체 연령층 중 20대에 이어 두 번째로 높은데, 등교로 인한 아침식사 시간의 부족, 체중 조절의 시도 등이 원인으로 꼽히고 있다. 따라서 아침식사의 중요성에 대한 영양교육뿐 아니라 국가적 차원에서의 아침 급식 프로그램 등 정책적인 접근이 필요하다.

(2) 편의식품과 음료 섭취의 증가

'국민건강영양조사'에 의하면 한국인의 하루 1회 이상 외식률[5]은 처음 조사를 시작한 2008년 이후 계속 증가하다가, 2018년 정점을 찍고 감소 추세이다. 하지만 2022년 6~11세 어린이는 34.6%, 12~18세 청소년은 42.9%로 여전히 매우 높은 수준의 외식율을 보였다(표 10-2). 학업으로 인해 학교와 학원에서 지내는 시간이 길기 때문에 하루 한 끼 이상을 집 밖에서 식사할 수밖에 없는 것이 가장 큰 이유다.

어린이와 청소년이 외식으로 주로 섭취하는 음식은 간단하게 끼니를 대체할 수 있는 편의식품 종류가 많다. 청소년들이 식사를 대신하여 섭취하는 편의식품은 주로 라면, 김밥, 음료수, 햄버거, 과자 등으로 나트륨뿐 아니라 포화지방산 등 지방과 당류 함량이 높은데 반해 비타민, 무기질, 식이섬유 등 함량은 매우 낮다. '청소년건강행태조사'에서 주

5) 최근 1년 동안 평균적으로, 가정에서 조리한 음식 이외에 매식(배달음식, 포장음식 포함), 급식, 종교단체 제공 음식 등의 외식을 하루 1회 이상 섭취한 분율

3회 이상 패스트푸드를 섭취하는 청소년 분율은 해가 갈수록 높아져 2009년 12.1%에서 2022년 27.3%로 두 배 이상 상승하였다. 이는 전체 학생의 1/4 이상에 해당하는 높은 수치이다. 이러한 경향은 학년이 올라갈수록 더욱 심각해 고등학교 3학년 학생에서는 31.1%에 달했다. '청소년건강행태조사'에서 일주일에 3회 이상 라면을 섭취하는 분율은 2017년 25.9%에 달하였고, 특히 중학교 2학년과 3학년 학생은 30% 정도로 높았다. 청소년들이 편의식품이나 라면을 즐겨 먹는 주된 이유는 편의성과 맛 때문이다. 하지만 평균적으로 라면 1개에 함유된 나트륨 양은 1일 충분섭취량을 넘거나 육박하는 수준이고, 라면의 장점이면서 결과적으로 단점이 될 수 있는 쉽고 빠르게 조리하여 다른 반찬 없이 간편하게 먹을 수 있다는 간편성은 채소류를 비롯한 다른 식품군의 섭취를 낮추는 결과를 초래하고 있다.

우리나라는 2018년부터 교내 매점이나 자판기에서 탄산음료, 과일·채소 주스, 고카페인 음료 등을 판매하지 않고 오후 5~7시 TV 광고도 제한하고 있다. 그럼에도 불구하고 2022년 청소년의 주 3회 이상 단맛 음료 섭취율은 63.6%에 달하고 여학생에 비해 남학생의 섭취량은 더 높다(표 10-3). 주 3회 이상 고카페인 음료 섭취율도 22.3%에 이르는데 청소년들은 시험 기간 중 각성 효과를 위해 고카페인 음료를 섭취하는 경우가 많다. 고카페인 음료는 100 mL당 카페인 15 mg 이상이 함유된 음료를 말하는데, 대부분의 커피, 에너지드링크가 여기에 해당한다(그림 10-4). 주 3회 이상의 탄산음료 섭취율도 계속 증가하여 2009년 24.0%에서 2017년에는 33.7%로 높아졌다.

어린이와 청소년에서 당류 섭취에 대한 식품군의 기여도는 가공식품이 가장 높고, 특히 탄산음료, 에너지 음료, 스포츠 음료, 과일음료 등 가당 음료(sugar-sweetened beverage)에 함유된 첨가당이 대표적이다. 첨가당의 과잉 섭취는 식사의 영양 밀도를 감소시키며, 성인과 어린이 모두에게서 비만, 당뇨병 및 심혈관질환과 같은 생활습관병과 충치 발생 위험도를 높이는 것으로 보고되고 있다. 또한 탄산음료의 과량 섭취는 우유 소비를 감소시킴으로써 칼슘 섭취량을 낮출 수 있고, 인의 높은 함량으로 인해 체내 칼슘 손실을 가져올 수 있다. 과량의 카페인 섭취 시에는 불면증, 두통, 혈압 상승 등 문제를 겪을 수 있는데 청소년은 성인에 비해 카페인에 더욱 취약한 것으로 알려져 있으나 편의점에서 고카페인 음료를 쉽게 구매하고 섭취할 수 있다는 문제가 있다. 과도한 편의식품과 음료 섭취를 통한 문제점을 해결하기 위해서는 학교와 가정뿐 아니라 지역사회의 통합적인 노력이 필요하다.

표 10-2 학령기 어린이와 청소년의 하루 1회 이상 외식률[1)]

(단위 : %)

구분		2008년	2009년	2010년	2011년	2012년	2013년	2014년	2015년	2016년	2017년	2018년	2019년	2020년	2021년	2022년
9세 이상		24.7	25.6	26.8	29.4	25.6	31.9	30.6	31.3	32.3	30.1	33.5	31.0	26.4	23.8	24.2
6~11세	전체	16.4	15.1	13.1	15.4	14.9	21.1	31.8	32.2	32.5	35.7	42.1	38.5	28.6	32.4	34.6
	남자	16.3	16.5	12.7	15.6	16.9	20.1	29.3	29.6	29.7	35.9	39.6	40.6	31.9	33.3	32.5
	여자	16.5	13.7	13.6	15.2	12.8	22.2	34.4	35.1	35.2	35.4	44.5	36.4	25.3	31.6	36.7
12~18세	전체	33.4	33.2	38.4	40.2	36.7	46.4	47.7	50.4	53	51.1	46	46.6	36.3	26.5	42.9
	남자	34.4	34.9	40.0	38.3	39.6	45.1	48.4	53.6	54.3	50.6	45.3	46.7	43.3	24.5	42.4
	여자	32.3	31.2	36.5	42.5	33.1	47.9	47	46.9	51.5	51.6	46.7	46.6	27.6	28.7	43.5

1) 최근 1년 동안 평균적으로, 가정에서 조리한 음식 이외의 매식(배달음식, 포장음식 포함), 급식, 종교단체 제공 음식 등의 외식 빈도가 하루 1회 이상인 분율

자료 : 질병관리본부, 2008~2022 국민건강영양조사, 2009~2023

표 10-3 청소년의 주 3회 이상 단맛 음료 섭취율 추이

(단위 : %)

구분	2014년	2015년	2016년	2017년	2018년	2019년	2020년	2021년	2022년
전체	38.2	41.9	41.4	47.1	50.3	50.4	45.8	48.8	63.6
남자	41.7	45.5	42.8	49.8	53.6	53.6	50.1	52.1	67.4
여자	34.7	34.4	38.2	40.7	40.5	47.0	41.2	44.3	59.6
중학교	36.2	39.0	39.6	44.9	47.1	47.9	42.1	43.5	61.2
남자	38.7	42.0	40.8	47.4	50.1	50.9	46.3	47.4	65.6
여자	33.4	35.8	38.4	42.2	43.8	44.7	37.6	39.2	56.6
고등학교	40.1	44.4	42.9	48.9	53.1	52.7	49.5	53.4	66.2
남자	38.7	42.0	40.8	47.4	50.1	56.0	53.7	56.8	69.2
여자	35.3	39.9	41.0	45.9	49.3	49.2	44.9	49.7	62.8

자료 : 교육부·보건복지부, 2014~2022 청소년건강행태 온라인조사, 2014~2022

그림 10-4 식품 중 카페인 함량
자료 : 식품의약품안전처, 식품안전나라, 2020

3) 신체상 장애

학령기에는 긍정적 성격과 자아 개념, 적응적 행동(adaptive behavior), 올바른 사회성 등을 확립하기 위해서 적절한 신체상(body image)을 형성하는 과정이 필요하다. 신체상은 각 개인이 자신의 몸에 대해서 주관적으로 인식하고 있는 형상을 말하는데, 학령기 어린이와 청소년 시기에는 자신의 신체를 정확하게 인지하지 못하는 오인(misperception) 현상과 자신의 신체에 대해 만족하지 못하는 불만족(dissatisfaction) 현상이 나타날 수 있다. 이러한 현상은 모두 신체상 장애(disturbance)의 일종이다.

청소년기는 자신의 신체에 대해 관심이 높아지는 시기인 동시에 남녀별 신체상 인식의 차이가 뚜렷이 나타나는 시기이다. 청소년은 바람직한 체형에 대한 적절한 기준이 아직 명확하게 세워져 있지 않은데, 매체를 통해 반복적으로 노출된 체형을 이상적 체형으로 인식하는 경우가 많다. 남자 청소년의 경우에는 근육이 많은 체형을 이상적으로 생각하는 반면에 여자 청소년의 경우에는 마른 체형을 이상적으로 생각하는 것으로 보고되고 있다.

이와 같은 특징은 여자 청소년에서의 높은 체중 감소 시도율과 신체상 왜곡 인지율과 관련되어 있다. '청소년건강행태조사' 결과에 따르면 2022년 신체상 왜곡 인지율은 남학생은 17.6%, 여학생은 25.5%로 여학생이 월등히 높았으며, 월간 체중 감소 시도자의 부적절한 체중 감소 방법 시도율 역시 남학생 13.6%, 여학생 23.0%로 여학생에서 매우 높았다. 신체상 왜곡 인지율, 즉 오인 현상은 자신의 신체에 대한 불만족 현상을 가져오고, 날씬한 몸을 유지하기 위한 절식이나 식사 조절 행동으로 연결되어 영양 섭취 부족 및 영양 불균형 등의 문제를 초래할 수 있다. 이러한 현상은 성별에 따라 다른 양상을 보이고 있기 때문에 이를 고려하여 올바른 신체상을 확립할 수 있는 교육이 이루어져야 한다.

한편, 비만인 어린이와 청소년은 정상 체중인 경우에 비하여 신체상 불만족도가 높은데 부정적 자기 신체상은 자존감의 상실, 우울, 열등감, 고독 등 심인성 문제를 유발할 가능성이 높다. 신체에 대한 낮은 만족도는 체중 감량을 위한 절식이나 식사 제한 및 조절로 이어질 수 있기 때문에 비만인 어린이와 청소년에서 빈번히 관찰되는 잘못된 식행동이나 나쁜 식습관과 무관하지 않으며, 부적절한 식행동과 식습관은 다시 역으로 비만을 악화시킬 가능성도 크다.

최근에는 학령기 어린이와 청소년의 신체상 장애가 비만 역학 분야에서 새롭게 주목받고 있다. 과체중 또는 비만에 해당하는 어린이와 청소년은 신체상 과소평가, 즉 자신의 신체를 실제 크기보다 작게 오인하는 경향이 있기 때문에 비만의 조기 예방 또는 치료를 위한 체중 조절의 시기를 놓쳐 청소년기 이후에 비만을 초래하는 원인이 되기도 한다.

4) 식품 알레르기

식품 알레르기는 항원에 대한 면역체계의 과잉 반응으로 일어나는 과민성 중 하나로 알레르기를 일으키는 항원이 식품인 경우를 말한다. 특정 체질의 사람이 알레르기 반응을 일으키는 식품을 섭취했을 때 면역계가 과잉 반응하여 구토, 복통, 설사, 기침, 호흡곤란, 천식, 재채기, 피부 반응 등의 다양한 증상을 일으키게 된다. 특히 피부 반응은 급성 두드러기, 부종 등 아토피 피부염과 증상이 비슷하다. 만일 중증의 급성 증상이 일어난 경우에는 약물치료를 하여야 한다.

알레르기를 일으키는 식품을 반복해서 먹으면 해당 식품에 대한 알레르기가 고착되거나 아토피 피부염, 천식, 알레르기 비염으로 발전할 수 있다. 따라서 개인 차원에서는 알레르기를 일으키는 원인 식품을 규명하여 영유아 때부터 꾸준한 주의를 기울여야 하고, 지역사회 차원에서는 식품에 대한 알레르기가 있는 사람들을 대상으로 알레르기의 재발 방지를 위한 예방교육 등을 실시할 필요가 있다.

식품 알레르기를 예방하기 위해서는 원인 식품을 규명하고 회피하는 것이 가장 확실한 방법이지만 원인 식품을 제한하게 되면 이를 통해 얻을 수 있는 영양소도 섭취할 수 없다는 문제가 있다. 예를 들어 우유에 알레르기가 있어서 우유를 제한하면 칼슘, 비타민 등의 영양소 섭취도 줄어든다. 따라서 특정 식품을 제한할 경우에는 대체식품을 섭취해야 하는데, 우유의 경우에는 완전가수분해 우유나 아미노산 조제분유 등을 이용하는 방법이 있다.

해당 식품이 소량 섞이거나 또는 해당 식품에서 추출한 성분이 조리 과정에 사용되는 경우는 피하기가 쉽지 않기 때문에, 「어린이 식생활안전관리 특별법」, 「학교급식법」, 「식품 등의 표시·광고에 관한 법률」에 의거하여 유통되는 모든 식품에 알레르기 식품과 그 유래 성분이 포함되었는지를 표시하는 제도가 2004년부터 시행되고 있다(표 10-4). 현재 알레르기 유발 식품의 법적 표시대상은 알류(가금류만 해당한다), 우유, 메밀, 땅콩, 대두, 밀, 고등어, 게, 새우, 돼지고기, 복숭아, 토마토, 아황산류(이를 첨가하여 최종 제품에 이산화황이 1킬로그램당 10밀리그램 이상 함유된 경우만 해당한다), 호두, 닭고기, 쇠고기, 오징어, 조개류(굴, 전복, 홍합을 포함한다), 잣 등이다. 이들 식품에 대한 알레르기가 있는 사람은 평소 식품 성분표시를 확인하는 습관을 가져야 하며, 알레르기 유발 식품과 그렇지 않은 식품을 같은 시설에서 생산하면서 발생하는 교차오염에도 주의해야 한다.

표 10-4 식품 알레르기 관련 법률 및 해당 조항

어린이 식생활안전관리 특별법 [시행 2024. 2. 9.] [법률 제19622호, 2023. 8. 8., 일부개정]
제11조의2(알레르기 유발 식품 표시) ① 「식품위생법」 제36조 제1항 제3호에 따른 식품접객영업자 중 주로 어린이 기호식품을 조리·판매하는 업소로서 대통령령으로 정하는 영업자는 조리·판매하는 식품에 알레르기를 유발할 수 있는 성분·원료가 포함된 경우 그 원재료명을 식품의약품안전처장이 정하는 표시기준 및 방법 등에 따라 표시하여야 한다. ② 식품의약품안전처장은 제1항에 따른 알레르기 유발 식품 표시를 위한 표시기준 및 방법 등을 정하여 고시하여야 한다.
학교급식법 [시행 2022. 6. 29.] [법률 제18639호, 2021. 12. 28., 일부개정]
제16조(품질 및 안전을 위한 준수사항) ③ 학교의 장과 그 소속 학교급식관계교직원 및 학교급식공급업자는 학교급식에 알레르기를 유발할 수 있는 식재료가 사용되는 경우에는 이 사실을 급식 전에 급식 대상 학생에게 알리고, 급식 시에 표시하여야 한다. ④ 알레르기를 유발할 수 있는 식재료의 종류 등 제3항에 따른 공지 및 표시와 관련하여 필요한 사항은 교육부령으로 정한다.
학교급식법 시행규칙 [시행 2021. 6. 30.] [교육부령 제240호, 2021. 6. 30., 타법개정]
제7조(품질 및 안전을 위한 준수사항) ② 법 제16조제3항에 따라 학교의 장과 그 소속 학교급식관계교직원 및 학교급식공급업자는 학교급식에 「식품 등의 표시·광고에 관한 법률 시행규칙」 제5조제1항 및 별표 2에 따라 알레르기 유발물질 표시 대상이 되는 식품을 사용하는 경우 다음 각 호의 방법으로 알리고 표시해야 한다. 다만, 해당 식품으로부터 추출 등의 방법으로 얻은 성분을 함유하고 있는 식품에 대해서는 다음 각 호의 방법에 따를 수 있다.

1. 공지방법: 알레르기를 유발할 수 있는 식재료가 표시된 월간 식단표를 가정통신문으로 안내하고 학교 인터넷 홈페이지에 게재할 것
2. 표시방법: 알레르기를 유발할 수 있는 식재료가 표시된 주간 식단표를 식당 및 교실에 게시할 것

식품 등의 표시·광고에 관한 법률 시행규칙 [별표 2] 〈개정 2021. 8. 24.〉

소비자 안전을 위한 표시사항(제5조제1항 관련)

Ⅰ. 공통사항

1. 알레르기 유발물질 표시
식품등에 알레르기를 유발할 수 있는 원재료가 포함된 경우 그 원재료명을 표시해야 하며, 알레르기 유발물질, 표시 대상 및 표시방법은 다음 각 목과 같다.
가. 알레르기 유발물질
알류(가금류만 해당한다), 우유, 메밀, 땅콩, 대두, 밀, 고등어, 게, 새우, 돼지고기, 복숭아, 토마토, 아황산류(이를 첨가하여 최종 제품에 이산화황이 1킬로그램당 10밀리그램 이상 함유된 경우만 해당한다), 호두, 닭고기, 쇠고기, 오징어, 조개류(굴, 전복, 홍합을 포함한다), 잣
나. 표시 대상
1) 가목의 알레르기 유발물질을 원재료로 사용한 식품등
2) 1)의 식품등으로부터 추출 등의 방법으로 얻은 성분을 원재료로 사용한 식품등
3) 1) 및 2)를 함유한 식품등을 원재료로 사용한 식품등
다. 표시방법
원재료명 표시란 근처에 바탕색과 구분되도록 알레르기 표시란을 마련하고, 제품에 함유된 알레르기 유발물질의 양과 관계없이 원재료로 사용된 모든 알레르기 유발물질을 표시해야 한다. 다만, 단일 원재료로 제조·가공한 식품이나 포장육 및 수입 식육의 제품명이 알레르기 표시 대상 원재료명과 동일한 경우에는 알레르기 유발물질 표시를 생략할 수 있다.

(예시) 달걀, 우유, 새우, 이산화황, 조개류(굴) 함유

2. 혼입(混入)될 우려가 있는 알레르기 유발물질 표시
알레르기 유발물질을 사용한 제품과 사용하지 않은 제품을 같은 제조 과정(작업자, 기구, 제조라인, 원재료보관 등 모든 제조과정을 포함한다)을 통해 생산하여 불가피하게 혼입될 우려가 있는 경우 "이 제품은 알레르기 발생 가능성이 있는 메밀을 사용한 제품과 같은 제조 시설에서 제조하고 있습니다", "메밀 혼입 가능성 있음", "메밀 혼입 가능" 등의 주의사항 문구를 표시해야 한다. 다만, 제품의 원재료가 제1호가목에 따른 알레르기 유발물질인 경우에는 표시하지 않는다.

3. 무(無) 글루텐의 표시
다음 각 목의 어느 하나에 해당하는 경우 "무 글루텐"의 표시를 할 수 있다.
가. 밀, 호밀, 보리, 귀리 또는 이들의 교배종을 원재료로 사용하지 않고 총 글루텐 함량이 1킬로그램당 20밀리그램 이하인 식품등
나. 밀, 호밀, 보리, 귀리 또는 이들의 교배종에서 글루텐을 제거한 원재료를 사용하여 총 글루텐 함량이 1킬로그램당 20밀리그램 이하인 식품등

4. 고카페인의 함유 표시
가. 표시대상
1밀리리터당 0.15밀리그램 이상의 카페인을 함유한 액체 식품등
나. 표시방법
1) 주표시면(식품등의 표시면 중 상표 또는 로고 등이 인쇄되어 있어 소비자가 식품등을 구매할 때 통상적으로 보이는 면을 말한다. 이하 같다)에 "고카페인 함유" 및 "총카페인 함량 OOO밀리그램"의 문구를 표시할 것
2) "어린이, 임산부 및 카페인에 민감한 사람은 섭취에 주의해 주시기 바랍니다" 등의 문구를 표시할 것
다. 총카페인 함량의 허용오차
실제 총카페인 함량은 주표시면에 표시된 총카페인 함량의 90퍼센트 이상 110퍼센트 이하의 범위에 있을 것. 다만, 커피, 다류(茶類) 또는 커피·다류를 원료로 한 액체 식품등의 경우에는 주표시면에 표시된 총카페인 함량의 120퍼센트 미만의 범위에 있어야 한다.

어린이 기호식품 등의 알레르기 유발 식품 표시기준 및 방법 [시행 2019. 10. 28.]
[식품의약품안전처 고시 제2019-99호, 2019. 10. 28., 일부개정]

제3조(표시의 대상 및 알레르기 유발 식품) ① 다음 각 호의 식품을 조리·판매하는 식품접객영업자 중 「어린이 식생활 안전관리 특별법 시행령」제8조에 따른 영양성분 표시 등의 대상 영업자가 조리·판매하는 식품(이하 '대상 식품'이라 한다)이 제2항에 해당하는 경우 그 원재료명을 표시하여야 한다.

1. 제과·제빵류
2. 아이스크림류
3. 햄버거, 피자
4. 그 밖에 알레르기 유발 식품 표시를 하려는 조리·판매 식품

② 영업자는 「식품 등의 표시·광고에 관한 법률 시행규칙」 별표 2 Ⅰ.1.가.에서 정하고 있는 알레르기 유발물질 표시 대상 식품을 사용 또는 함유 하는 경우 해당 원재료명을 표시하여야 한다.

제4조(대상 식품의 표시기준 및 방법) ① 영업자가 제3조에 따라 알레르기 유발 식품을 표시하려는 경우에는 사용 또는 함유한 양과 관계없이 그 원재료명으로 표시하여야 한다.

② 영업자가 제1항에 따라 그 원재료명을 표시하는 경우에는 소비자가 쉽게 알아볼 수 있도록 눈에 띄게 바탕색과 구분되는 색상으로 다음 각 호와 같이 표시하여야 한다.

1. 매장에서 해당 식품을 조리·판매하는 경우에는 메뉴 등의 제품명이나 가격표시 주변에 해당 원재료명을 표시하거나 알레르기 유발 식품 정보를 책자 및 포스터 등에 일괄 표시하여 소비자의 눈에 잘 띄는 장소에 비치하고 알레르기 유발 식품 정보를 비치하고 있음을 알리는 표시를 하여야 한다.
   (예시) 우유, 메밀, 새우, 복숭아, 이산화황, 조개류(굴, 바지락) 함유
   (예시) 햄버거(우유, 대두, 밀, 토마토, 쇠고기), 쇠고기(햄버거, 피자), 아이스크림에는 우유가 들어있습니다 등
   (예시) 알레르기 유발 식품에 대한 정보표시 책자가 계산대에 비치되어 있습니다.
2. 홈페이지, 모바일 앱 등 온라인을 통해 식품을 주문받아 배달하는 경우에는 해당 홈페이지 또는 모바일 앱의 제품명이나 가격표시 주변에 해당 원재료명을 표시하여야 한다.
3. 전화를 통해 식품을 주문받아 배달하는 경우에는 제1항에 따른 원재료명이 표시된 리플릿, 스티커 등을 함께 제공하여야 한다.

2. 영양중재 프로그램 사례

1) 학교급식

(1) 학교급식의 과거

일제강점기 때 경성부(현 서울)에서 특지가의 기부금으로 공립 보통학교(현 초등학교)에서 결식아동을 대상으로 점심급식이 시작되었으나 예산 부족을 이유로 실시 1년 만에 폐지되었다. 해방 전까지는 결식아동을 대상으로 각 지역 학교에서 부분적으로 급식을 시행하기도 하였다. 해방 이후에는 1946년 서울 시내 국민학교(현 초등학교) 전 아동을 대상으로 일시적으로 잡곡밥과 국, 반찬으로 이루어진 급식을 실시한 바 있다.

6·25 전쟁 발발 이후에는 1953년 3월 캐나다 정부가 탈지분유 14만 파운드를 결식아동에게 제공하여 서울 시내 72개 국민학교에 급식하였다. 휴전 이후에는 1953년 11월부

터 UNICEF 등 구호단체에 의해 결식아동을 위한 분유와 간유(肝油) 등의 원조가 1957년까지 활발히 지속되었으며, 그 이후에도 여러 단체들에 의해 구호 원조활동이 수시로 이루어졌다. 1958년부터는 우리 정부와 구호단체인 미국 CARE의 협약으로 전국 국민학교 결식아동을 대상으로 옥수수 가루로 만든 죽과 빵을 무료 급식하였다. 이 시기의 급식은 모든 학생을 대상으로 하는 것이 아닌 결식 및 국민학교 아동의 춘궁기 극복 및 기아 해결을 목적으로 하는 구호급식의 성격이 강하였다.

점차 해외 지원이 줄어들면서 1970년 9월부터는 서울, 부산 등 대도시를 시작으로 모든 공립 국민학교 학생 중 희망자를 대상으로 유료로 빵 급식을 실시하였고, 1970년대 말에 학교급식 재개의 필요성이 전문가집단으로부터 지속적으로 제기되면서 도서벽지와 일부 도시의 실험학교를 중심으로 학교급식이 부분적으로 실시되었다. 1972년부터는 모든 공립 국민학교 학생에게 국고 보조로 우유를 급식하였으며 이는 점차로 확대되었다. 그러나 1977년 9월 학교급식용 크림빵을 먹은 서울 시내 국민학교 52개교 7,862명이 포도상구균 오염으로 인하여 집단 식중독을 일으키는 사고가 발생하고 그중 1명이 사망하자 학교급식은 전면 폐지되었다.

1978년에 학교급식 사고를 방지하고 운영의 효율화를 기하기 위해 급식위원회 설치 등을 골자로 하는 학교급식법안이 정기국회에 제출되고 1981년 「학교급식법」으로 제정되기에 이른다. 이 법률에 따르면 의무교육을 받는 국민학교 학생 전체를 학교급식 대상자로 하여 매년 정부 예산에 급식 소요 재원을 책정토록 하였다. 1990년 12월 「학교급식법 시행령(대통령령 제11362호)」에 의해 1회 급식학생이 50명 이상인 학교의 경우는 영양사를 배치하도록 하였고, 50명 미만인 학교에는 영양사 또는 문교부(현 교육부)령으로 정하는 자격을 갖춘 자를 배치하도록 하였으며, 영양사 1인이 급식학생 400명을 초과하지 않으면 공동 관리할 수 있게 되었다.

「학교급식법」의 제정으로 학교급식을 실시할 수 있는 법적인 근거가 마련되고, 대통령 선거공약 실천을 위해 각급학교에서 급식 확대 발전 방안이 수립되었다. 이에 따라 1991년 정부는 전국 학교에 급식을 연차적으로 확대하기로 결정하고, 1992년부터 정책적으로 추진하기 시작하였다. 일단 1992년 특수학교에서 전면 급식을 실시하고, 1993년에는 초등학교부터 급식을 확대하기 시작하여 1990년 학교 수 기준으로 10.2%이던 급식 실시율이 1993년 25.0%, 1995년 57.4%, 1997년 97.3%로 급격한 신장세를 보여 1998년에는 전국 모든 초등학교에서 급식을 실시하게 되었다. 나아가 1999년에는 대학입시 준비 등 학업

부담이 큰 고등학교에서 우선적으로 전면 급식이 실시되고, 2002년에는 중학교에서도 전면 급식이 실시되었다. 2003년에는 전국의 모든 초·중·고등학교에서 급식이 실시되어 학교급식 확대사업은 완료되었다.

이처럼 급작스러운 학교급식의 양적 확대로 인하여 1996년 「학교급식법」이 개정(법률 제5236호)되어 학교급식의 외부 위탁을 허용하게 되었다. 개정 전 규정에 의하면 학교 안에 학교급식시설을 갖추지 아니한 학교는 급식을 실시할 수 없으며 학교급식시설은 학교 안에만 설치할 수 있었다. 그러나 모든 학교에 급식시설을 갖추는 데는 많은 예산과 시일이 소요될 뿐만 아니라 급식시설을 설치할 공간이 없는 학교의 경우 급식 실시가 어려웠기에, 개정된 규정에 따라 시도 교육감 또는 교육장이 공동조리장을 설치, 운영할 수 있도록 하고 해당 학교에서 원하는 경우 위탁급식업자와의 계약을 통하여 외부 위탁급식이 가능하게 되었다. 그리하여 2002년 전국 초등학교의 0.7%, 중학교의 32.1%, 고등학교의 53.1%가 위탁급식을 실시하였고, 2005년에는 전국 초등학교의 0.4%, 중학교의 24.8%, 고등학교의 43.9%가 위탁급식을 실시하였다.

그러나 2003년 3월과 2006년 6월 두 차례에 걸쳐 외부 위탁급식 학교에서 각각 13개교 1,557명, 46개교 3,613명의 대형 식중독사고가 발생하였다. 이에 따라 2003년 10월 '제1차 학교급식개선종합대책(2003~2007)'이 수립되고, 2004년 10월 양 중심의 확대 정책에서 질 중심의 내실화 정책의 일환으로 「학교급식법」 개정안이 국회에 제출되었다. 2006년 7월에는 「학교급식법」 전부 개정으로 위탁급식 직영 전환, 부정 식재료 공급업자 벌칙 도입, 식재료 품질 기준 설정 등이 제도화되고, 2006년 12월에 '제2차 학교급식개선종합대책(2007~2011)'이 수립되었다.

2006년에 수립된 '학교급식개선종합대책'에는 양적인 학교급식 확대 정책에서 급식의 질 향상 및 과학적 관리로 전환하는 질 중심의 내실화를 기하고, 공급자 중심의 학교급식을 수요자 중심의 학교급식으로 개선하는 내용을 포함하고 있다. 또한 적극적으로 식생활교육을 병행하고, 급식시설을 안전하고 쾌적한 환경으로 개선하며, 정부의 재원을 적정 수준으로 확대함으로써 학부모의 부담을 경감시키고, 교육부와 함께 농림축산식품부, 보건복지부 등 범정부 부처가 협조하여 지원하며, 관리 중심의 급식 행정을 지원 중심의 급식행정으로 전환하는 등의 내용도 담고 있다.

한편, 2003년 7월 25일 개정된 「초·중등교육법」과 「학교급식법」에 처음으로 영양교사의 배치가 법적으로 명시되었고, 2004년 1월 20일 개정된 「초·중등교육법」에 영양교

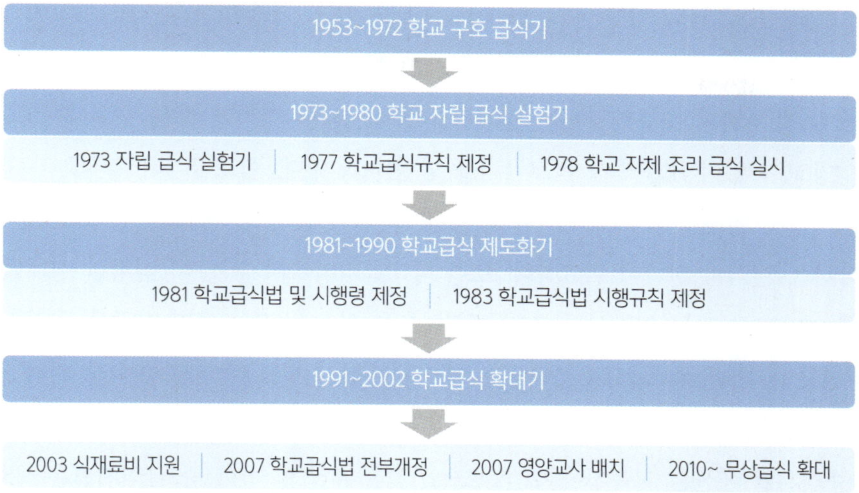

그림 10-5 학교급식 발전 과정
자료 : 교육부, 학교보건·급식 70년사, 2021

사의 자격 기준이 명시되었다. 그리하여 2007년 3월에 1,712명, 9월에 2,386명의 영양교사가 각급학교에 임용·배치되었다.

(2) 오늘날의 학교급식

학교급식의 목적은 성장기 학생들에게 따뜻하고 영양적인 음식을 제공하여 건강과 학습 능률을 향상시키고, 편식 교정 등을 통해 올바른 식습관을 형성함으로써 평생 건강의 기틀을 마련하며, 공동체 의식 함양 등 궁극적으로는 학생의 건전한 심신의 발달과 국민 식생활 개선에 기여함에 있다. 이 밖에도 도시락 준비 부담을 덜어 주어 어머니들의 사회활동 참여를 돕고, 학생들에게는 책가방 무게를 줄여 주는 등의 긍정적인 효과를 기대할 수 있다.

2022년 각급학교에서의 급식률은 학교 수를 기준으로 100%를 보이고 있으며, 직영급식 비율은 2006년 '제2차 학교급식개선종합대책' 수립 이후 꾸준히 증가하여 전체 학교 기준으로 98%에 달한다(표 10-5). 그럼에도 학교급식을 담당하는 영양교사의 부족으로 적절한 급식 및 영양교육의 부실이 우려되고 있다. 교육부의 2022년 '학교급식 실시현황' 보고에 따르면 급식시설을 갖춘 학교 10,729개교에 배치된 영양교사 또는 영양사는 11,158명이었지만, 이 중 영양사(정규직, 공무직, 기타)는 39.2%였고 영양교사는 60.8%였다.

대규모 학교는 1일 급식 학생 수가 평균의 두 배가 넘고, 고등학교의 30% 이상이 학생에게 하루 3끼 모두를 학교급식으로 제공하는 등 1일 2식 이상의 급식을 실시하는 학교도 있다. 또한 대부분의 초등학교에는 영양교사가 배치되어 있지만 많은 수의 중·고등학교에는 영양교사 없이 영양사가 학교급식을 담당하고 있다. 학교급식의 활성화와 전문성 향상을 위해서 영양교사의 배치를 적극적으로 확대해야 하고, 학교급식을 교육의 일환으로 생각하는 인식의 전환이 필요하다. 또한 학교급식의 업무 과중이 심각한 상태임을 고려할 때 영양교사 또는 영양사를 추가 배치하도록 하는 법적인 근거 마련이 필요하다.

중앙정부의 학교급식 국고보조사업은 2005년부터 지방으로 이양되어 각 지역 교육청과 지방자치단체가 지역 여건과 재정 상황 등을 고려하여 자율적으로 추진하고 있다. 학기 중 중식지원 예산은 교육청이 부담하고 있으나, 휴일 및 방학 중 급식지원은 사회안전망 차원에서 지방자치단체가 담당하고 있다. 무상급식 지원 학생 수와 예산 규모는 2011년 이후 급격하게 확대되어 2021년부터 모든 초·중·고교에서 친환경 무상급식이 실시되고 있다.

표 10-5 학교별 급식 현황

구분	학생 수(교)			학생 수(명)			운영 형태(교)	
	전체	급식	%	전체	급식	%	직영(%)	위탁(%)
초등학교	6,158	6,158	100	2,672,550	2,671,157	99.9	6,148(99.8)	10(0.2)
중학교	3,262	3,262	100	1,349,153	1,345,410	99.7	3,237(99.2)	25(0.8)
고등학교	2,375	2,375	100	1,271,322	1,267,759	99.7	2,175(91.6)	200(8.4)
특수학교	192	192	100	27,590	27,407	99.3	191(99.5)	1(0.5)
합계	11,987	1,1987	100	5,320,615	5,311,733	99.9	11,751(98)	236(2)

자료 : 교육부, 2022학년도 유치원·학교급식 실시 현황, 2023

2) 국민건강증진종합계획과 지역사회 통합건강증진사업

제5차 국민건강증진종합계획(HP2030)의 비전은 '모든 사람이 평생 건강을 누리는 사회'이다. HP2030의 6가지 기본 원칙 중 '모든 생애과정과 생활터에 적용' 원칙은 영유아·아동·청소년·성인·노인 등 생애주기별 단계와 학교·군대·직장 등 생활터 내에서 적절한 건강 정책이 투입될 수 있도록 정책을 설계하는 것이다(제2장 그림 2-12 참고).

우리나라 어린이와 청소년에서 비만 유병률은 지속적으로 증가하고 있으며, 이는 성인기의 비만과 고혈압, 심혈관질환, 당뇨병 등의 생활습관병으로 이어져 의료비 증가와 삶의 질 저하를 초래할 위험을 높인다. 또한 영양 섭취의 불균형과 아침 결식 등 다양한 식생활 문제가 진단되고 있다. 이에 HP2030은 어린이와 청소년의 비만 예방과 관리를 위한 영양교육과 신체활동 및 건강한 식생활을 위한 지역사회 기반의 지원 프로그램을 마련하고자 하였다.

HP2030은 비전과 목표의 달성을 위해 6개 분과와 각 분과 내에서 우선적으로 추진해야 하는 28개 과제를 선정하고 있는데, 이 중 어린이·청소년과 관련하여 지역사회에서 수행해야 할 과제와 그 내용은 다음과 같다. 1분과 '건강생활 실천'의 '영양' 과제에서는 아동·청소년의 아침 결식 예방, 과일 채소 섭취 증가 등을 위해 홍보·캠페인 실시, 당류·포화지방·나트륨 섭취에 대한 관리 방안 마련, '신체활동' 과제에서는 학교 스포츠클럽 활성화, 건강증진 우수 프로그램 확산 등이다. 3분과 '비감염성 질환 예방관리'의 '비만' 과제에서는 대상자별 비만 예방·관리 서비스의 제공으로서 아동·청소년에게는 건강 식생활 및 신체활동 향상 프로그램 시행·평가, 학교·학원 주변 비만 유해 환경 개선 등 비만 예방 환경 조성을, 취약 가정 아동 청소년 대상으로는 건강식품 접근도 향상 및 보건소 비만 예방 프로그램 운영 등의 내용을 담고 있다. 5분과 '인구집단별 건강관리'의 '아동·청소년' 과제에서는 연령대별 특성에 따른 주요 건강문제 예방을 위해 맞춤형 교육 지원 및 가정과 연계 교육을 위한 학부모 대상 체계적 홍보, 비만·흡연 예방 및 신체활동 활성화, 스마트폰 과의존 예방교육 강화 등 다양한 예방 프로그램 운영 등의 내용을 담고 있다.

각 지역사회에서 보건소를 중심으로 추진하고 있는 지역사회 통합건강증진사업은 건강 환경 변화와 HP2030 등 국가의 중장기 목표와 지역사회 건강증진 목표(지역보건의료계획)를 고려하여 운영 방향을 정하고 실행계획을 수립하고 있다.

'지역사회 통합건강증진사업' 영양 분야 중 어린이·청소년 대상 영양관리사업의 하나로 건강과일바구니사업이 수행되고 있다. 건강과일바구니사업은 다시 저소득층 대상과 학교기반 등 두 가지로 분류된다.

(1) 저소득층 어린이·청소년 대상 건강과일바구니 사업

저소득층 어린이·청소년 대상 건강과일바구니 사업의 목적은, 식습관 형성 시기에 영양교육을 통해 건강한 식습관의 중요성을 인식시키고 건강한 식생활 실천을 유도함으로써 스스로 지속적인 식생활관리를 할 수 있도록 하여 평생 건강을 유지·증진하도록 하는 데 있다. 또한 과일 및 채소의 접근성이 낮은 저소득층 어린이·청소년에게 신선한 과일 및 채소를 간식으로 제공하여 과일에 대한 접근성을 제고하고 섭취량을 증가시킴으로써 건강 식습관을 유도하여 비만을 예방하고 성인기 만성질환을 예방하는 데 사업의 목적이 있다.

사업 대상은 지역아동센터 이용 어린이와 청소년, 교내 '초등 돌봄교실' 이용 어린이 등이며, 기초생활보호대상자 어린이와 청소년의 비율이 상대적으로 높은 지역아동센터와 아동복지 담당부서에 등록되어 있는 지역아동센터를 우선 선정 대상으로 한다. 사업 내용은 과일과 채소 섭취에 관한 영양교육과 제철 생과일, 생채소로 구성된 건강 간식 제공 등이다.

(2) 학교 기반 건강과일바구니 사업

학교 기반 건강과일바구니 사업은, 학교기반의 체계적인 영양교육을 통해 올바른 식습관 형성의 중요성 인식과 태도 변화를 유도하여 스스로 건강한 식습관 관리를 할 수 있도록 하여 평생의 건강 유지를 도모하는 데 그 목적이 있다.

사업의 대상은 초등학생이며 초등학교 각 교실 및 영양상담실에서 영양교육과 건강 메뉴 급식을 실시한다.

영양교육은 각 학교의 영양교사 또는 영양사가 실시하거나 직접 교육이 어려운 경우에는 보건소 영양사 또는 지역사회 연계를 통해 파견된 영양사가 실시하도록 하고 있으며, 체험활동을 중심으로 한 교육을 진행한다. 영양사를 통해 단체급식이 실시되고 있는 초등학교를 중점 대상으로 급식 시 가당 주스, 음료, 유색 우유 등의 가공식품 대신 제철 생과일이나 생채소를 활용하여 건강 메뉴 급식을 실시한다.

3) 지역아동센터와 다함께돌봄센터

온종일 돌봄 체계는 학교를 마친 아이들에게 '언제, 어디서나 원하는 시간에' 돌봄을 제공하는 서비스이다(그림 10-6). 방과 후에 지역주민이 접근하기 편한 학교와 지역사회 내 공공시설에서 아이들을 돌보고 흥미·적성·진로를 고려해 다양한 방과 후 프로그램을

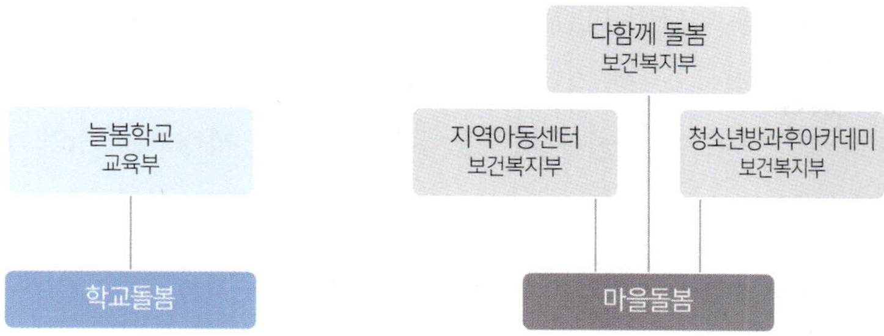

그림 10-6 온종일 돌봄 체계
자료 : 보건복지부, 다함께돌봄사업

제공한다. 학교와 지역사회가 연계해 수요자(아동) 중심의 돌봄 서비스를 제공해 빈틈없는 돌봄 체계를 완성하는 공공성 강화 정책이다.

온종일 돌봄 체계 중 하나인 지역아동센터는 「아동복지법」 제52조제1항제8호에 근거·설치되어 소외 지역과 취약계층을 중심으로 지역사회 아동 보호, 교육, 정서적 지원, 문화 서비스, 보호자의 지역사회 연계 등 종합적인 아동복지 서비스를 제공하고 있다. 1980년부터 민간에서 자생적으로 시작된 공부방 중 244곳이 2004년 아동복지시설로 법제화되어 지역아동센터로 변경되면서 정부로부터 운영비를 지원받게 되었다. 2022년 현재 정부의 지원을 받는 지역아동센터는 전국에 4,253개소로 확대되어 양적, 질적으로 성장하게 되었으나, 여전히 예산 지원의 한계로 환경이 열악한 곳이 많다. 지역아동센터에서 지원하는 서비스 중 보호 프로그램에는 급식이 포함되어 있어서 식사와 간식을 제공하고 있다.

지역아동센터는 지역사회 내 방과 후 돌봄 서비스를 필요로 하는 18세 미만 아동을 대상으로 지원하는 것이 원칙이지만 18세 이상이더라도 고등학교에 재학 중인 청소년은 지원 대상에 포함될 수 있다. 각 지역아동센터의 시설별 신고 정원의 90% 이상은 우선보호아동이어야 하는데, 우선보호아동은 소득 기준, 가구 특성 기준, 연령 기준 등의 산정 기준을 모두 만족하는 경우의 아동이거나 우선보호특례에 해당하는 아동을 말한다. 소득 기준과 가구 특성 기준에는 「국민기초생활 보장법」에 따른 수급권자 또는 차상위계층 가구, 「한부모가족지원법」에 따른 한부모가족, 「기초연금법」에 따라 기초연금을 받는 조손가족, 「다문화가족지원법」에 따른 다문화가족, 「장애인복지법」에 따른 등록장애인이 있는 가족, 3명 이상 다자녀가족, 맞벌이 가정 등의 아동이다.

온종일 돌봄 체계 중 하나인 다함께돌봄센터는 제44조의2제1항에 근거하여 설치되어 지역사회 중심의 자발적이고 주도적인 아동 돌봄 공동체 기반을 조성하고, 지역 내 돌봄 수요 및 자원을 고려하여 아동 돌봄 계획을 수립하며 이를 바탕으로 지역 내 틈새 돌봄 기능을 강화하여 지역 중심의 돌봄 체계를 구축하고 초등 돌봄 사각지대를 해소하는 데 그 목적이 있다. 다함께돌봄센터는 초등학교 정규교육 이외의 시간 동안 돌봄 서비스를 제공하기 위해 시·도지사 및 시장·군수·구청장이 설치·운영하는 시설로서 「사회복지사업법」 제2조에 따라 '사회복지사업'을 행할 목적으로 설치된 사회복지시설이다. 돌봄 프로그램의 기본서비스로서 급·간식의 제공이 포함되어 있다.

새롭게 설치되거나 이전하는 지역아동센터의 경우에는 사무실, 조리실, 식당 및 2개 이상의 집단지도실을 각각 갖추어야 한다. 또한 지역아동센터와 다함께돌봄센터에서 제공되는 급식은 정상적인 발달에 필요한 영양을 섭취할 수 있도록 영양사가 작성한 식단에 의하여 공급하여야 한다. 「식품위생법」 제51조와 제52조 및 제88조에 근거하여 종사자 포함 1회 50인 이상의 식사를 제공하는 지역아동센터와 다함께돌봄센터는 시·군·구청 위생 관련 부서에 집단급식소로 신고해야 하며 조리사와 영양사를 배치해야 하며, 영양사가 없는 상시 1회 급식 인원이 50명 미만인 센터는 「어린이 식생활안전관리 특별법 시행령」에 따라 어린이급식관리지원센터에 등록하여 위생 및 영양관리를 받아야 한다. 「아동복지법」 제54조와 「아동복지법 시행령」 제52조에 따른 아동복지시설 종사자의 직종·수 및 배치 기준은 표 10-6과 같다.

표 10-6 지역아동센터와 다함께돌봄센터 종사자 배치 기준

아동 수에 따른 구분	아동복지시설의 장	영양사	생활복지사
30명 이상	1명	1명 (아동 50명 이상인 경우만 해당함)	2명 (아동 50명 초과 시 1명 추가)
30명 미만 10명 이상	1명	-	1명

자료 : 「아동복지법 시행령」 [별표 11] 아동복지시설 종사자의 직종·수 및 배치기준(제52조 관련)

단원정리

- 학령기 어린이와 청소년에서 영양 섭취의 불균형, 아침식사 결식, 외식과 가공식품 섭취 증가, 신체상 장애, 식품 알레르기 등의 영양문제가 나타나고 있다.

- 청소년기는 자신의 신체에 관한 관심이 높아지는 시기로, 남녀별 신체상 인식의 차이가 생긴다. 남자 청소년의 경우에는 근육이 많은 체형을 이상적으로 생각하는 반면에 여자 청소년의 경우는 마른 체형을 이상적으로 생각하는 것으로 알려져 있다. 이와 같은 신체상 인식은 체중 감량을 위한 절식이나 식사 제한 및 조절 등 이 시기의 특징적 식행동과 관련이 있다.

- 청소년기에는 패스트푸드, 가공식품, 탄산음료 등의 섭취율이 높게 나타나는데, 이 시기에는 식품 선택에 관여하는 주된 요인이 편의성과 맛이기 때문이다. 이를 해결하기 위해서는 청소년 대상의 식생활 및 영양교육이 지속적으로 이루어져야 할 것이다.

- 학령기 어린이와 청소년에서 흔히 나타나는 식품 알레르기를 예방하기 위하여 「어린이 식생활안전관리 특별법」, 「학교급식법」, 「식품 등의 표시·광고에 관한 법률」 등에 의거하여 알레르기 식품과 그 유래 성분이 포함되었는지를 표시하는 제도가 시행되고 있다. 식품에 대한 알레르기가 있는 사람은 식품 성분표시를 확인하고, 교차오염에 주의하여 원인 식품을 회피하는 것이 가장 좋은 예방법이다.

- 1970년대 이전에는 해외 지원을 통해 학교급식이 실시되다가, 1981년 「학교급식법」이 제정된 이후 초등학교부터 급식을 전면적으로 확대하기 시작하여 1998년에는 전국의 모든 초등학교에서 급식을 실시하였다. 1999년에는 고등학교, 2002년에는 중학교에서 전면 급식이 실시되어 학교급식 확대사업이 완료되었다.

- 학교급식의 목적은 성장기 학생들에게 따뜻하고 영양적인 음식을 제공하여 건강과 학습 능률을 향상시키고, 편식 교정 등을 통해 올바른 식습관을 형성함으로써 평생 건강의 기틀을 마련하며, 공동체 의식을 함양하는 데 있다.

연습문제

1 학령기와 청소년기에 나타나는 영양 섭취의 불균형 현상에는 어떤 것들이 있는지 생각해 보자.

2 청소년의 비만 유병률이 수년간 증가하는 현상을 보이는 이유를 생각해 보자.

3 지역사회에서 학령기 어린이와 청소년을 대상으로 수행되고 있는 영양 분야의 사업에는 어떤 것들이 있는지 설명해 보자.

정답과 풀이

1 에너지 섭취의 과잉, 무기질과 각종 비타민의 부족한 섭취 등 현상이 나타나고 있다.

2 식생활의 서구화와 식품 섭취의 양적, 질적 증가 현상에 따른 에너지와 지방의 과잉 섭취가 주요 원인이다. 더불어 입시 위주의 교육 환경으로 인하여 운동 등 여가활동이 감소하고 이에 따라 신체활동량이 감소한 데에도 그 원인이 있다.

3 각 지역 보건소에서는 지역사회 통합건강증진사업의 일환으로 저소득층 어린이·청소년 대상 및 학교기반 건강과일바구니 사업이 수행되고 있다.

11

성인 및 노인의 영양중재

1. 영양의 중요성과 영양문제

1) 성인

성인기는 19세부터 64세까지의 시기를 말한다. 성인기는 매우 긴 시기이므로 10세 단위로 구분하여 19~29세를 청년기, 30~49세를 중년기, 50~64세를 장년기로 다시 분류할 수 있다.

빠른 속도로 이루어졌던 사춘기 성장이 거의 마무리되는 성인 초기부터는 생리적 현상에 의해 체성분에 변화가 나타나기 시작한다. 일반적으로 근육량은 점차 감소하고 체지방은 증가하게 된다. 이와 같은 현상은 중년기 이후 비만의 원인이 되고, 심혈관질환, 당뇨병, 암 등 만성질환의 위험을 높이게 된다. 또한 근육량의 감소는 유연성과 근력의 쇠퇴 등 노화 현상과도 관련된다.

국민건강영양조사 결과에 따르면 지난 10여 년간 우리나라 남성의 비만율은 크게 증가하여 왔는데(그림 11-1), 그 결과 남성의 평균 비만 유병율은 50%에 가까우며 특히 30~40대 남성은 50%를 훨씬 넘는 심각한 현상을 보인다(그림 11-2). 만성질환 중 고콜레스테롤혈증은 남녀 모두에서 지난 10여 년간 두드러지게 증가하여 왔으며(그림 11-1), 특히 폐경 이후 50세 이상 여성에서는 급격하게 높은 수준을 보인다(그림 11-2). 고혈압과 당뇨병 등의 만성질환도 남녀 모두에서 연령에 따라 증가하는 추세를 보인다.

남자

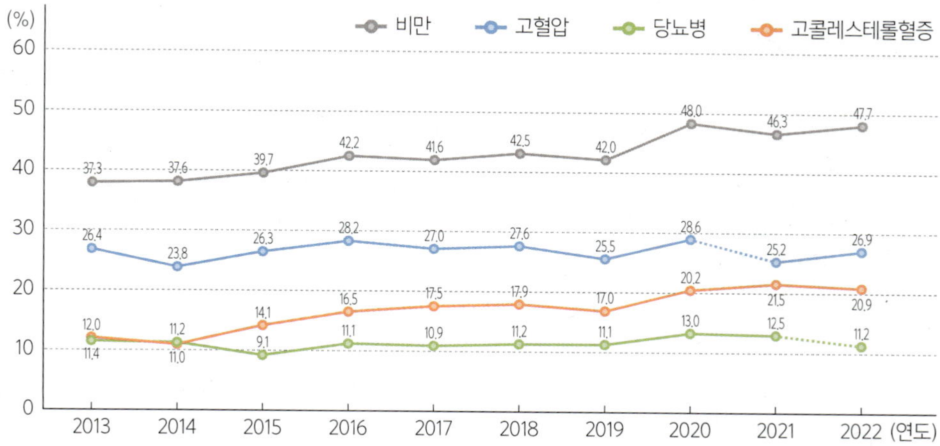

여자

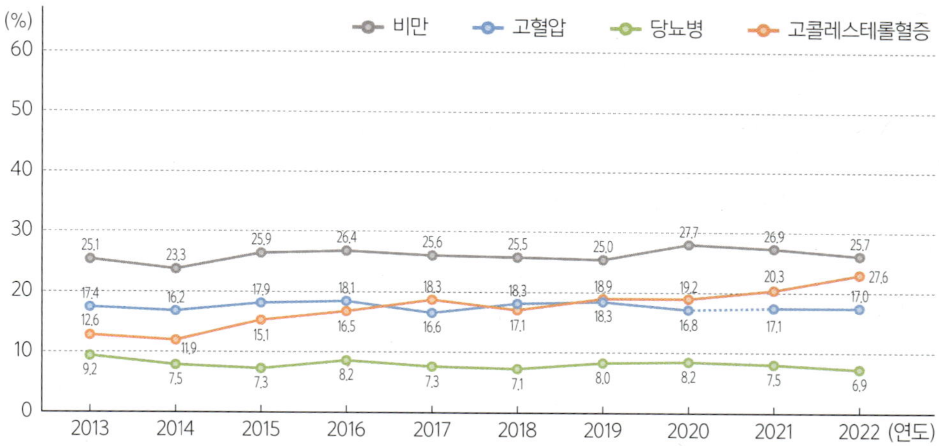

만 19세 이상
비만 : 체질량지수 25 kg/m2 이상인 분율
고혈압 : 수축기혈압이 140 mmHg 이상이거나 이완기혈압이 90 mmHg 이상 또는 고혈압 약물을 복용한 분율
당뇨병 : 공복혈당이 126 mg/dL 이상이거나 의사진단을 받았거나 혈당강하제 복용 또는 인슐린 주사를 사용하거나, 당화혈색소 6.5% 이상인 분율
고콜레스테롤혈증 : 총콜레스테롤이 240 mg/dL 이상이거나 콜레스테롤강하제를 복용한 분율

그림 11-1 성별 만성질환 추이

자료 : 보건복지부, 2013~2022 국민건강영양조사, 2014~2023

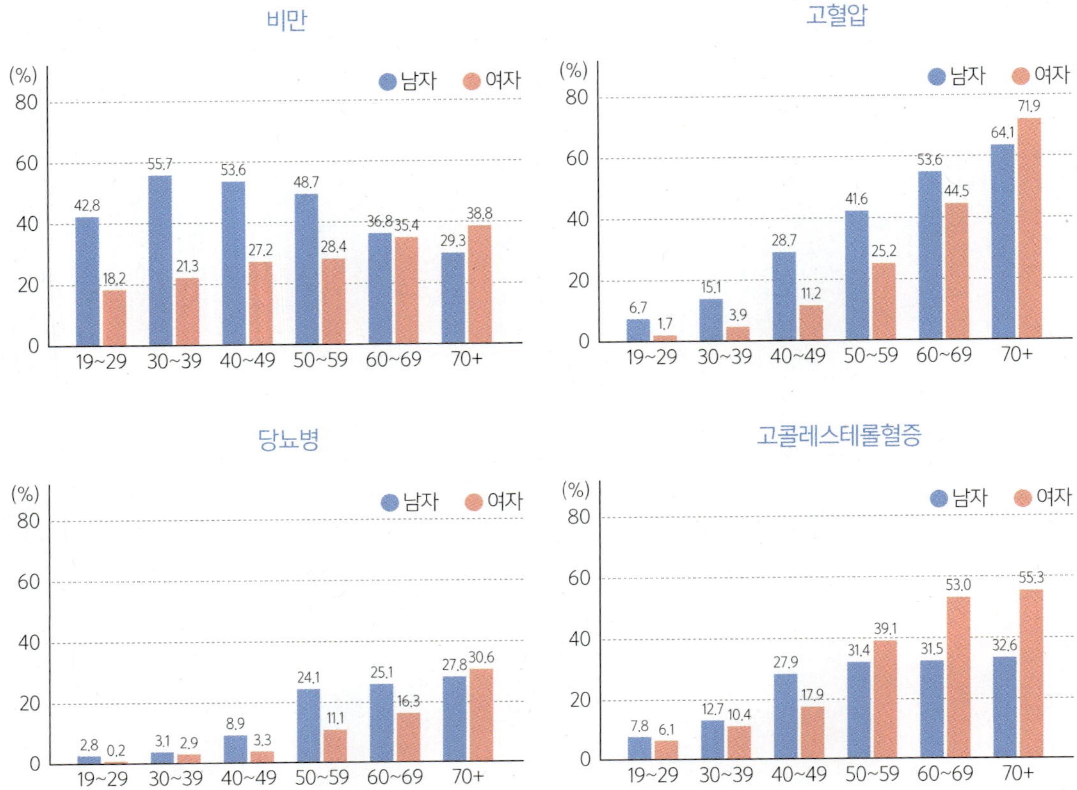

만 19세 이상
비만 : 체질량지수 25 kg/m2 이상인 분율
고혈압 : 수축기혈압이 140 mmHg 이상이거나 이완기혈압이 90 mmHg 이상 또는 고혈압 약물을 복용한 분율
당뇨병 : 공복혈당이 126 mg/dL 이상이거나 의사진단을 받았거나 혈당강하제 복용 또는 인슐린 주사를 사용하거나, 당화혈색소 6.5% 이상인 분율
고콜레스테롤혈증 : 총콜레스테롤이 240 mg/dL 이상이거나 콜레스테롤강하제를 복용한 분율

그림 11-2 연령별 만성질환 현황
자료 : 보건복지부, 2022 국민건강영양조사, 2023

1983년 사망원인통계 작성 이후 암은 계속하여 우리나라 사망 원인 1위이다. 인구가 고령화되면서 암 발생률도 지속적으로 늘어나는 추세이다. 암의 종류별 발생 양상은 성별과 연령에 따라 특징적인데, 중년기 이후 성인에서 남자는 위암, 여자는 유방암이 가장 많이 발생한다(그림 11-3).

지난 10년간 19세 이상 우리 국민의 아침식사 결식률은 계속하여 높아졌으며(그림 11-4) 특히 20대는 전체 연령층 중 가장 높은 아침식사 결식률을 보인다. 식생활뿐 아니라 식

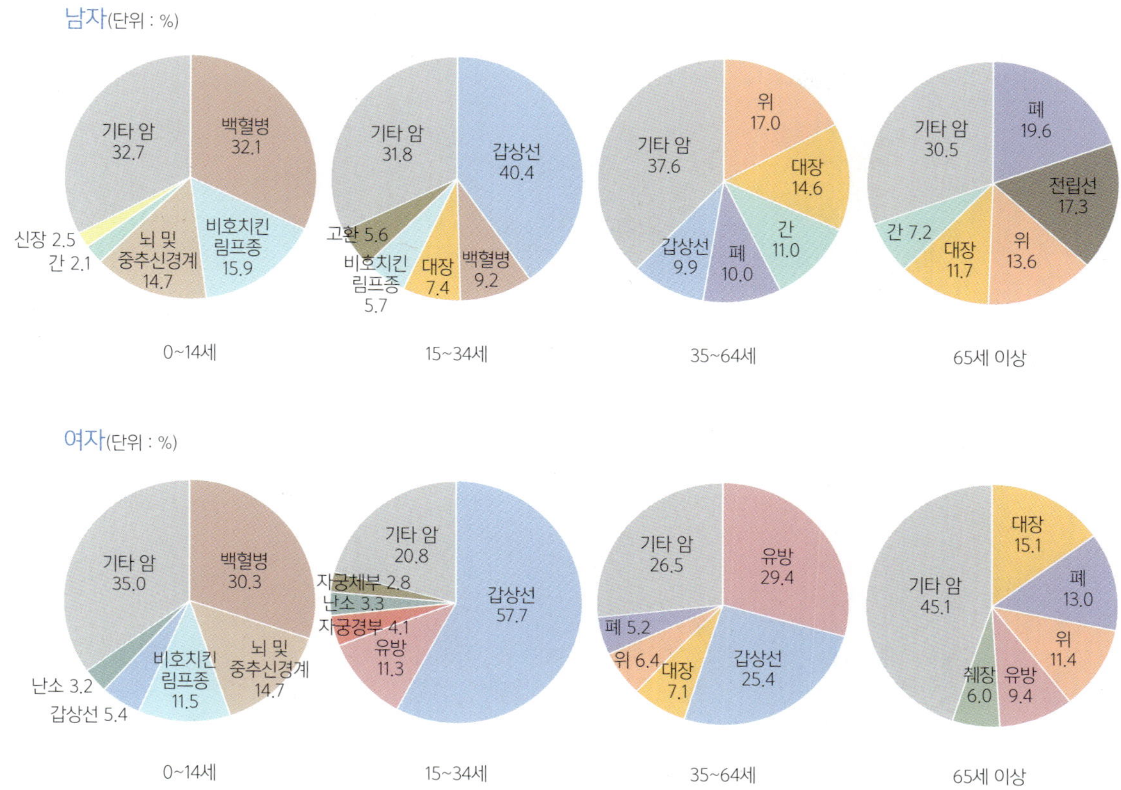

그림 11-3 성별 및 연령별 암 발생 현황
자료 : 한국건강증진개발원, HP2030팩트시트, 2022

품의 섭취 패턴도 변화하고 있는데, 19세 이상에서 곡류, 채소류, 과일류 섭취량은 지속적으로 감소하는 추세이고, 음료류의 섭취량은 급격히 증가하고 있으며, 육류 섭취량은 완만한 증가 추세를 보이고 있다(그림 11-5).

비만은 심장혈관질환과 당뇨병뿐 아니라 유방암을 비롯한 각종 암의 원인으로 보고되고 있다. 또한 식생활과 영양 섭취는 암 발생에 영향 미치는 요인 중 30% 정도에 해당하는 것으로 알려져 있다. 따라서 성인기 적절한 체중의 유지와 좋은 영양 섭취는 만성질환 예방을 위해 중요하다. 또한 노화로 인한 생리적 변화와 기능 감퇴를 늦추고 노년기 이후에도 좋은 건강 상태를 유지하기 위해서는 성인기 바른 생활 습관과 함께 균형 있는 영양 섭취가 필요하다.

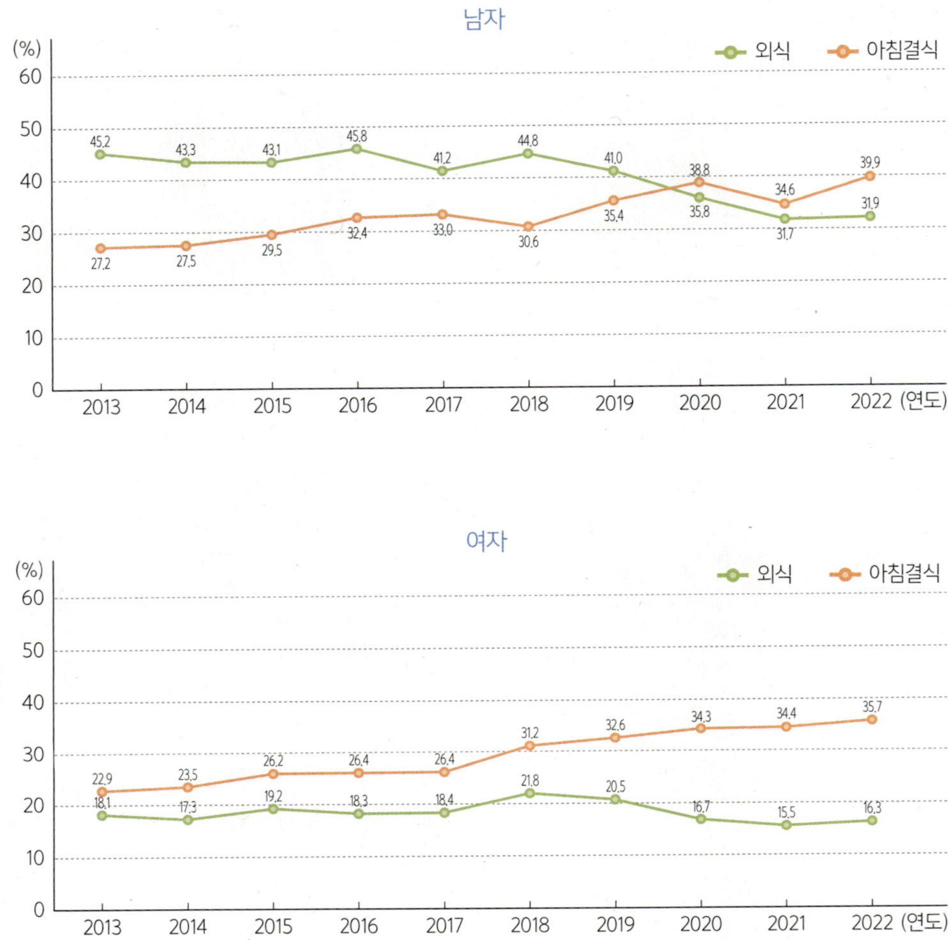

만 19세 이상
아침식사 결식률 : ('13-'21년) 조사 1일 전 아침식사를 결식한 분율, ('22년) 조사 2일 전 아침식사를 결식한 분율
하루 1회 이상 외식률 : 외식 빈도가 하루 1회 이상인 분율

그림 11-4 식생활 추이

자료 : 보건복지부, 2013~2022 국민건강영양조사, 2014~2023

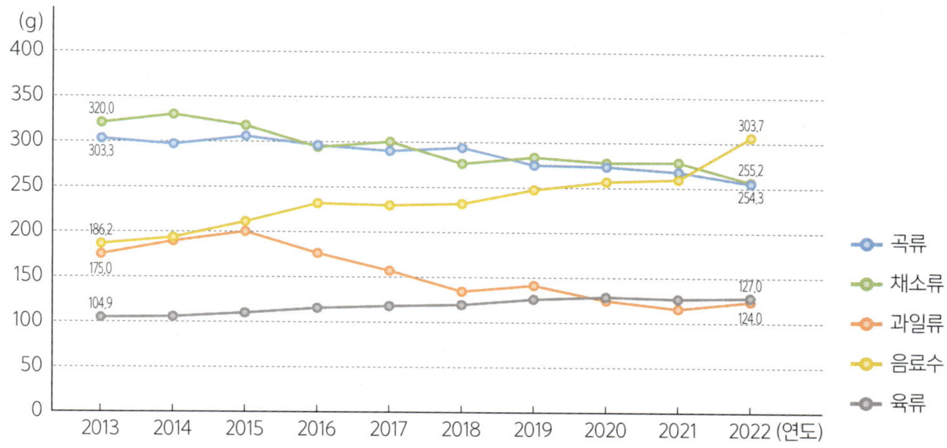

만 19세 이상
식품군별 섭취량 : 1인 1일당 식품군별 섭취량의 평균

그림 11-5 식품군별 섭취량 추이
자료 : 보건복지부, 2013~2022 국민건강영양조사, 2014~2023

2) 노인

생물학적으로 노화는 특정한 나이부터 시작되는 것이 아니라 전 생애에 걸쳐 진행되는 과정이다. 인간의 최대수명(life span)은 100세에서 120세 정도로 추정되고 있지만, 유전이나 환경요인 및 생활습관은 실질적인 수명에 큰 영향을 미친다. 평균수명이 꾸준히 증가하면서 노년기의 시작 나이를 재정립할 필요가 있다는 주장이 있다.

노년기의 건강 수준은 개인별로 차이가 크기 때문에 단순히 시간적 개념의 '나이'보다는 아프지 않고, 독립적이며, 활동적인 삶을 유지할 수 있는 기능적 개념의 '건강나이' 연장을 지향하고 있다. 2019년 기준, 한국인의 출생 시 건강수명은 73.1세로서 OECD 평균 70.3세에 비해 높게 나타났다(그림 11-6).

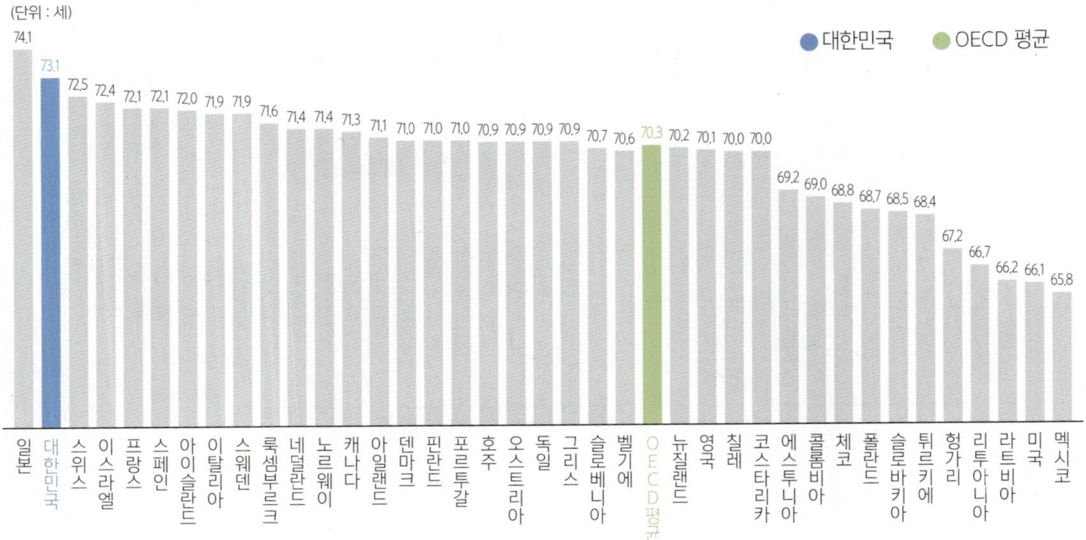

주) 1. OECD 회원국 중 2019년 통계가 있는 회원국의 평균

그림 11-6 OECD회원국의 출생 시 건강수명*
*기대수명에서 질병 또는 장애를 가진 기간을 제외한 수명
자료 : WHO, World Health Statistics, 2022

한국인에게 질병부담을 주는 제1의 위험요인은 '식습관'으로(표 11-1), 노년기의 저영양, 영양불량, 영양결핍은 근육량의 감소(sarcopenia)와 근력의 감소를 유발하여 노쇠(허약, frailty)를 촉진하게 된다. 노화가 진행됨에 따라 자연 치아 수나 침 분비량이 감소하고, 구강건강의 문제는 입으로 먹는 식사량을 줄어들게 한다. 또한 소화 기능 및 생리 조절 기능과 면역력의 저하를 초래하고, 은퇴 후 겪는 노년의 사회경제적인 어려움, 노년기 우울증과 여러 가지 약물의 복용 등은 다시 식욕감퇴로 이어진다. 노화 과정에서 영양 상태는 다차원적인 영향을 미치며(그림 11-7), 이러한 신체·정신·사회적인 허약 상태는 상호 연계되어 있어 포괄적인 노쇠를 유발하는 영향인자가 된다.

표 11-1 한국의 질병부담을 초래하는 건강위험요인 TOP 10

순위	한국		
	건강위험요인	유형	비중(%)
1	식습관	O	11.6
2	알코올 및 약물복용	O	9.6
3	흡연	O	8.5
4	수축기 고혈압	△	7.1
5	높은 체질량지수(BMI)	△	7.1
6	높은 공복혈당	△	6.6
7	대기오염	□	2.9
8	낮은 신체활동 수준	O	2.8
9	직무상 위험	□	2.3
10	아동 및 모성의 영양실조	O	2.1

주) 1. O : 건강행태적 위험, △ : 대사적 위험, □ : 환경적·직업적 위험
2. 위험요인의 비중은 전체 시간적 손실 중에 각 요인이 초래한 시간적 손실의 비중을 의미함
자료 : 보험연구원(https://www.kiri.or.kr)

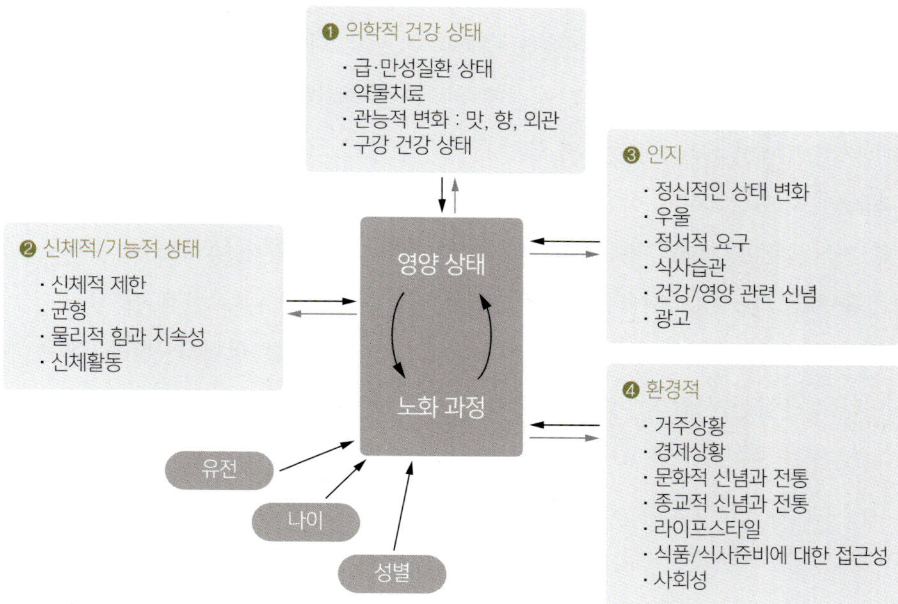

그림 11-7 건강한 삶의 질과 노화 과정에 영향을 미치는 요인
자료 : Bernstein and Munoz, *J of Academy of Nutrition and Dietetics*, 112(8):1255-1277, 2012

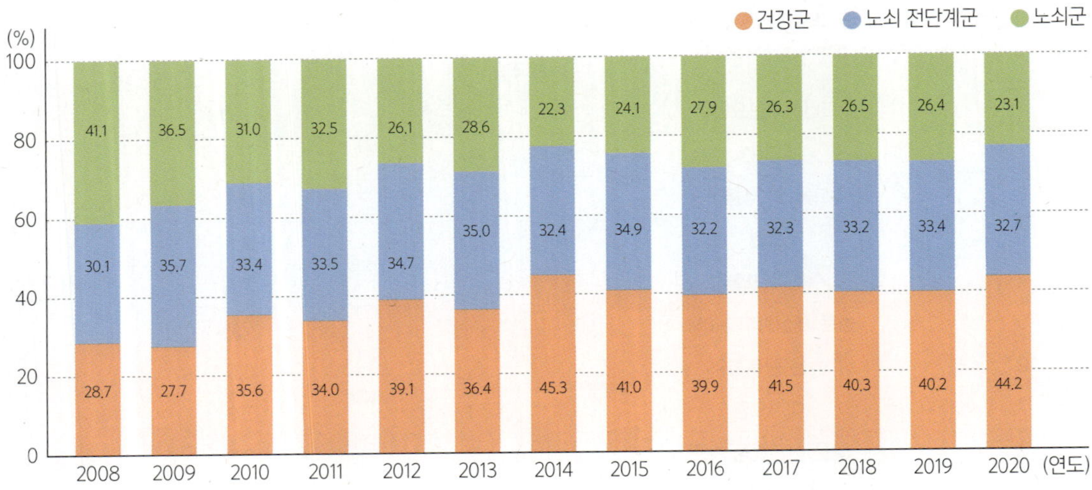

그림 11-8 노년기 한국인의 노쇠군, 노쇠 전단계군, 건강군의 분포 추이(65세 이상, 17,784명)
자료 : *J Korean Med Sci* V.38(29):e157, Jul 2023. https://doi.org/10.3346/jkms.2023.38.e157

국민건강영양조사 자료(2008년~2020년)를 활용한 최근 연구보고에 따르면, 지난 십여 년간 65세 이상 한국인의 노쇠군 비율은 절반 수준으로 감소(2008년 41.1%에서 2020년 23.1%)하였고, 반면에 건강군 비율은 증가한 것으로 나타났다(2008년 28.7%에서 2020년 44.2%)(그림 11-8). 한편, 노년기의 만성질환 유병률은 증가하는 추세로 나타나 이상지질혈증(2008년 17.9%에서 2020년 40.9%)의 증가율이 가장 높았고, 다음으로 당뇨병(2008년 20.6%에서 2020년 30.0%), 그리고 심혈관질환(2008년 5.6%에서 2020년 9.3%까지) 순이었다. 반면에 노인의 저작불편율(2008년 59.4%에서 2020년 33.1%)과 활동제한율(2008년 42.2%에서 2020년 12.0%), 흡연율(2008년 17.0%에서 2020년 9.3%)은 개선된 것으로 나타났다(그림 11-9).

그러나 국가별로 65세 이상 인구에서 스스로 느끼는 건강 상태가 '좋음' 혹은 '매우 좋음'이라고 응답한 사람의 비율(주관적 건강인지율)을 비교해 보면, 우리나라는 OECD 평균보다 낮은 수준이다(그림 11-10). 특히, 최근 노인 남성의 주관적 건강인지율이 더 악화되었고, 노인 여성의 주관적 건강인지율은 소득수준별 격차가 큰 것으로 나타나고 있다(표 11-2).

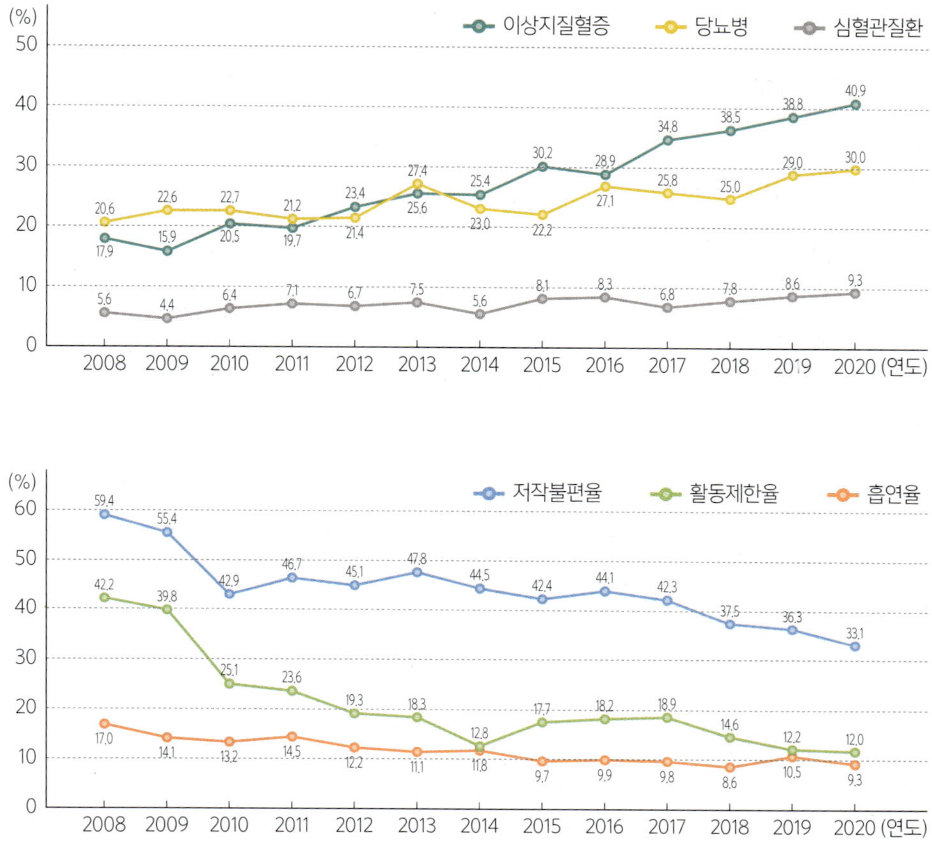

그림 11-9 노년기 한국인(65세 이상)의 노쇠지수 개별 요인의 변화 추이

자료 : *J Korean Med Sci* V.38(29):e157, Jul 2023. https://doi.org/10.3346/jkms.2023.38.e157

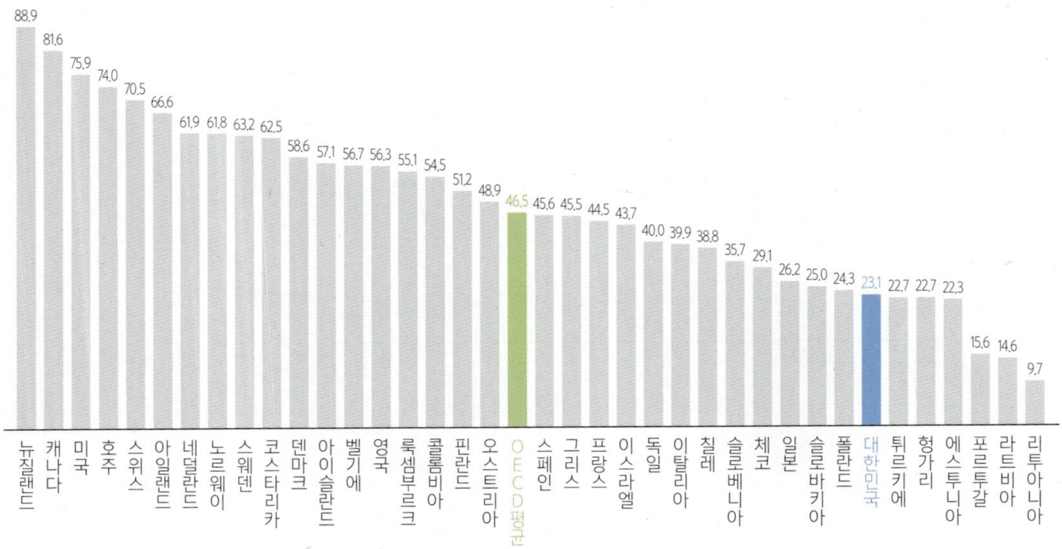

주) 1. OECD 회원국 중 2021년(혹은 인접 연도) 통계가 있는 회원국의 평균
2. ('20) 대한민국, 캐나다, 미국, 스위스, 아일랜드, 네덜란드, 노르웨이, 스웨덴, 덴마크, 벨기에, 룩셈부르크, 핀란드, 오스트리아, 그리스, 스페인, 프랑스, 이스라엘, 독일, 슬로베니아, 체코, 슬로바키아, 폴란드, 헝가리, 튀르키예, 에스토니아, 포르투갈, 라트비아, 리투아니아, ('19) 영국, 콜롬비아, 이탈리아, 일본, ('18) 코스타리카, 아이슬란드, ('17) 호주

그림 11-10 국가별 65세 이상 인구 중 건강이 '좋음' 혹은 '매우 좋음'이라고 응답한 사람의 비율

자료 : OECD, Health Status(https://stats.oecd.org/); 한국건강증진개발원, 제5차 국민건강증진종합계획(HP2021~2030) 2022년 대표지표 분석보고서, 2022

표 11-2 노년기 한국인의 주관적 건강인지율

중점 과제	지표명	기준치 ('18)	최근치 ('20)	목표치 ('30)	달성도[1]	변화율[2]	현황[3]
노인	노인 남성의 주관적 건강인지율	28.7%	27.0%	34.7%	-28.3%	5.9%	악화
	노인 여성의 주관적 건강인지율	17.6%	20.0%	23.6%	40.0%	-	개선
	소득 1~5분위 노인 남성의 주관적 건강인지율 격차	15.6%p	15.4%p	13.2%p	8.3%	1.3%	유지
	소득 1~5분위 노인 여성의 주관적 건강인지율 격차	5.9%p	16.1%p	3.5%p	-425.0%	172.9%	악화

1) 지표가 개선된 경우 : [(최근치-기준치)/(목표치-기준치)] × 100

2) 지표가 악화, 유지된 경우 : [(최근치-기준치/기준치]×100

3) ① 달성 : HP2030 목표를 달성/초과한 지표, ② 개선 : HP2030 목표치에 접근하고 있는 지표(기준치에서 개선된 지표 : 달성도 10% 이상~100% 미만), ③ 유지 : HP2030 목표치에 접근하고 있으나 변화율이 적은 지표(달성도 0% 이상~10% 미만, 변화율로 산정), ④ 악화 : HP2030 목표치에서 멀어지는 지표(기준치에서 악화되는 지표, 변화율로 산정), ⑤ 기타 : 산출 예정 및 정성평가 대상 지표 등

자료 : 한국건강증진개발원, 제5차 국민건강증진종합계획(HP2021~2030) 2022년 대표지표 분석보고서, 2022

우리나라의 고령인구 증가 속도는 외국에 비해 상대적으로 빠르게 진행되고 있고, 독거 고령자 가구의 증가 추세도 더욱더 가속화되고 있다. 우리나라 60세 이상 고령자 가운데 배우자와 자녀 없이 홀로 거주하는 1인 가구 수는 2015년 약 157만 명에서 2020년 약 224만 명으로 연평균 7.3% 증가하였다. 2020년 기준, 60세 이상 고령자의 19.3%가 1인 가구이다.

노인의 영양 상태와 일상생활 수행 능력은 성별과 연령, 소득수준 및 1인 가구 여부에 따라 크게 차이가 나타나는데, 독거 고령자는 동거 고령자보다 더 취약한 수준으로 보고되고 있다. 따라서 국가 영양 아젠다로서 노년기 삶의 질을 확보하기 위해서는 만성질환의 예방은 물론 적극적인 관리를 위하여 영양위험과 건강위험을 조기에 발견하는 것이 매우 중요하다. 또한 노년기 건강위험요인을 개선하기 위하여 건강한 식생활을 실천할 수 있는 영양교육과 질환별 맞춤영양관리를 위한 지역사회 영양중재의 필요성이 매우 크다고 할 수 있다.

제6기 국민건강영양조사 결과, 우리나라 65세 이상 고령자의 에너지, 칼슘, 리보플라빈, 나이아신의 섭취는 모두 부족했으나, 나트륨은 목표섭취량의 1.5배를 섭취하는 것으로 나타났다. 특히 지방, 칼슘, 리보플라빈, 나이아신, 비타민 C는 영양소 섭취기준 미만으로 섭취하는 경우가 전체 고령자의 50% 이상으로서 고령자의 저영양 및 영양 불균형 실태를 알 수 있었다. 이러한 영양 섭취 부족자 분율은 연령이 높을수록, 소득 및 교육 수준이 낮을수록 높았고, 활동에 제한이 있거나 저작 불편이 있는 경우, 그리고 우울 증상을 경험한 경우 유의하게 높았다.

한편, 지난 십여 년간 우리나라 고령자의 이상지질혈증, 당뇨병, 심혈관질환과 같은 만성질환율 증가세가 뚜렷한데, 이들 질환은 모두 식습관과 중요한 연관이 있다(그림 11-12). 생애주기별 건강데이터와 국내·외 선행 연구를 분석한 결과, 노년기 건강문제의 1순위는 암이며, 그 다음으로 심뇌혈관질환, 비만, 치매, 우울 순으로 나타났다(그림 11-11). 이들 만성질환에 영향을 미치는 구체적인 식습관과 영양요인으로는 불규칙한 식사, 영양불균형, 고열량, 고염식, 동물성 단백질 섭취 과다, 과일과 채소섭취량 부족, 가공식품 섭취 등으로 나타났다. 그 밖에 행동요인으로서 신체활동량 부족, 흡연, 과음, 우울 및 스트레스, 수면 부족, 낮은 수면의 질, 알코올 의존 등이 있었고, 환경요인으로서 은퇴, 배우자 사별, 소득 수준, 낮은 가족관계의 만족도, 요양원 장기 거주 등으로 나타났다. 따라서 만성질환의 예방과 관리를 위한 영양교육과 식생활 지도는 생애 전 주기에 걸쳐 지속할 필요가 있으

그림 11-11 생애주기별 주요 건강문제 우선순위

그림 11-12 노년기 건강문제별 건강행동 및 건강 결정 요인

자료 : 한국건강증진개발원, 생애주기별 디지털 건강관리 핵심 서비스 연구보고서, 2022

며, 노인의 영양 상태를 개선할 수 있도록 지역사회영양사업을 통한 실천적인 영양지도와 영양교육이 절실히 필요한 실정이다.

식품 안정성은 식품의 유용성(availability), 접근성(accessibility), 이용성(utilization)을 모두 포함하는 개념으로서 개인의 소득수준, 사회경제적 특성, 건강 상태, 영양 상태 및 삶의 질과 밀접하게 연계되어 있다. 제7기(2016~2018년) 국민건강영양조사 자료를 활용하여 우리나라 노인 3,992명의 식품 안정성에 따른 건강과 영양 섭취 현황을 분석한 결과, 식품 불안정군은 단백질과 지방에 의한 에너지 섭취 비율과 비타민 B_2, 나이아신, 칼슘, 칼륨, 인의 영양밀도가 식품 안정군에 비해 유의하게 낮은 것으로 나타났다. 특히 식품 불안정군 남자 노인은 비타민 A의 영양밀도가, 여자 노인은 철분의 영양밀도가 유의하게 낮았다. 한편, 서울시 65세 이상의 취약계층 노인 372명을 대상으로 맞춤형 영양교육과 보충식품으로 구성된 영양꾸러미를 제공하여 식품 안정성 확보와 건강·영양 상태 개선에 대한 효과를 평가한 결과 영양중재 프로그램 참여 이후, 대상자의 모든 영양소 섭취량이 유의적으로 증가하였고, 권장섭취기준 대비 50%에 미치지 못했던 대부분의 영양소 섭취는 프로그램 참여 이후 50%를 넘게 섭취하는 효과를 거두었다. 따라서 고령자의 식품 안정성은 지역사회영양사업을 통해 해결해야 할 주요 영양문제라고 할 수 있다.

2016~2021년 식품소비행태조사 자료를 기반으로 인구·사회 요인과 건강요인에 대하여 유사한 특성을 가지는 독거 고령자와 비독거 고령자를 매칭하여 비교한 결과, 독거 고령자는 비독거 고령자에 비해 식사 규칙성이 낮았고, 일주일간 아침식사를 거른 횟수가 2배가량 더 많았으며, 점심식사와 저녁식사를 거른 횟수도 더 많은 것으로 나타났다. 또한 독거 고령자는 비독거 고령자보다 음식 구매에 대한 경제적 여력이 낮았고, 영양 균형을 위한 기초식품군 섭취 비중이 낮은 것으로 나타났다. 따라서 독거 고령자에 대한 급식 지원, 정부양곡 할인 지원, 농식품바우처 지원 등을 통한 농식품 지원 사업들을 검토하고, 적절한 지역사회영양사업이 필요한 실정이다.

2. 영양중재 프로그램 사례

1) 성인

(1) 건강위험요인 개선을 위한 맞춤 영양관리사업

비만 및 만성질환의 사회·경제적 부담이 증가함에 따라 건강위험요인에 대한 사전 예방적 건강관리 체계가 필요하게 되었다. 이에 지역사회 성인을 대상으로 건강증진을 유도하고자 하는 지역사회 통합건강증진사업 영양 분야의 세부 사업 중 하나로 건강위험요인 개선을 위한 맞춤 영양관리사업을 실시하고 있다.

① 목적

제5차 국민건강증진종합계획은 모든 생애 과정과 생활터에 적용하는 것을 기본 원칙으로 하고 있다. 성인기 비만 및 만성질환에 의한 사회·경제적 부담은 계속하여 증가하고 있다. 이에 지역사회 단위의 건강위험요인에 대한 사전 예방적 건강관리 체계를 마련하여 주민을 대상으로 보건소, 생활터, 가정에서 영양관리 서비스를 제공하고 이를 통해 건강증진을 유도하는 데 사업의 목적이 있다.

② 대상

현재 국민건강보험공단에서는 지역 세대주, 직장가입자, 20세 이상 세대원과 피부양자, 20~64세 의료급여수급권자를 대상으로 2년마다 만성질환에 대한 진단을 포함하는 국가건강검진 실시를 원칙으로 하고 있다.

지역주민 중 국가건강검진에 의해 만성질환에 대한 건강위험군 또는 질환관리군으로 진단되거나, 건강위험군으로서 서비스가 필요하다고 판단되거나, 보건소에 내소하여 건강위험요인 개선을 위한 맞춤 영양관리사업 참여를 희망하는 등 세 가지 항목에 해당하는 지역주민은 보건소의 맞춤 영양관리사업에 참여할 수 있다(표 11-3, 11-4).

표 11-3 대상자 구분 기준

대상자 구분	구분 기준
건강군	건강 단계 선정 기준에 따라 항목 모두 '건강'으로 판정되었으나 서비스를 희망한 자
건강위험군	검진·검사 결과 '건강위험요인' 7개 중 1개 이상에 해당하는 경우
질환관리군	'질환의심요인'이 1개 이상인 경우 또는 의사의 확진을 받거나 치료제를 복용 중인 경우

표 11-4 건강위험요인 분류 기준

위험요인			판정 수치	위험군 분류	판정
①	수축기혈압		120 mmHg 미만	정상	건강
			120~140 미만	고혈압 전단계	건강위험
			140 이상	고혈압	질환의심
②	이완기혈압		80 mmHg 미만	정상	건강
			80~90 미만	고혈압 전단계	건강위험
			90 이상	고혈압	질환의심
③	공복혈당		100 mg/dL 미만	정상	건강
			100~126 미만	당뇨병 전단계	건강위험
			126 이상	당뇨병	질환의심
④	허리둘레	남	90 cm 미만	정상	건강
			90 이상	위험	건강위험
		여	85 미만	정상	건강
			85 이상	위험	건강위험
⑤	중성지방		150 mg/dL 미만	정상	건강
			150~200 미만	경계역 중성지방혈증	건강위험
			200 이상	고지혈증	질환의심
⑥	총콜레스테롤		200 mg/dL 미만	정상	건강
			200~240 미만	경계역 콜레스테롤혈증	건강위험
			240 이상	고콜레스테롤혈증	질환의심
⑦	HDL-콜레스테롤	남	40 mg/dL 이상	정상	건강
			40 미만	위험	건강위험
		여	50 mg/dL 이상	정상	건강
			50 미만	위험	건강위험

③ 내용

국가건강검진 결과 비만과 만성질환의 건강위험군 또는 질환관리군으로 판정받은 경우면, 희망자에 대하여 건강문제를 인식시키고 검진 결과와 질환관리에 대한 상담을 실시하여 건강행태 개선을 유도한다. 또한 영양상담과 함께 교육 및 영양관리 프로그램을 성별(청년기·중장년기 남성, 폐경기·가임기 여성 등), 생활터별(사무직·노동직 직장 등) 맞춤형으로 제공한다.

사업의 내용은 크게 '건강위험요인 개선을 위한 맞춤 영양상담'과 '건강위험요인 개선을 위한 맞춤 영양관리프로그램 운영' 등 두 가지로 이루어진다.

'건강위험요인 개선을 위한 맞춤 영양상담' 프로그램에서는 24시간 회상법 또는 식품섭취빈도조사를 이용한 영양조사를 실시하여 식생활의 문제점을 파악하고 개선을 위한 맞춤형 상담을 시행하게 된다(그림 11-13, 표 11-5).

'건강위험요인 개선을 위한 맞춤 영양관리프로그램 운영'에서는 당뇨, 고혈압, 비만 등 건강위험요인별로 집단 영양교육을 실시하고, 식사구성안, 식생활지침, 한국인 영양섭취기준 활용 가이드북 등을 교육한다. 또한 비만 및 만성질환 관리의 경우 신체활동의 중요성이 강조되는 만큼, 신체활동 교육과 연계된 서비스가 제공될 수 있으며, 보건소에서 운영 중인 모바일 헬스케어사업과의 연계도 가능하다.

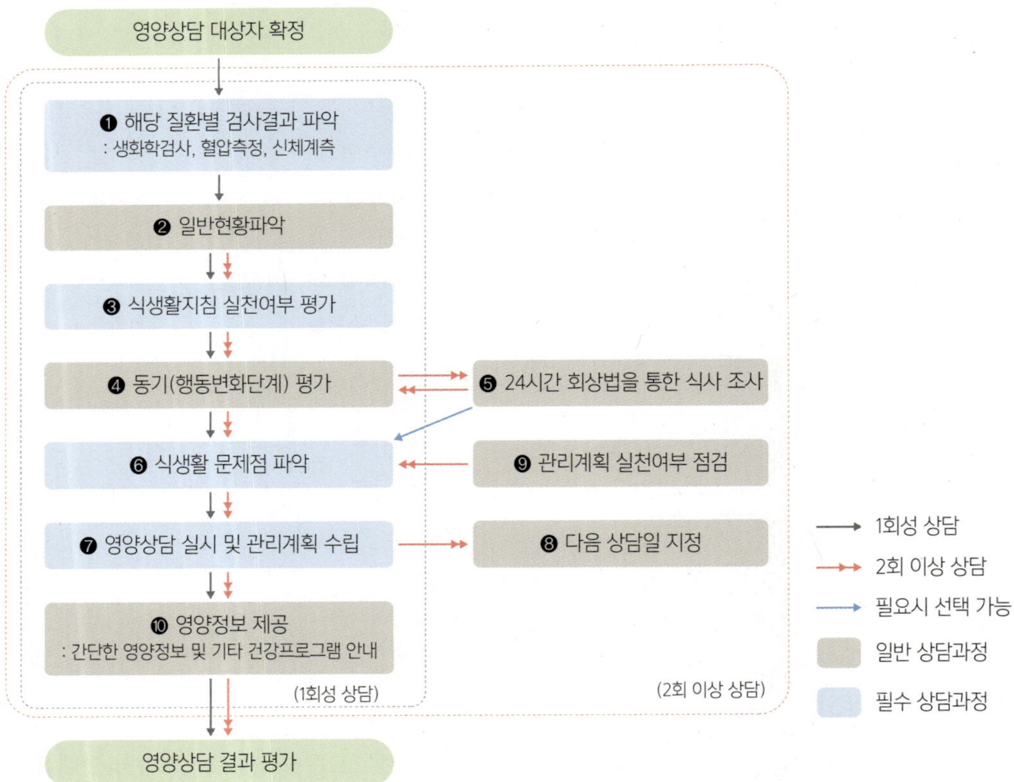

그림 11-13 건강위험요인 개선을 위한 맞춤 영양관리사업의 영양상담 수행 체계

표 11-5 건강검진 결과에 따른 개선 방향과 영양상담 내용의 구성

개선 방향	상담 내용 구성
비만 개선	목적, 목표, 대상자별 비만 개선 목표 및 실천 전략, 영양상담 내용, 식품별 열량 및 지방함량, 비만 개선을 위한 조리 요령 및 레시피, 비만 개선 영양상담 관련 Q&A
혈당관리	목적, 목표, 대상자별 혈당관리 목표 및 실천 전략, 영양상담 내용, 식품별 당분함량, 혈당지수 및 식이섬유 함량, 혈당관리를 위한 조리 요령 및 레시피, 혈당관리 영양상담 관련 Q&A
혈압관리	목적, 목표, 대상자별 혈압관리 목표 및 실천 전략, 영양상담 내용, 식품별 나트륨함량, 혈압관리를 위한 조리 요령 및 레시피, 혈압관리 영양상담 관련 Q&A
혈중지질관리	목적, 목표, 대상자별 혈중지질관리 목표 및 실천 전략, 영양상담 내용, 식품별 콜레스테롤 및 포화지방 함량, 혈중지질관리를 위한 조리 요령 및 레시피, 혈중지질관리 영양상담 관련 Q&A

자료 : 한국건강증진개발원(http://www.khealth.or.kr)

(2) 모바일 헬스케어사업

보건소 모바일 헬스케어사업은 성인의 만성질환 예방을 위해 건강위험군 또는 일반인을 대상으로 모바일을 통해 건강관리 서비스를 제공하는 지역사회 통합건강증진사업의 세부사업 중 하나이다.

① 개요 및 목적

만성질환 예방을 통한 경제적 손실 최소화와 건강관리 효율성 제고의 필요성이 높아짐에 따라, 보건소에서는 국가건강검진 결과를 활용한 건강관리사업을 실시하고 있다. 그러나 직접 방문해야 하는 불편으로 인해 서비스 참여 희망자 중 약 1%만이 실제로 서비스를 이용하고 있으며, 특히 30~50대 직장인의 경우 평일 근무로 인해 보건소 방문이 어렵다는 문제가 지적되어 왔다.

이에 건강관리 서비스 참여 희망자의 요구를 충족시키는 수혜자 중심의 보건소 건강관리사업으로의 전환을 위해 정보통신기술(information and communication technologies, ICT)을 활용한 모바일 기반의 공공형 건강관리 서비스 제공이 필요하게 되었다. 보건소 모바일 헬스케어 플랫폼을 통해 ICT를 활용한 공공형 건강관리 서비스를 제공함으로써 공공형 건강관리 서비스 활성화와 지역주민의 자기 건강관리 능력을 높이고 이를 통해 지역주민의 건강 수준을 향상시키는 데 사업의 목적이 있다.

② 대상

해당 보건소 관할지역 내 거주자 혹은 직장인인 성인 중, 관련 질환을 진단받거나(표 11-6) 해당 질환의 치료를 위해 약물 처방을 받지 않은 사람을 대상으로 한다. 건강위험요인을 보유하지 않았더라도 건강관리가 필요하고, 보건소 최초 건강검진 시 질환을 보유하지 않았거나, 검진 결과를 토대로 의사 상담을 통해 선정된 경우에 대상자로 등록할 수 있다. 등록의 우선순위는 건강위험요인이 많거나 보건소 모바일 헬스케어 서비스 참여 경험이 없거나, 자기 건강관리가 어려운 건강 취약계층이다(그림 11-14).

표 11-6 건강위험요인별 판정수치

구분		위험군 판정 기준	위험군 분류	질환자 판정 기준
혈압	수축기혈압	130 mmHg 이상	고혈압 전단계	140 mmHg 이상
	이완기혈압	85 mmHg 이상	고혈압 전단계	90 mmHg 이상
공복혈당		100 mg/dL 이상	공복혈당장애, 내당능장애	126 mg/dL 이상
허리둘레	남	90 cm 이상	위험	-
	여	85 cm 이상	위험	-
중성지방		150 mg/dL 이상	경계역 중성지방혈증	200 mg/dL 이상
HDL-콜레스테롤	남	40 mg/dL 이상	위험	-
	여	50 mg/dL 이상	위험	-

※ 혈압의 경우 수축기 또는 이완기 수치 중 1개 이상 해당

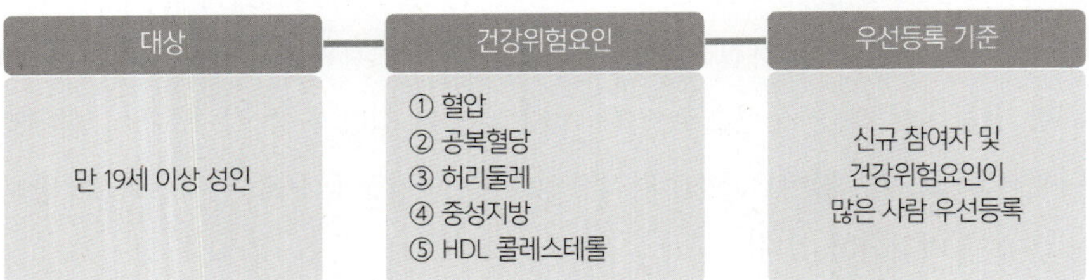

그림 11-14 대상자 등록을 위한 기준

③ 내용

주요 서비스 내용은, '24주 보건소 모바일 헬스케어 서비스', '(최초/중간/최종) 보건소 방문검진·상담 서비스', '모바일 APP 가입 및 활동량계 등 디바이스 제공' 등이다(그림 11-15, 표 11-7). 보건소에서는 주기적으로 건강 정보를 제공하는 동시에, 디바이스 연동을 통해 대상자의 운동·건강 정보를 모니터링하는 한편, 운동일기 입력을 통한 실시간 1일 소모 열량 평가 및 일일 식생활 실천 미션 수행 여부, 식사일기 입력, 월 1회 식사 사진 등

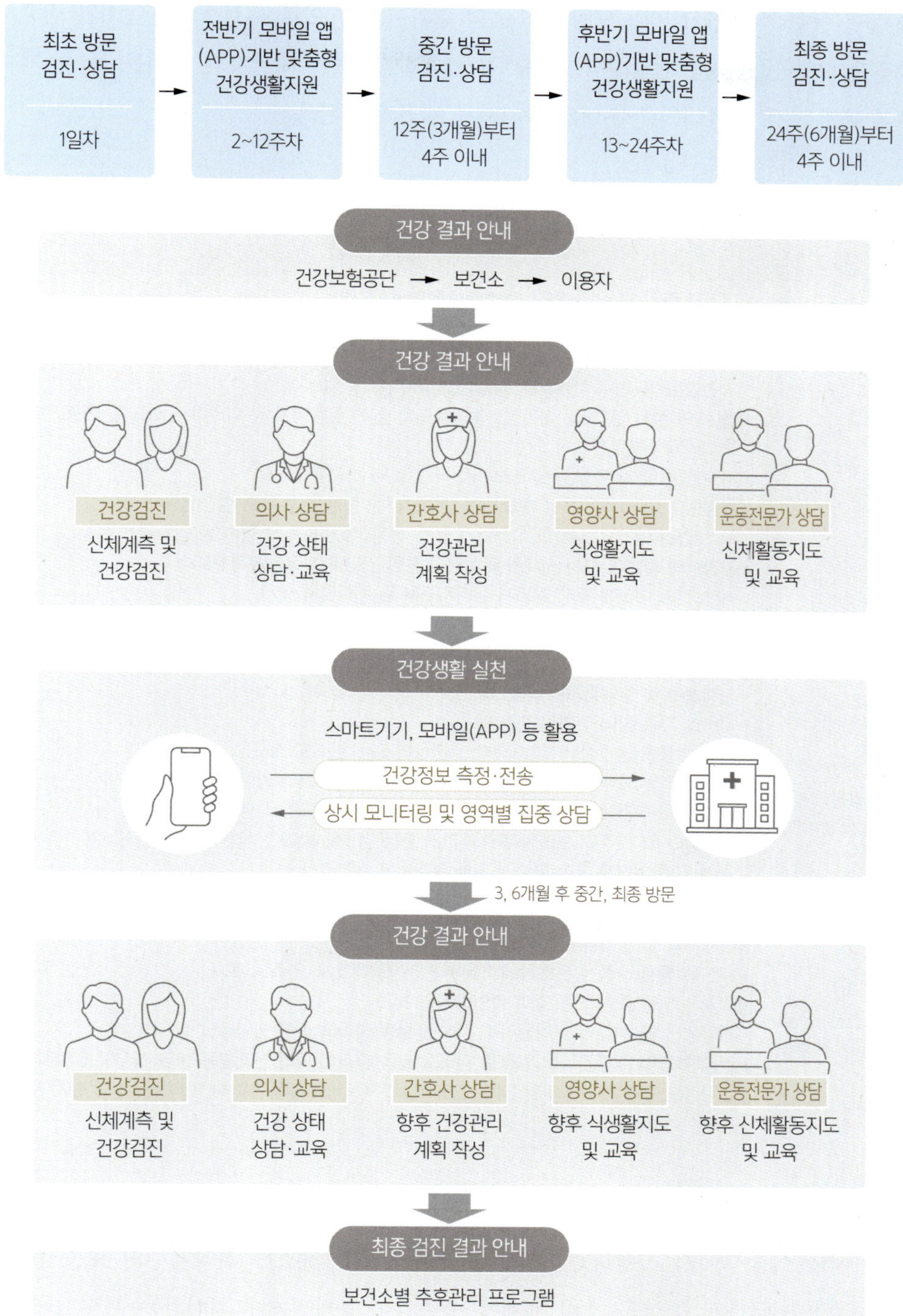

그림 11-15 24주 주요 서비스 내용 및 체계도

록 등을 통한 식생활 실천과 영양평가 등의 결과를 기반으로 보건소의 전문가가 집중 상담을 실시하는 쌍방향 건강상담 서비스를 제공한다. 또한 대상자의 참여를 독려하기 위하여 보건소 내 커뮤니티를 운영하고 미션을 제공하게 된다.

표 11-7 보건소 방문검진·상담 서비스 상세 내용

구분	세부 내용
최초 방문검진·상담	• 대기자 확인 및 상담·검진 안내(코디네이터·간호사) • 신체계측 및 혈액검사(코디네이터·간호사) • 서비스 대상자 등록 – 건강위험요인 수치에 따라 대상자 참여 여부 결정(의사) • 앱(APP) 설치 및 가입, 개인정보제공동의서 입력, 활동량계 등 디바이스 배포 및 연동 안내(코디네이터·운동전문가) • APP을 통한 사전 설문조사(코디네이터·간호사) 건강행태조사 • 건강행태 및 식사평가 결과에 따라 영양상담을 통한 건강 목표 설정(영양사) ※ 보건소 여건에 24시간 식사일기 평가, 식품섭취빈도조사 평가 등 영양평가 실시 • 건강행태 결과에 따라 신체활동 상담을 통한 건강목표 설정(운동전문가) ※ 보건소 여건에 따라 필요시 심폐지구력 등 체력검사 실시 • 건강검진 및 건강행태 결과에 따라 건강 상담을 통한 건강 목표 설정(간호사) • 서비스 일정 안내 및 최종 점검(코디네이터)
중간 방문검진·상담 12주(3개월)부터	• 신체계측 및 혈액검사(코디네이터·간호사) • 서비스 지속 참여 여부 결정(의사) • APP을 통한 중간설문(코디네이터) 건강행태조사, 만족도 조사 • 건강행태 및 12주간 모바일APP 서비스 활동 결과에 따라 영양상담 실시(영양사) ※ 보건소 여건에 24시간 식사일기 평가, 식품섭취빈도조사 평가 등 영양평가 실시 • 건강행태 및 12주간 모바일APP 서비스 활동 결과에 따라 신체활동 상담 실시(운동전문가) ※ 보건소 여건에 따라 필요시 심폐지구력 등 체력검사 실시 • 건강검진, 건강행태 결과 및 12주간 모바일APP 서비스 활동 결과에 따라 건강상담 실시(간호사)
최종 방문검진·상담 24주(6개월)부터	• 신체계측 및 혈액검사(코디네이터·간호사) • APP을 통한 최종 설문조사(코디네이터) 건강행태조사, 만족도 조사 • 의사 상담을 통한 최종 결과 확인(의사) • 건강행태 및 24주간 모바일APP 서비스 활동 결과에 따라 영양상담 실시(영양사) • 건강행태 및 24주간 모바일APP 서비스 활동 결과에 따라 신체활동 상담 실시(운동전문가) • 건강검진, 건강행태 결과 및 24주간 모바일APP 서비스 활동 결과에 따라 건강상담 실시(간호사)

(3) 농식품바우처사업

농림축산식품부에서 시행하는 농식품바우처사업은 저소득 취약계층의 보충적 영양을 지원하고, 국내산 농산물 소비 체계를 구축하여 농가경제에 기여하는 프로그램이다. 2020년에 수립되었던 제3차 식생활교육 기본계획의 '지속 가능한 식생활로 함께 하는 농업, 건강한 국민, 포용하는 사회 실현' 비전 달성을 위해 시범사업으로 시작되었다.

① 경과 및 목적

소득 불평등 심화, 고령화 등으로 경제적 취약계층은 점차로 확대되고 있다. 소득분위 하위 1/4분위에 해당하는 가구는 우유, 과일, 어패류, 육류 섭취량이 상대적으로 적으나 곡류 섭취량에서는 큰 차이가 없어서 곡류 위주의 식생활을 하고 있다는 보고가 있다. 이와 같은 식품 섭취의 불충분/불균형은 영양 부족/불균형으로 이어져 건강에 부정적인 영향을 미치고, 의료비 등 사회적 비용 증가의 원인이 된다.

이에 경제적 취약계층을 대상으로 농식품바우처사업이 2017년 시범사업으로 지정되고 2020년부터 4개 지방자치단체를 시작으로 시행되게 되었다. 이 사업의 목적은 경제적 취약계층을 대상으로 하는 보충적 영양 지원 정책의 일환으로서 식품 접근성을 강화하고, 국산 농축산물의 지속 가능한 소비 기반을 구축하며, 식생활교육 연계를 통한 취약계층의 식생활 개선을 목적으로 한다.

② 대상

각 지방자치단체에 거주자이면서, 시장소득과 재산의 환산소득을 합한 월 소득이 중위소득 50% 이하인 기초생활보장급여 수급 가구 및 차상위 가구를 지원 대상으로 한다.

③ 내용

사업 신청 후 주소지, 가구원 수 등 정보를 기준으로 매월 1일 바우처카드(전자바우처)에 지원 금액이 충전된다. 지급된 지원금은 당월 말일까지 지원 품목의 구입에 사용할 수 있다.

거주하는 지방자치단체에 위치한 농협하나로마트, 로컬푸드직매장에 직접 방문하여 지원 품목을 바우처카드로 구입할 수 있으며, 농협몰 회원가입 후 바우처카드로 온라인에서도 구입할 수 있다. 또한 거동불편자 등을 위해서는 신청을 통해 해당 가구에 매월 지원금액별 꾸러미를 구성하여 배송하게 된다.

지원 품목은 취약계층의 부족한 영양소, 식품 소비 패턴, 취약계층의 선호도, 국내산 농식품의 공급 여력 등을 고려하여 구성하게 되는데, 국내산 채소, 과일, 흰 우유, 신선 달걀, 육류, 잡곡, 꿀, 두부류, 단순 가공 채소류, 산양유 등의 식품으로 제한되어 있다. 농산물 수요·공급 조절 유지와 소비 촉진 등 농업과의 연계를 강화할 수 있도록 지속 가능한 선순환 체계의 구축도 검토 중에 있다.

2) 노인

(1) 어르신 영양관리사업

보건복지부의 지역사회 통합건강증진사업은 지역사회 주민의 건강수명을 증가하고 최적의 영양관리 및 식습관 개선을 목적으로 한다. 어르신을 위한 영양교육 프로그램은 노년기 식생활의 중요성을 알고 올바른 식습관을 가지게 함으로써 어르신의 건강한 식생활 유지에 도움이 되고자 하는 데 사업 목적이 있다. 지역사회에서 무료경로식당, 경로당, 노인정, 노인복지관 등을 이용하는 만 65세 이상 노인을 대상으로 노년기 식생활의 중요성을 알고, 올바른 식습관을 가지게 하여, 어르신 스스로 건강한 식생활을 유지하는 데 도움을 주기 위하여 8주 과정의 강의나 시범·실습 프로그램을 운영한다. '일반 어르신', '당뇨 어르신', '고혈압 어르신' 등 주제별 영양교육을 실시한다. 교육 내용의 예시는 표 11-8과 같다.

표 11-8 당뇨 어르신 영양교육(안)

회차	주제	내용
1	식생활관리의 중요성	• 나의 영양 위험도 평가 • 노화에 따른 신체의 변화 • 식생활과 건강한 노후의 관계
2	당뇨 식사관리 I	• 덜 먹어야 할 음식 찾기 • 규칙적 식사 계획(식사시간, 양, 속도 및 골고루 먹기 등)
3	실제 식생활에 적용하기	• 다양한 색의 채소 먹기 • 올바른 지방 섭취 방법 • 단순당과 복합당이란?
4	당뇨 식사관리 II	• 건강한 체중 유지하기 • 건강 체중을 위한 건강식생활 • 비만과 당뇨
5	식품위생의 중요성	• 개인 및 식품 위생에 대한 개념 • 올바른 식품 사용 방법 • 식품을 신선하고 안전하게 보관하는 방법 • 보관된 식품을 안전하게 이용하는 방법
6	올바른 외식 방법	• 영양표시제 알기 • 건강한 간식 선택하기 • 외식 시 올바른 메뉴 선정 및 식사 요령
7	저열량 조리 실습	• 저열량 식단 제안(현명한 양념 선택) • 다양한 채소 음식 만들기

회차	주제	내용
8	올바른 식단 체험하기	• 저열량 음식 체험 • 당뇨병 관리를 위한 식단 제시 • 단순당 함량 차이에 따른 간식 비교 체험

자료 : 보건복지부, 2024년 지역사회 통합건강증진사업안내, 2024

(2) 실버건강식생활사업

보건복지부의 지역사회 통합건강증진사업의 일환으로서, 본 사업의 목적은 식품 구입과 조리 등이 어려운 65세 이상의 독거노인 등 취약계층을 대상으로 식생활관리에 대한 교육을 실시하고, 건강간식을 제공하는 것이다. 식생활관리에 대한 교육은 월 1회 실시하고, 건강간식은 표 11-9와 같이 과일 및 유제품 등을 주 3회 제공한다. 영양사는 사업의 대상자 선정, 서비스 계획 수립, 서비스 제공 모니터링 등 사업의 전반적인 관리를 담당하고, 전문의는 대상자의 구강 기능(저작, 삼킴 등), 치매 등 신체 상태와 관련된 정확한 정보를 파악하기 위해 영양사와 필요시 수시 연계하여 진행한다. 또한 방문건강관리사업, 노인맞춤돌봄 서비스 등 타사업과 연계하여 건강 스크리닝(신체 기능, 영양 상태, 구강 기능, 만성질환 여부 등) 결과를 공유할 수 있도록 추진한다.

Tip 서비스 제공 절차

- 1단계 : 연령기준 및 소득기준에 따른 대상자 선정
- 2단계 : 건강 스크리닝 실시
- 3단계 : 맞춤형 식생활관리(영양교육 방법 및 내용) 계획
- 4단계 : 선정된 대상자에게 식생활관리 및 건강간식도시락 서비스 제공

표 11-9 실버건강식생활사업의 건강간식 제공 내용

구분	세부 내용
과일	• 하루 2회 분량 제공(1회 분량=100 g) • 주당 2~3가지 종류의 신선한 제철 과일을 제공 • 원칙적으로 전처리(세척, 껍질 제거, 씨 제거)된 과일을 제공하나, 대상자의 소화 및 치아 상태에 따라 갈은 형태 또는 주스도 제공 가능
유제품	• 하루 1회 분량 제공(1회 분량=우유 1개 또는 떠먹는 요구르트 1개)

자료 : 보건복지부, 2024년 지역사회 통합건강증진사업안내, 2024

(3) 결식 우려 노인 무료급식지원사업

결식 우려 노인 무료급식지원사업은 가정 형편이 어렵거나 부득이한 사정으로 식사를 거를 우려가 있는 노인(기초수급자노인 및 차상위계층노인, 저소득 독거노인)을 대상으로 무료 또는 실비 식사를 제공하는 사업이다. 노인 대상의 무료급식지원사업의 실시 주체는 2005년부터 중앙정부에서 지방자치단체로 이양되었다. 지방자치단체의 시장·군수·구청장은 무료급식사업자에게 무료급식사업의 규모(급식 인원 수, 급식횟수, 사업자 재정 형편 등)를 고려하여 예산 범위 내에서 소요 예산을 지원한다. 무료급식사업자로는 경로식당, 종합사회복지관, 노인복지관, 재가노인복지시설, 종교단체 등 비영리단체이며, 노인 지역봉사지도원과 기타 부녀회, 종교단체 등의 자원봉사 요원을 활용할 수 있다.

보건복지부는 「노인복지법」 제4조에 근거하여 노인 보건복지사업의 일환으로 결식 우려 노인을 대상으로 한 지방자치단체의 무료급식을 지원한다. 기존의 대상자는 '60세 이상의 결식 우려 노인'이었으나 2023년 10월 30일 '55~59세의 결식 우려가 있는 저소득자(예 : 기초생활보장 수급자 및 차상위 계층, 기타 저소득 독거인)'를 추가하여 탄력적으로 지원하고 있다. 또한 일정한 경제적 능력을 갖춘 노인에게는 실비로 식사를 제공하여 자체적인 노인급식 수준을 제고하는 기반을 마련한다.

한편, 거동 불편으로 경로식당을 이용하지 못하여 식사를 거를 우려가 있는 경우, 도시근로자 월평균소득 미만인 가구의 60세 이상 노인 또는 결식 우려가 있는 55~59세 저소득자나 시장·군수·구청장이 필요하다고 인정되는 자를 대상으로 조리된 음식을 가정으로 배달해 주는 식사 서비스를 실시하고 있다. 60세 이상 기초생활수급 노인 및 차상위계층 노인(독거노인 포함)에게는 무료로 제공하며, 그 이상의 일정한 능력을 갖춘 노인의 경우, 실비 수준의 급식비 징수가 가능하다.

(4) 사회복지급식관리지원센터

식품의약품안전처는 2022년 7월 8일 시행된 「노인·장애인 등 사회복지시설의 급식안전 지원에 관한 법률」에 근거하여 사회복지급식관리지원센터를 두고, 영양사가 없는 급식 인원 50인 미만의 소규모 노인·장애인 복지시설을 대상으로 안전하고 영양이 확보된 양질의 급식을 제공할 수 있도록 급식위생·영양관리를 지원한다. 기존의 어린이급식관리지원센터와 통합하여 2022년 20개소로 시작하였고, 전국 모든 지방자치단체에 확대 설치하고 있다. 특히 노인의 질환별·장애유형별 식단을 제공하는데, 기저질환 및 씹거나 삼키는 능력에 따라 당뇨식·고혈압식·연하보조식 등 건강 상태를 고려한 특수식 식단 및 조리법을 제공하고, 제공받는 식사에 대한 안내문과 식생활 정보지도 함께 제공하여 이용자의 식생활관리에 도움이 될 수 있도록 한다.

(5) 노인식품비 지원 사업

보건복지부는 생활보호대상자를 선정하여 생계비 지급, 경로연금 지급과 사회의 저소득층 소외계층에 대하여 식품을 구매할 수 있도록 식품비를 제공, 영양 개선을 위한 중요한 사회복지와 영양 정책 등을 지원하고 있다.

Tip 방문건강관리 사업

- 근거 법령 : 「국민건강증진법」 제5조의3 및 「지역보건법」 제11조
- 대상자 : 보건소에 내소하여 건강관리 서비스를 받기 어려운 만성질환자, 임산부, 결혼이민자, 허약노인 등의 취약계층
- 목적 : 지역주민의 자기건강관리 능력 향상 및 허약 예방 등을 통한 건강 수준 향상
- 내용 : 간호사·영양사·작업치료사 등 전문 인력이 직접 가정 등을 방문하여 생활습관 개선 및 만성질환 예방관리 등의 건강관리 서비스를 제공하는 사업으로 영양사는 방문보건사업 대상자 중 영양적 고위험자에 대해 식사요법에 대해 식사요법 지도 및 영양상담을 수행함

단원정리

- 우리나라 성인의 비만, 고혈압, 당뇨병 등 만성질환 유병률은 지속적으로 증가하고 있다. 부적절한 식생활과 영양은 흡연, 운동 부족 등의 생활습관과 더불어 만성질환의 주요 원인이다. 따라서 지역사회에서 만성질환 예방을 위한 적극적인 영양관리 및 지도가 요구된다.

- 인구 고령화 속도가 빠르게 전개되고 있는 가운데, 독거노인 가구의 증가 추세도 가속화되고 있다. 기대수명의 꾸준한 증가에 비해 건강수명의 정체로 인해 노인의 저영양 및 영양불균형 개선과 만성질환 관리를 위한 맞춤형 영양관리는 노년기의 주요 영양문제이며, 특히 취약계층의 식품안정성 확보는 지역사회 영양중재사업의 핵심문제이다.

- 지역사회 통합건강증진사업의 일환으로서 성인과 노인을 대상으로 한 다양한 영양사업이 보건소를 중심으로 수행되고 있다. 지역주민의 적절한 영양관리와 영양교육을 통한 의식 개선으로 균형 잡힌 식생활 실천을 유도하여 만성질환 예방 및 삶의 질 향상을 통한 건강수명 증가가 사업의 목적이다. 이를 위하여 건강식생활 실천율 제고, 건강 체중 유지관리 인구비율 유지, 생애주기별 영양관리 강화 등을 사업의 목표로 하고 있다.

- 지역사회 통합건강증진사업은 지역사회 건강문제에 대한 우선순위를 선정하여 그에 따라 생애과정별, 생활터별 사업을 실시한다. 성인을 대상으로 한 지역사회 통합건강증진사업에는 건강위험요인 개선을 위한 맞춤 영양관리사업과 모바일 헬스케어사업 등이 있다.

- 농식품바우처사업은 식생활교육 기본 계획의 목적을 달성하고 저소득 계층의 영양 안전성 확보를 위하여 농림축산식품부가 경제적 취약계층을 대상으로 시행하는 보충적 영양지원 사업이다.

- 보건복지부는 노인을 위한 지역사회 통합건강증진사업으로 어르신을 위한 영양교육 프로그램, 실버건강식생활사업 등을 실시하고, 식품의약품안전처는 사회복지급식관리지원센터를 두어 영양사가 없는 소규모 노인·장애인 복지시설을 대상으로 급식위생·영양관리를 지원하고 있다.

연습문제

1 성인기 건강을 위한 영양관리에 대해서 설명하시오.

2 저소득층을 대상으로 한 국가 영양지원 프로그램에는 어떤 것이 있으며, 기대효과는 무엇인지 설명하시오.

3 노인기 저영양 상태를 유발하는 신체 특성과 사회적 영향인자에 대하여 간단히 설명하시오.

4 우리나라 노인의 노쇠 유병율 추이를 설명하고, 관련된 건강 및 영양문제를 설명하시오.

5 보건소를 중심으로 진행하고 있는 지역사회 통합건강증진사업(영양관리)의 3대 사업목표에 대하여 설명하시오.

정답과 풀이

1 심장혈관질환, 당뇨병, 각종 암 등 만성질환의 예방을 위해 적절한 체중 유지가 필요하며, 노화로 인한 생리적 변화와 기능 감퇴를 늦출 수 있는 균형 있는 영양 섭취가 필요하다.

2 농림축산식품부의 농식품바우처사업이 대표적이다. 이를 통해 경제적 취약계층의 영양 상태와 식생활 개선을 기대할 수 있고, 국산 농축산물의 지속 가능한 소비 기반을 구축할 수 있다. 또한 보건복지부의 어르신 영양관리사업과 실버건강식생활사업, 무료급식사업 등은 취약층 노인의 영양교육 및 건강간식과 무료급식을 지원하여 건강한 식생활관리를 도모하고 있다.

3 노화가 진행됨에 따라 입으로 먹는 식사량 감소, 소화 기능 및 생리 조절 기능과 면역력 저하, 은퇴 후 겪는 사회경제적인 어려움, 노년 우울증, 여러 가지 약물의 복용, 근육량 및 근력 감소, 식욕 감퇴 등이 있다.

4 노쇠 유병율은 감소 추이에 있으나 이상지질혈증, 당뇨병, 심뇌혈관질환과 같은 만성질환의 증가는 불규칙한 식사, 영양불균형, 고열량, 고염식, 동물성 단백질 섭취 과다, 과일과 채소 섭취량 부족, 가공식품 섭취 등과 관계가 크다.

5 지역사회 주민의 건강수명 증가를 위하여 ① 건강식생활 실천율 제고, ② 건강 체중 유지관리 인구비율 유지, ③ 생애주기별 영양관리 강화를 목표로 한다.

12

글로벌 영양문제와 영양중재

1. 글로벌 영양문제

1) 굶주림과 영양 결핍

모든 사람들은 음식을 필요로 하며 '굶주림'은 언제나 생존과 직결되어 있는 문제이다. 굶주림은 그 자체로 사망의 원인이 될 뿐만 아니라 인체를 생명에 치명적인 질병에 취약하게 만들기 때문이다. 이러한 이유로 기아(hunger)는 인류가 존재해 온 이래 지속되어 온 가장 큰 고민 중 하나이며, 사실상 인류의 역사는 '굶주림의 공포'로부터 탈출하기 위한 노력의 역사라고도 볼 수 있다.

기아는 인구에 비해 부족한 식량자원으로 인해 발생하는 '불가피한 것'으로 보았기 때문에 기아문제는 '식량의 비약적인 증가'를 통해 해결할 수 있다고 생각하였다. '기아'를 극복하기 위한 끊임없는 노력 끝에 오늘날 인류는 역사상 유례가 없는 풍요의 시대를 살게 된 것이다. 선진국 국민 중 대다수는 낮은 가격에 안정적으로 공급되는 식량을 당연한 것으로 받아들이고 있으며, 이들에게 식량문제는 '먹을 수 있느냐, 없느냐'의 문제가 아니라 '무엇을', '어떻게' 먹느냐의 문제로 전이되어 있다. 그러나 이러한 풍요로움의 혜택이 모든 사람들에게 주어진 것은 아니다.

유엔식량농업기구(UNFAO) '세계 식량 위기와 영양 불균형 현황 2020 보고서'에 의하면, 세계 기아 인구가 2019년 6억 9,000만 명에서 2020년에는 1억 3,000만여 명이 증가해 8억 1,000만 명에 이른 것으로 밝혔다. 코로나19 영향을 고려하지 않은 상태에서 2030년 기아 인구가 전체 인구 10명 가운데 1명꼴인 8억 4,000만 명으로 증가할 것으로 추산한 바 있는데, 이번 보고서는 2020년에 이미 2030년 추정치에 근접했음을 보여준다. 기아 인구는 꾸준히 늘어나고 있다. 2019년에는 2018년에 비해 기아 인구가 1,000만 명 늘어났다. 최근 5년 동안 6,000만 명이 증가한 것에 견주면 이미 5년 증가폭의 두 배 이상 급증한 셈이다.

그림 12-1은 유엔세계식량계획이 발행한 전 세계의 기아 지도이다. 동남아시아, 사하라 이남 아프리카 대륙이 심각한 것을 볼 수 있다. 이들 지역은 기후변화로 인한 홍수와 가뭄 피해에 더해 지역 분쟁까지 겹쳐 상황이 더욱 나빠지고 있다.

부유한 선진국에서는 자국민들이 소비할 수 있는 것보다 더 많은 양의 식량이 생산되고 있지만, 식량이 가장 필요한 가난한 제3세계 국가의 국민들은 이를 구매할 능력이 없기 때문에 굶주리고 있는 것이며, 이들의 빈곤은 국제적으로 부국과 빈국 사이의 경제적

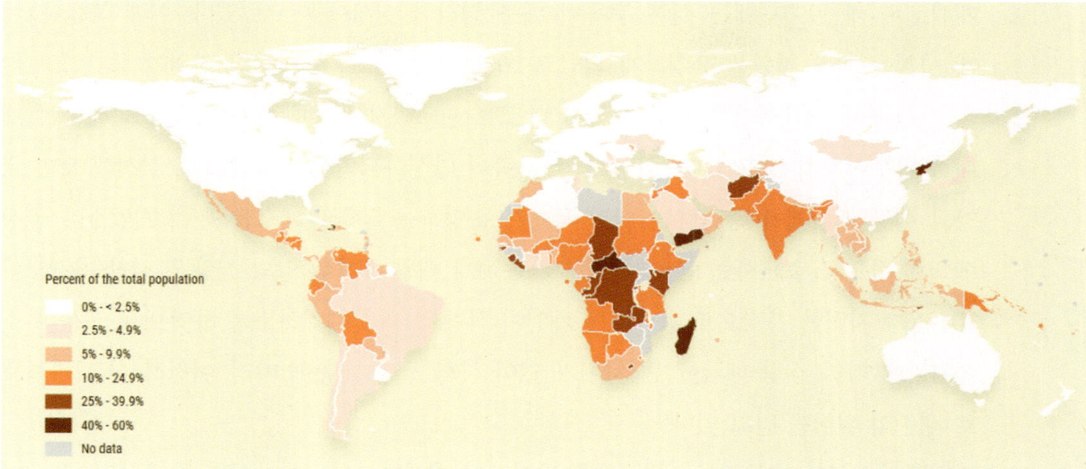

그림 12-1 FAO 기아 지도

불평등과 제3세계 국가의 계급 간 경제적 불평등 때문이라고 분석한다. 그리고 이러한 경제적 불평등 구조를 해소하여 제3세계 국가의 빈민들이 실질적으로 식량을 구매할 수 있는 '식량에 대한 접근성'이 주어지지 않는 이상 기아문제는 극복할 수 없다고 주장한다.

그중 북한의 식품 섭취 실태를 살펴보면, 경제적 배경, 기후의 영향, 연속적인 자연재해와 농업 기반의 붕괴 등으로 인하여 극심한 식량난을 겪고 있는 북한 주민의 영양 상태는 매우 불량한 것으로 추정되고 있기는 하나 1970년대 이후 북한 주민의 식품 섭취 실태 및 영양 상태에 관한 북한 정부의 공식적인 자료가 공표되지 않아 객관적인 통계 수치는 알 수 없다. 다만, 다양한 방식으로 여러 국제연합 산하의 국제기구들이 추정한 실태조사 자료만이 존재할 뿐이다.

북한의 식량 소요량은 대략적으로 연간 500~600만 톤인데, 12% 정도의 식량이 부족하여 식량 부족분을 해외에서 수입하여 충당해야 했다. 1990년대 소련 등 사회주의 국가의 몰락으로 인해 국외적으로는 사회주의 국가로부터의 무상지원과 교역량이 감소하여 식량 확보에 어려움을 겪었다. 또한 국내적으로는 1995~1997년의 대홍수와 가뭄 같은 자연재해로 곡물 수확량의 감소하였고, 전력 부족 및 비료 등 원재료의 수입 곤란으로 식량 부족 현상이 악화되어 식량 위기가 확산되었다.

또한 국가에서 식량을 배급하는 체제인 북한에서는 1980년부터 식량 부족과 영양실조 문제가 이미 나타나기 시작했으나 1994년 이후 수년간 계속되었던 홍수와 가뭄 등의 재해로 인해 1997년에는 식량 부족이 매우 심각한 상황에 이르렀었다. 이에 북한은 국제 사회에 식량 지원을 요청하게 되었고 2000년부터는 국제 사회의 지원이 증가하고 곡물 생산량이 증가하면서 식량 배급이 다소 호전되었지만 절대량이 부족하고 배분이 제대로 이루어지지 않고 있다. 식량 공급 부족이 만성화되면서 전통적으로 실시해 오던 국가의 식량 배급제를 축소하는 대신 국가가 운영하는 양곡판매소를 통해 기업소나 공장에 정상적으로 출근하는 근로자와 그 가족에게 매월 제한된 양의 식량을 시장 가격보다 20~30% 저렴한 가격으로 판매하여 개인이 식량을 자체 해결하도록 하였으나, 신분과 소속기관에 따라 식량 배급에 큰 차이가 있어 사회 구성 계층에 따라 여전히 식량 부족으로 생존의 위협을 받고 있다.

탈북자 성인 조사 결과 해방 이후 장기간의 식생활 수준의 차이에 의해 식량난 이전에 이미 남북한 성인 간에 신장 크기에 상당한 차이가 존재하고 있었다는 것이 밝혀졌다. 특히 북한에서는 1970년대에 출생한 남자 집단을 제외하고 어떤 출생 연도 집단에서도 분단 이후 실질적인 신장 증가 현상이 관찰되지 않았다. 이는 분단 이후 반세기 이상이 경과하는 동안 1970년대에 출생한 남성들을 제외한 모든 북한 사람들이 지속적으로 영양 상태가 점점 좋지 않았음을 의미한다. 특히 주목할 만한 것은 해방 이전에 출생한 북한 사람은 남한 사람에 비해 평균 신장이 큰 데 비해, 해방 이후 출생한 모든 북한인은 동시대에 출생한 남한 사람보다 평균 신장이 작았다는 것이다.

2) 미량영양소 부족

영양 결핍은 인간이 생존을 위해 필요한 총열량이 탄수화물, 단백질, 지방의 섭취를 통해 충분히 공급되지 않은 '열량 부족(undernutrition)'의 경우와 총열량과 관계없이 생명유지에 필수적인 미량영양소가 부족해 '영양불량(nutrient deficiency)' 상태가 되는 경우로 나누어진다. 미량영양소 부족이란 비타민이나 무기질의 섭취량이 부족하거나 흡수가 잘 일어나지 않아 체내에서 충분한 양이 이용되지 못하여 생리 기능이 저하된 상태를 뜻하며, 비타민, 무기질 부족이라고도 한다. 미량영양소의 섭취 부족은 에너지를 충분히 섭취한 경우에도 나타날 수 있으며, 이러한 경우에 사람들은 배고픔을 느끼지 못하지만 하나 이상의 미량영양소가 부족함으로써 체내 생리 기능이 저하되어 건강에 심각한 결과를 초래할 수 있다. 미량영양소의 결핍은 전염병에 감염될 확률을 높일 뿐만 아니라 실명과 빈혈 등의 질병에 직접적인 원인이 되기도 하고, 선천성 기형이나 심각한 경우 사망의 원인이 되어 매년 수백만 명이 심각한 급성 영양불량으로 목숨을 앗아가고 있다. 그러나 겉으로 보기에는 충분한 영양을 공급받고 있는 것으로 보이는 평균 체중의 사람에게서도 발생하므로 그 폐해가 즉각적으로 눈에 보이지 않는다. 이러한 의미에서 '감춰진 기아'라고도 불리는 미량영양소의 부족문제를 해결하기 위해 1990년대 초 여러 국제회의에서 전 세계가 함께 힘을 모을 것을 강조하면서 더욱 관심이 모아졌다.

(1) 철 결핍성 빈혈

철 결핍성 빈혈은 가장 흔하게 나타나는 미량영양소 부족으로, 세계 인구의 약 25%가 철 결핍 상태이고 그중 대부분이 학령 전 어린이와 여성이며, 어린이나 어른 모두에게 심각한 결과를 초래하므로 매우 중요한 영양문제이다. 철 결핍성 빈혈은 철의 섭취량이 부족하거나, 임신이나 월경에 의해 철의 필요량이 증가할 때, 또는 기생충에 감염되어 철이 손실될 때 나타나기 쉽다. 영아나 성장기 어린이에게 심각한 철 결핍성 빈혈이 있으면 신체적 발달이 지연될 수 있고, 주의력 저하, 학습 능력의 저하 등의 정신적, 신경학적 기능 발달에 장애가 생길 수 있다. 또한 철 결핍성 빈혈은 감염의 위험을 증가시킬 수 있으며, 납 성분의 장내 흡수를 증가시켜 납중독의 위험성도 증가한다. 임산부의 철 결핍성 빈혈은 조기 분만, 저체중아의 출산과 연관성이 있다. 철 결핍성 빈혈이 있으면 조직에 충분한 산소 공급을 위해 심장이 더욱 많은 일을 해야 하므로 심장에 부담이 가해져 협심증, 심장비대(심장이 커짐) 등이 발생할 수 있다.

(2) 비타민 A 결핍

비타민 A는 면역 체계에 필수적인 영양요소이다. 비타민 A 결핍은 아동 실명 위험을 증가시키고, 설사와 같은 가벼운 질병으로 인한 사망 위험 역시 증가시킨다. 세계보건기구(WHO)에 따르면 전 세계 2억 5천만 명 이상의 어린이들이 비타민 A 결핍으로 인한 문제를 겪고 있으며, 그 대부분은 아프리카와 남아시아에 거주하고 있는 것으로 나타났다.

(3) 요오드 결핍

요오드 결핍은 정신지체와 같은 지능 저하와 학습 능력 저하의 주요 원인이다. 요오드 결핍증에 걸린 여성이 임신을 할 경우 사산이나 유산을 할 위험이 높아진다. 요오드 결핍은 대부분 갑상선종과 관련 있으며, 요오드 결핍증을 보이는 인구는 대개 요오드 함량이 부족한 식품을 먹는 산간 지역이나 홍수 다발 지역 주민이며, 요오드를 첨가한 요오드소금(iodized salt)의 보급으로 요오드 결핍을 막을 수 있다.

2. 국제기구 영양중재 프로그램

전 세계의 영양문제를 해결하기 위하여 국제연합 산하의 여러 국제기구에서 다양한 활동을 하고 있으며, 그 내용을 정리하면 아래와 같다.

1) 세계보건기구

World Health Organization

세계보건기구(WHO, http://www.who.int/en/)는 세계 모든 사람들이 가능한 한 최고의 건강 수준에 도달하는 것을 목적으로 보건·위생 분야에서 국제적인 협력을 위해 1948년 설립된 국제연합(UN)의 전문 기구이다. 국제 보건사업의 지도 조정, 회원국 정부의 보건 부문 발전을 위한 원조 제공, 전염병과 풍토병 및 기타 질병 퇴치활동, 보건 관련 단체 간의 협력관계 증진 등을 목적으로 발족되었다. 설립일인 4월 7일은 세계보건의 날(World Health Day)로 지정되어 매년 기념하고 있다.

에볼라, 메르스, 지카 및 코로나19 바이러스 등 감염병의 국가 간 전파가 빠르게 이루어짐에 따라 감염병 대응의 국제적 총괄 조정기구로서 세계보건기구의 중요성이 점점 커지고 있다. 감염병 대비 대응 외에도 당뇨, 고혈압 등 만성질환 관리, 모자보건과 장기요양, 의약품과 식품 등의 안전성과 유효성에 관한 기준 설정, 건강증진, 기후변화와 보건 등 세계보건기구는 전 세계 인류의 건강증진을 위하여 노력한다.

이러한 목적을 달성하기 위해 다음과 같은 광범위한 기능을 수행하고 있다.

- 국제적인 보건사업에 관하여 지휘하고 조정하는 기능
- 보건 서비스의 강화를 위한 각국 정부의 요청에 대하여 지원
- 각국 정부의 요청 시 적절한 기술 지원과 응급상황 발생 시 필요한 도움 제공
- 전염병 및 기타 다른 질병의 예방과 관리에 대한 업무를 지원
- 필요시 영양, 주택, 위생, 레크리에이션, 경제 혹은 작업 여건, 그리고 환경 위생 등에

대하여 다른 전문기관과의 협력을 지원

- 생체의학(biomedical)과 보건 서비스 연구를 지원 및 조정
- 보건, 의학, 그리고 관련 전문 분야의 교육과 훈련 기준 개발 및 개발 지원
- 생물학적, 제약학적, 그리고 유사물질들에 대한 국제적 표준을 세우고, 진단 기법의 표준화를 추진
- 정신 분야의 활동을 지원

또한 WHO는 관례, 협정, 규정을 제안하고, 질병, 사망 원인 그리고 공중보건 등에 관하여 국제적으로 통용될 수 있는 용어를 만들기도 하며, 식품, 생물학적, 제약학적 그리고 유사물질 등에 대한 국제적 표준을 제정하기도 한다.

2) 국제연합 식량농업기구

Food and Agriculture Organization of the United Nations

국제연합 식량농업기구(UN FAO, http://www.fao.org)는 국제연합의 전문 기구 중 하나로, 인류의 생활 및 영양 수준 개선, 식량과 농산물의 생산 및 분배 효율성 개선, 농민의 생활 수준 향상, 세계 경제발전과 인류 기아 퇴치에 기여 등을 목적으로 한다.

1943년 5월 미국 루스벨트 대통령의 제창으로 개최된 연합국 식량농업회의가 모체가 되었다. 1945년 10월 캐나다 퀘벡에서 개최된 제1회 식량농업회의에서 채택된 FAO 헌장에 의거해 설립되었다. 농업·임업·수산업 분야의 국제연합기구 중 최대 규모이다. 세계식량계획(World Food Program, WFP)과 함께 식량 원조와 긴급 구호활동을 전개하며, 국제연합 개발계획(United Nations Development Programme, UNDP)과 함께 기술 원조를 확대하고 있다.

세계 농업 발전 전망에 관한 연구와 각종 기술 원조 계획을 이행하며, 식량 농업·임산물·어업 등에 관한 통계연감을 발행한다. 식량의 부족과 잉여에 대해 세계적 규모로 조정한다. 또한 관련 정보를 수집·분석·확산하고, 정책과 기획에 관해 정부에 자문하며, 정부와 전문가들이 만나서 식량과 농업 문제를 논의하는 중립적인 장을 제공한다.

식량안보와 지속 가능한 농업은 2030 지속가능개발목표(SDGs)의 모든 분야에 걸쳐 있는 범분야 이슈로서 중요한 의미를 가지고 있다. 다음 5개의 전략적 목표 달성에 주력하

며 기아·영양불량·빈곤 퇴치 및 지속 가능한 천연자원 관리에 기여하고 있다.

① 전략적 목표 1 : 기아, 식량불안 및 영양불량 퇴치에 기여

각국 정부가 식량안보와 영양에 보다 중점을 둔 일관성 있는 증거기반 정책 및 사업을 개발하는 것을 지원한다. 이러한 지원에는 관련 정책 및 사업의 이행을 위한 인적·재정 자원 증대와 여러 부문 및 이해관계자 간의 보다 포괄적이고 강력한 조정 등이 포함된다.

② 전략적 목표 2 : 지속 가능한 방식으로 농림수산 분야 생산 증대 및 서비스 개선

보다 생산적이고 지속 가능한 농업, 임업, 수산업을 지향하는 비전과 통합적 접근법으로 현장에서 효과적인 조치에 초점을 두며, 지속 가능성의 사회·경제·환경적 측면을 모두 고려한다.

③ 전략적 목표 3 : 농촌빈곤 감축

국가들이 농촌빈곤 경감을 위한 증거 기반 전략, 정책, 사업을 개발하고 이행하는 것을 지원하며, 특히 여성과 남성의 역량 강화, 모두를 위한 양호한 농촌 일자리, 포용적인 사회보호시스템 등에 중점을 두고 있다.

④ 전략적 목표 4 : 포용적이고 효율적인 농식품시스템 마련

소규모 농업을 지원하는 안전하고 효율적인 식품시스템의 구축을 돕는다. 개도국들이 세계화와 상업화의 혜택을 받을 수 있도록 이들의 국제시장에 대한 접근, 식품안전 및 위생 관련 국제기준 충족, 가치사슬 전 단계에서의 절차 개선 등에 관한 역량 강화를 지원한다.

⑤ 전략적 목표 5 : 각종 위기에 대한 농가의 복원력 강화

전 세계적으로 재난 위험 및 위기에 처한 국가와 지역의 농업 생계 복원력을 강화하기 위해 파트너들과 긴밀히 협력하고 있다. 복원력 있는 생계는 사람들이 피해를 보다 효과적으로 예방하고 견딜 수 있게 하며 재난이 생명에 미치는 영향을 감소시키는 한편, 예방이 어려운 재난에 대해서는 적응하고 극복할 수 있게 한다.

Tip FAO의 10대 업적

1. 우역 종식
2. 식량농업을 위한 국제식물유전자원조약 체결
3. 국제식품규격위원회(Codex Alimentarius) 창설
4. 중남미·카리브 지역의 기아 인구 감축
5. 책임 있는 수산업에 관한 국제규범 발족
6. 토지, 수산, 산림자원 소유권에 관한 자발적 가이드라인 채택
7. 세계식량안보위원회 창설
8. 서아프리카 회선사상충증 퇴치
9. 아시아의 녹색혁명
10. 농산물시장정보시스템(AMIS) 발족

3) 세계식량계획

유엔세계식량계획(United Nations World Food Programme, WFP : http://ko.wfp.org/)은 기아 인구가 없는 세상인 '제로 헝거(Zero Hunger)' 달성을 목표로 하는 세계 최대 규모의 인도주의 기관으로, 1961년에 창립된 이래 긴급 재난 상황 시 긴급 구호 식량을 제공하고 식량 안보를 개선하여 생명을 구하고 있다. 유엔세계식량계획은 기아 퇴치를 위한 노력, 분쟁 지역 환경 개선 등의 공로를 인정받아 2020년 노벨평화상 수상 기관으로 선정되기도 하였다.

유엔세계식량계획의 사업은 긴급 구호, 구호 및 재건 사업, 개발 사업, 그리고 특별 대응력 증대 사업에 중점을 두고 있으며, 2/3는 영양 부족일 확률이 3배 높은 분쟁 지역과 인접 지역에서 이루어지고 있다.

분쟁, 내전, 가뭄, 홍수, 지진, 허리케인 등의 자연재해 피해를 입은 사람들에게 식량을 제공하고, 피해 지역이 생계를 회복할 수 있도록 도우며, 장기화된 위기로 생계의 어려움을 겪는 사람들과 그들이 포함된 지역사회가 재해 대비 및 복구 능력을 강화할 수 있도록 지원한다.

부적절한 식습관 등 영양 부족의 직접적인 원인을 해결하고 예방하기 위한 프로그램을 통합하며, 올바른 식습관에 대한 지식 부족이나 깨끗한 물 부족과 같은 근본 요인을 해결하려는 프로그램을 보완하여 실행하고 있다. 특히 어린이, 임산부, 모유 수유모, HIV

감염자를 대상으로 가장 취약한 지역에 노력을 집중하고 있다.

(1) 영양 부분 사업

전 세계 가장 취약한 사람들에게 단순한 식량 지원이 아닌, 영양 수준 향상을 식량 지원의 핵심 요소로 두고 있다.

① 급성 영양실조 영역

영양 분야에 전문화된 기구로서 인도주의적 위기 이전과 도중 그리고 이후에 가장 취약한 사람들을 기구의 전문성을 적극 발휘하여 돕고 있다. 급격한 체중 감소 또는 소모 증상이 나타나는 급성 영양실조가 어린이와 여성에게 발생할 때, 이들에게 치료를 제공하며 장기적인 건강관리와 연계하여 재발 방지를 위해 노력한다.

② 만성 영양실조 영역

임신기부터 생후 1,000일은 아이의 운명을 결정짓는 중요한 시기다. 이 짧은 기간에 영양이 부족하면 만성적인 영양실조로 인해 발달 장애를 일으킬 수 있는데, 이로 인해 어린이의 신체와 두뇌에 돌이킬 수 없는 손상을 주게 된다. 그러므로 어린이, 임산부 및 모유 수유모를 대상으로 가장 효과적으로 만성적인 영양실조를 예방하는 데 노력을 집중하고 있다.

③ 비타민 및 미네랄 결핍증 영역

오늘날 20억 명의 인구가 필수 비타민 및 미네랄(미량영양소) 결핍 문제를 겪고 있다. 이는 감염성 질병, 신체 및 정신 발달 장애, 노동생산성 감소, 조기 사망 위험 증가의 원인이 될 수 있다. 음식에 첨가할 수 있는 미량영양소 분말(비타민 또는 미네랄 분말)을 제공하고 있으며 주요 식품의 영양 강화 및 다양한 식단을 장려하는 교육 등의 방법으로 미량영양소 결핍 문제에 대처하고 있다.

④ 과체중, 비만 및 영양 부족의 이중 부담 영역

영양 부족과 비만, 과체중(그리고 당뇨병 등 비전염성 질병과의 연관성)은 동일한 국가, 지역 및 가정에서 이러한 문제가 동시에 발생하고 있다. WFP가 지원하고 있는 각국 정부는 영양 부족으로 인한 이중 부담으로 인해 전례 없는 과제를 안고 있다. 이러한 점을 고려하여 건강한 식습관을 장려하고 비만율 상승과 관련하여 올바른 식품을 제공하는 등의 활동을 한다.

(2) 취로사업

취로사업(Food Assistance for Assets, FFA)은 현금, 바우처 또는 식량 제공을 통해 즉각적인 식량 수요를 해결하는 동시에, 장기적으로 식량 안보와 회복력을 개선할 수 있는 대응력 증대와 자산 복구를 장려한다. 보다 건강한 자연환경을 조성하고 기후변화에 따른 영향을 줄이며, 식량 생산성을 높이고 점차 자연재해를 극복하는 능력을 강화하는 것을 목표로 한다.

1990년대 초반, 계속되는 가뭄과 자연재해로 인해 많은 피해를 보고 있는 과테말라의 농촌 지역에서 진행하였다. 이 지역 농민들은 황무지를 개간하고 다양한 작물을 경작하였으며 산림을 복원하고 관개 시설을 마련하였다. 20년 후 식량 생산량이 3배까지 증가하였으며, 중앙아메리카를 휩쓴 2개의 주요 허리케인의 피해를 견딜 수 있었다.

침식과 사막화를 줄이거나 토양 상태를 개선함으로써 지속적인 환경 편익을 보장할 수 있다. 생산성을 높이고 지속 가능한 농업을 촉진함으로써 소득과 생계를 강화하고 다각화하며, 함께 일할 수 있는 지역사회를 만들고, 굶주림에서 벗어날 수 있는 길을 열어준다. 또한 양성평등과 여성의 권한 부여, 영양, 보호 및 기후변화 적응을 향상시킬 수 있다.

(3) 학교급식사업

분쟁 지역의 아이들은 안정적인 지역의 아이들보다 학교를 다니지 못할 확률이 2배이고, 그중에서도 여자 아이들의 경우는 2.5배에 달한다. 아이들이 건강해지고 균형 잡힌 영양을 섭취하면, 그만큼 학습 능률과 교육의 기회가 개선될 수 있다. 학교급식과 건강을 챙기는 활동들이 늘어날수록 학생들은 학교에 머무는 시간이 늘어나고 조혼과 조기 임신은 줄어들 수 있다. 학교급식 지원 사업은 아이들을 학교에 등록하고 학교에 더 많이, 더 오래 머물게 하는 동기를 제공한다. 학교를 가지 않았을 아이들의 점심 비용 부담을 학부모들로부터 덜어주고, 이를 통해 취약 가정의 가난을 완화시켜 준다.

학교급식 지원은 이른바 '인적 자본'이라고 하는 인구 전반의 건강, 기술, 지식, 경험을 개선하는 데도 도움을 준다. 학교급식 지원 사업이 학교 주변 농업 생산과 연계되면 지역 경제도 키울 수 있다.

전 세계에서 학교급식사업을 시행하는 기구로, 60년 넘게 학교급식 및 건강을 챙기는 활동들을 지원하고, 100개 이상의 국가들과 지속 가능한 국가 급식사업을 진행하였다. 급식과 더불어 질병 제거, 건강검진, 백신 접종 및 WASH(물, 위생 및 위생교육)와 같은 광범

위한 보건 지원이 같이 제공되도록 도움을 주고 있다.

유엔세계식량계획의 전략 계획(2017~2021)은 인도주의적 노력과 개발 노력을 포함하며, 2030 의제의 글로벌 행동 지침에 발맞추어 빈곤, 기아 및 불평등 종식을 위한 활동에 중점을 둔다. 전략 계획은 2030 의제에서 제시한 지속 가능한 발전 목표(SDGs), 특히 기아 퇴치(SDG 2) 및 지속 가능한 개발 목표 실현을 위한 글로벌 파트너십 활성화(SDG 17)에 따라 진행된다(표 12-1).

유엔세계식량계획은 지속적으로 식량 안보와 영양 안보에 대한 대응력을 확보하고, 기후변화와 불평등 심화로 인해 발생하는 여러 문제를 해결하여 어느 국가도 소외되지 않도록 지원을 계속해 나가고자 한다.

표 12-1 유엔세계식량계획의 전략 목표, 세부 목표 및 결과

전략 목표	전략 세부 목표	전략 결과
1. 제로 헝거 달성을 위한 국가 지원(SDG 2)	1. 식량에 대한 접근을 보호함으로써 기아 퇴치 2. 영양 개선 3. 식량 안보 달성	1. 누구나 식량에 접근할 수 있다(SDG 목표 2.1) 2. 영양실조로 고통받는 사람이 없다(SDG 목표 2.2) 3. 소규모 영농인의 생산성과 소득이 증가하여 식량 안보와 영양 안보가 개선되었다(SDG 목표 2.3) 4. 식량 체계가 지속 가능하다(SDG 목표 2.4)
2. 지속 가능한 개발 목표 지원을 위한 파트너십(SDG 17)	4. SDG 실행 지원 5. SDG 결과를 위한 파트너십	5. 개발도상국이 지속 가능한 개발 목표의 실행 역량을 강화하였다(SDG 목표 17.9) 6. 지속 가능한 개발을 지원하는 정책이 일관성이 있다(SDG 목표 17.14) 7. 개발도상국이 개발에 투자하기 위해 다양한 금융자원에 접근한다(SDG 목표 17.3) 8. 지식, 전문성 및 기술의 공유가 지속 가능한 개발 목표 달성을 위한 국가별 노력에 대해 글로벌 파트너십 지원을 강화한다(SDG 목표 17.16)

4) 국제연합 아동기금

국제연합 아동기금(UNICEF, http://www.unicef.org/)은 1946년 '차별 없는 구호'의 정신으로 '모든 어린이가 행복한 세상'을 위해 국제연합 총회의 결의에 따라 전쟁 피해 아동과 청소년들의 구호를 위해 설립된 기구이다. 처음 명칭은 국제연합 국제아동구호기금(United Nations

International Children's Emergency Fund)이었으며, 1953년 현재의 명칭으로 바꿨으나 UNICEF라는 약칭은 그대로 쓰기로 하였다.

국제연합 아동기금은 유엔아동권리협약에 직접 명시된 유일한 아동권리 증진 기관이며 1965년에는 노벨 평화상도 수상하였다. 지원 분야는 긴급 구호, 영양, 보건, 예방접종, 식수 및 환경 개선, 기초교육, 모유 수유 권장에 이르기까지 다양하다.

유니세프 5가지 중점사업은 다음과 같다(표 12-2).

(1) 모든 어린이의 생존과 발달

보건, 영양, 에이즈 퇴치, 영유아 발달 등을 위한 활동을 펼친다. 각국 정부와 협력하여 어린이에게 필수 예방접종을 시행하고, 영양실조 예방과 정신건강을 포함한 기초 보건의료 서비스를 제공한다. 나아가 각국 의료진 및 의료 시스템을 지원하여 보다 장기적이고 근본적인 도움을 준다.

(2) 모든 어린이의 교육

유치원 교육부터 청소년을 위한 직업 및 기술 훈련까지 전반적 교육 서비스를 지원한다. 2022년 9월부터 전 세계 모든 국가가 코로나19 때문에 폐쇄했던 학교 문을 다시 열었지만 여전히 많은 어린이가 배움의 기회를 충분히 누리지 못하고 있다. 저·중소득 국가에서 학습 빈곤율은 코로나19 팬더믹 이후 70%까지 높아진 상황이다. 유니세프는 전 세계 어린이가 코로나19로 잃어버린 학습 시간을 다시 채울 수 있도록 각국 정부와 협력하며, 영유아 및 미취학 어린이 교육을 지원하고, 취약계층 어린이와 청소년을 위한 교육 제도를 마련하는 한편, 기술 및 직업 교육, 학습 기자재 제공, 임시 학교 설치 등 다양한 분야에 걸쳐 힘쓰고 있다.

(3) 모든 어린이의 보호

코로나19 팬더믹 영향으로 감소 추세였던 조혼과 할례 풍습이 다시 증가하는 추세이고, 5세 미만 어린이 1/4은 출생등록이 되지 않았으며, 최빈국 어린이의 1/5 이상이 여전히 위험한 노동에 내몰리고 있다. 이에 전 세계 어린이가 어떠한 형태의 폭력에도 노출되지 않도록 분쟁 지역 어린이 및 난민 어린이 보호, 조혼 및 할례 철폐, 아동노동 근절과 소년병 해방을 위해 노력하고, 모든 어린이의 출생등록에 힘쓴다.

(4) 모든 어린이의 안전하고 깨끗한 환경

기후변화로 전 세계 어린이 10억 명이 위험에 처해 있다. 2050년에는 어린이 20억 명이 이상고온 현상에 직접 노출될 것으로 예상된다. 어린이는 어른에 비해 질병에 취약하고, 위험한 환경에 노출되기 더욱 쉽기 때문에 기후변화에 가장 큰 타격을 입는다. 매일 전 세계 5세 미만 어린이 1,000명이 오염된 식수와 위생 환경 때문에 목숨을 잃는다.

기후변화로 인해 어린이 피해를 최소화하고, 이에 대응하는 국가 제도와 체계를 마련하기 위해 노력한다. 더불어 모든 어린이가 안전하게 자랄 수 있도록 깨끗한 식수를 제공하고, 위생 환경을 관리하며, 어린이가 스스로 자신을 지킬 수 있도록 개인 위생용품을 지원한다.

(5) 모든 어린이의 공평한 기회

경제적 빈곤뿐 아니라, 사회적 빈곤과 교육 빈곤 역시 어린이의 삶을 위협한다. 모든 어린이가 장애, 소득, 인종, 성별, 문화와 상관없이 보장받아야 할 권리를 맘껏 누릴 수 있도록 현금 지원, 장애 어린이와 취약계층 어린이를 위한 교육·사회 서비스 지원 등을 하고 있다.

표 12-2 2022~2025 유니세프 중점사업 목표

모든 어린이의 생존과 발달	• 전 세계 신생아, 어린이 및 청소년 사망률 감소 • 전 세계 어린이 및 청소년을 위한 건강, 발달, 삶의 질 개선 • 영양실조로 발육 부진을 겪는 5세 미만 어린이 감소
모든 어린이의 교육	• 초·중·고등학교 졸업률 증가 • 형평성 지수로 측정한 학습 결과의 형평성 개선 • 전 세계 학습 빈곤율 감소
모든 어린이의 보호	• 5세 미만 어린이 출생 등록률 증가 • 보호자로부터 신체 폭력 및 심리적 학대를 경험하는 어린이 감소 • 구금된 어린이 감소
모든 어린이의 안전하고 지속 가능한 환경	• 안전한 식수 이용자 증가 • 안전한 위생 시설 이용자 증가 • 비위생적인 물과 위생 시설로 인한 5세 미만 사망률 감소
모든 어린이의 공평한 기회	• 사회 보호 시스템이 적용되는 전 세계 어린이 증가 • 절대 빈곤 속에 살아가는 어린이 감소

유니세프는 대한민국 정부 수립 직후인 1948년 한국 내 아동 구호사업을 시작하였다. 1950년 한국전쟁 발발 3개월 전 한국 아동과 여성을 위해 시작된 긴급구호사업은 이후 상설 구호사업으로 발전하였으며, 대한민국이 1950년부터 1993년까지 약 40년간 유니세프로부터 받은 총 지원액은 약 2,300만 달러가 된다.

1994년 1월 유니세프 한국대표부가 유니세프한국위원회로 바뀌면서 지원을 받는 국가에서 지원을 하는 국가가 되었다. 2017년 유니세프는 대한민국과의 협력관계를 한층 발전시키고자, 유니세프 본부 공공파트너십국(Public Partnerships Division)의 직속 기구인 유니세프 서울연락사무소를 개설하여 유니세프와 대한민국 정부·국회 및 타 주한 유엔·국제기구와의 협력을 강화하고 있다.

3. 기타 영양중재 프로그램

1) 대한적십자사

대한적십자사(https://www.redcross.or.kr)는 재난구호, 공공의료, 남북교류, 혈액 등의 사업을 통해 국민의 생명과 안전을 지키는 인도주의 기관이다. 고통받는 상병자를 구호하고 대외적으로 대한제국이 독립된 주권 국가임을 알리기 위해 1905년 10월, 고종 황제 칙령(제47호)에 의해 대한적십자사가 설립되었다.

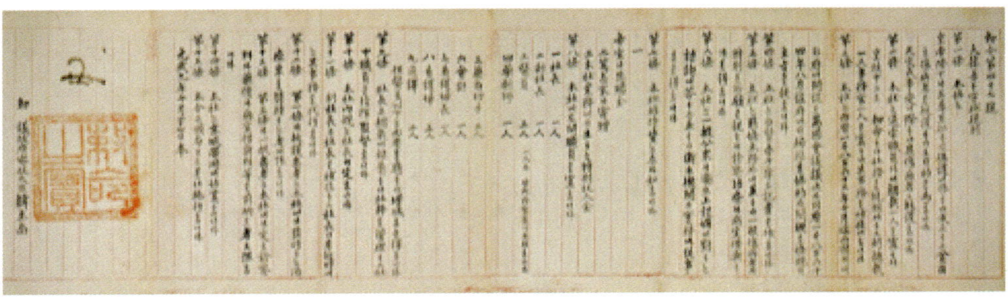

그림 12-2 대한적십자사 규칙(고종 황제 칙령 제47호)

1905년 11월 을사조약 이후 일본에 의해 폐사된 대한적십자사는 1919년 상해 임시정부 하에서 대한적십자회로 부활, 독립운동자금을 조달하는 등 독립군 활동을 지원하고 동포들을 구제하였다.

그림 12-3 대한적십자회 응급구호반(1920년)

1950년 6.25 전쟁 당시, 수백만에 이르는 피난민을 구호하며 전쟁의 상처를 보듬고, 1960년 4.19 혁명과 1980년 5.18 민주화 운동 시기에는 헌혈로 생명 나눔을 실천하였다. 이후 성수대교 붕괴(1994년), 삼풍백화점 붕괴(1995년) 현장에 구호요원 및 봉사원을 파견, 긴급구호활동을 펼쳤으며 포항 지진(2017년)과 강원도 산불 피해(2019년), 그리고 코로나19 대응(2020년) 등 현장에서 국민의 생명과 안전을 지키기 위해 최선을 다하고 있다.

대한적십자사에서 진행하고 있는 사업은 다음과 같다(그림 12-4).

그림 12-4 대한적십자사 활동

자료 : https://www.redcross.or.kr/business/business_main.do

(1) 재난구호사업

① 재난심리회복 지원

행정안전부 위탁사업으로 전국 17개 시·도 재난심리회복지원센터를 운영하며 재난 경험자의 심리적 안정과 사회 적응을 지원하고 있다.

- 재난 경험자(재난 피해자, 가족, 지역주민 등)에게 심리적 안정을 위한 심리상담 활동 실시
- 재난심리회복전문가 인력풀 구성 및 교육 훈련을 통한 심리회복지원 전문 인력 양성
- 재난심리회복지원 기초조사 및 활성화 연구
- 중앙부처, 지자체, 유관단체, 학회 등 네트워크 구축

② 재난구호

- 재난 이재민을 위한 대피소와 기본적인 생활에 필요한 긴급 구호품 제공
- 재난 이재민들이 심리적인 안정과 회복을 도울 수 있도록 심리사회적 지지 및 재난 심리회복지원
- 재난 시 현장에 즉시 투입되어 구호와 복구활동을 진행할 수 있는 구호요원 양성
- 재난 시 위험에 놓이기 쉬운 재난 취약계층(노인, 장애인, 아동·청소년 등) 지원
- 재난 또는 긴급 상황 발생 시 비상 상황을 인지하고, 신속한 대처를 통해 소중한 생명과 자산을 보호하기 위한 화재감지기, 가스누설경보기 등 지원
- 폭염과 혹한 등 기후변화로 인한 새로운 재난에서도 기본적인 생활을 영위할 수 있게 물품 지원

③ 재난안전교육

2018년 6월부터 행정안전부 '재해구호 전문 인력 양성기관'으로 지정되어 재해구호 전문 인력 양성교육을 진행하고 있다. 전문 인력 양성을 통한 재난안전교육의 기반을 마련하고, 재난 예방, 재난 대응 역량 강화를 추진하고 있다.

- 재난에 대한 기초적인 이해와 국가재난관리 시스템, 재난 현장에서 자원봉사, 심리사회적 지지 등 재해구호 전문 인력 양성교육
- 학생들을 대상으로 스스로 안전을 지킬 수 있도록 재난 체험과 재난 시 행동요령 등을 찾아가는 재난안전교실로 교육

(2) 복지사업(평시 구호)

① 위기가정 긴급 지원

- 식료품비, 생필품 구입비 등 기본적인 생활에 필요한 긴급생계비를 지원하는 생계 지원
- 월세 체납, 강제 퇴거 등으로 인해 안전한 거주지가 필요한 가구의 주거비를 지원하는 주거 지원
- 중한 질병 및 부상으로 인해 의료비 감당이 어려운 가구의 검사 및 치료비, 간병비 등을 지원하는 의료 지원
- 재능이 있으나 가정환경이 어려운 가구에 학원비, 레슨비, 훈련비, 장비구입비 등 필요한 비용을 지원하는 교육 지원

② 맞춤형 지원

- 미숙아 출산 가정의 의료비 부담을 경감시키고 치료의 포기 및 지연 등으로 발생하는 영아 사망 및 장애를 예방하기 위해 미숙아 의료비를 지원하는 이른둥이 지원
- 안정적인 육아 환경 제공을 위해 출산 예정인 저소득 가정 산모를 대상으로 출산용품 지원
- 생리대 등 위생용품 구입이 어려운 저소득 가정 여자 청소년을 위해 위생용품 지원
- 경제적인 어려움으로 인해 여행이 어려운 저소득 가정의 가족여행 지원
- 결혼이주여성의 고향에 대한 향수를 달래주고 남편과 자녀에게는 아내와 엄마 나라에 대한 이해를 돕기 위해 다문화 가정의 모국 방문 지원
- 명절(설, 추석) 물품 지원
- 따뜻한 겨울나기를 위해 매년 겨울, 저소득 가정에 김장김치 지원

③ 결연 지원

- 정기적인 방문 봉사활동을 통해 결연 가정이 안전하게 생활할 수 있도록 보호하는 정서 지원
- 결연 가정의 생활 안정 및 빈곤 예방을 위해 쌀, 부식품 등의 기초생필품 지원

④ 원폭 피해자, 사할린 동포 지원

- 1945년 8월, 제2차 세계대전 당시 일본 히로시마와 나가사키에 투하된 원자폭탄에 피폭된 후 귀국한 한국인 피해자를 지원하고 있으며, 재한원폭피해자 지원 업무를

한국과 일본 정부로부터 위임받아 의료비 지원, 원호 수당 지급 등 각종 복지사업을 전개하고 있다.

- 일제강점기에 사할린으로 강제 이주된 우리 동포들을 영주귀국사업을 통해 남은 여생을 고국에서 보낼 수 있도록 지원하고, 지속적인 방문지원사업을 실시, 가족과의 만남을 추진하고 있다. 2020년 「사할린동포 지원에 관한 특별법」이 제정됨에 따라 이산가족의 고통 경감을 위해 사할린 동포와 그 동반 가족의 영주귀국 및 정착을 지원한다.

(3) 국제사업

① 국제교류협력

- 국제적십자운동의 구성원으로서 국제적십자사연맹(IFRC), 국제적십자위원회(ICRC), 전 세계 191개국 적십자사·적신월사 및 제네바협약 체약 당사국들과 협력하여 인도주의 활동을 펼치고 있다.

② 해외재난구호

- 국제적십자사연맹, 각국 적십자사가 서로 협력하여 재난 피해 상황을 조사하고 조사 결과에 따라 현금, 구호물품, 구호인력을 긴급 지원하며, 필요에 따라 대국민 성금을 모금하는 긴급 구호
- 재난으로 피해를 입은 지역이 빠르게 이전 상황으로 회복될 수 있도록 중장기적인 재건복구활동과 재난복원력을 높이는 지원사업 및 해당 국가의 역량 개발을 위한 재난복구 지원
- 재난 위험을 낮추기 위해 취약성을 감소시키고 구호물자 비축, 구호요원 양성을 지원하는 재난 예방 및 대비

③ 해외개발협력

- 식수·수도 시설 구축 및 개선, 위생시설 개선, 보건교육 및 캠페인, 물과 위생 위원회 운영 등의 물과 위생 사업 진행
- 재난 대비, 재난 조기경보시스템, 재난위험경감 활동, 지역 재난관리위원회 조직 운영 등의 재난위험경감사업 진행

④ 남북교류

- 대한적십자사는 북한적십자사와 함께 적십자 회담을 개최하여 이산가족 상봉 및 인도적 교류에 대한 협의를 진행함으로써 남북 관계 개선에 기여하며, 남북 이산가족 문제해결을 위해 남북 이산가족 상봉, 이산가족 화상상봉을 추진하고 있으며, 국내 이산가족을 대상으로 이산가족 초청 정책설명회, 영상편지 제작, 유전자검사를 실시함으로써 이산가족들의 고통을 경감하기 위해 노력하고 있다.
- 북한의 재난 및 취약계층 지원을 위해 국제적십자사연맹과 함께 인도적 지원 사업을 추진하고 있으며, 북한이탈주민의 우리 사회의 올바른 정착을 위해 적십자 봉사관에서 봉사활동을 실시하고 있으며, 북한이탈주민 청소년의 자립을 위한 교육을 지원하고 있다.

2) 푸드뱅크

푸드뱅크(https://www.foodbank1377.org)는 식품 제조·유통기업 및 개인으로부터 여유 식품 및 생활용품 등을 기부받아 식품·생활용품의 부족으로 어려움을 겪고 있는 결식아동, 독거노인, 재가 장애인 등 우리 사회 저소득계층, 소외계층, 복지시설에 식품을 지원하는 사회복지 분야의 물적 자원 전달 체계이다.

1967년 미국에서 '제2의 수확(Second Harvest)'이라는 이름으로 처음 시작된 이래 1981년 캐나다, 1984년 프랑스, 1986년 독일 등 유럽연합 국가 같은 주로 사회복지 선진국들을 중심으로 발전하였다. 우리나라에서는 1998년 서울·부산·대구·과천이 처음으로 시범사업을 시작한 뒤 지금은 전국적으로 운영 중이다. 전국푸드뱅크는 보건복지부 산하 공공기관인 한국사회복지협의회에서 위탁받아 사업을 수행하고 있다. 푸드뱅크 사업의 명칭은 「식품등 기부 활성화에 관한 법률」에 의한 '기부식품등 제공사업'이나, 세계적으

Tip 푸드뱅크란?

1. 기업 및 개인으로부터 식품 및 생활용품을 기부받아 결식아동, 독거노인 등 저소득 소외계층에게 지원하는 물적 나눔제도이다.
2. 1960년대 후반 미국에서 생겨났으며, 우리나라 푸드뱅크는 1998년 IMF 경제 위기 이후 급격히 증가한 노숙인 및 결식아동의 급식문제를 해결하기 위해 시작되었다.
3. 전국푸드뱅크(중앙물류센터) - 17개 광역푸드뱅크 - 450여 개 기초푸드뱅크·마켓으로 조직된 우리나라 최대의 물적 나눔 시스템이다.

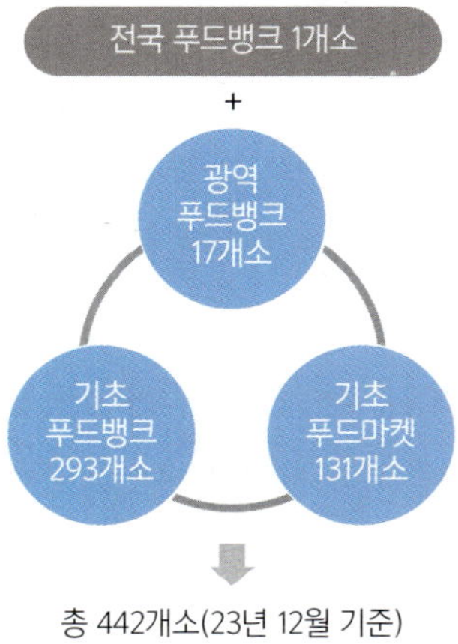

그림 12-5 푸드뱅크 시스템

로 '푸드뱅크(foodbank)'를 사용함에 따라 우리나라에서도 개별 사업장을 '푸드뱅크', '푸드마켓'으로 칭하며, '푸드뱅크 사업'을 일반적으로 사용하고 있다.

전국푸드뱅크는 식품 및 생활용품 기부 문화 활성화, 전국적인 모집 및 조정·배분, 교육, 광역푸드뱅크 및 기초푸드뱅크·마켓 간의 협력체계 구축 등의 지원 업무를 전담하고 있다.

- 대량의 식품 및 생활용품 등을 기부받아 광역지원센터, 기초푸드뱅크·마켓을 통하여 조정·배분하고, 지역별 편차 해소를 위한 균형배분 실시
- 광역푸드뱅크 종사자 교육·훈련
- 중앙물류센터, 기부물품관리시스템(FMS) 운영
- 전국단위사업 활성화를 위한 네트워크 구축 및 기부 활성화를 위한 홍보
- 기부식품 이용자 보호를 위한 상해보험 가입
- 전국 단위 운영 개선 방안 마련 및 실태조사·통계관리

광역푸드뱅크는 광역 단위의 기부식품 등의 모집 및 조정·배분, 교육 실시, 기초 단위 사업장 간 협력체계 구축 등을 추진함으로써 사업의 효율성을 도모하고 있다.

- 광역 단위 기부식품 등의 모집 및 조정·배분
- 기초푸드뱅크·마켓 사업자 및 종사자에게 식품위생교육, 자살예방교육, 기부물품관리시스템(FMS) 교육 등 실시

- 기초푸드뱅크·마켓 운영, 관리 지원
- 기부식품 등 제공 사업장(기초푸드뱅크·마켓) 실태조사
- 광역 및 관할 기부식품 등 제공 사업장(기초푸드뱅크·마켓) 통계관리
- 기부식품 등 제공 사업장(기초푸드뱅크·마켓) 점검

기초푸드뱅크는 식품 및 생활용품을 기업 및 개인으로부터 기부받아 결식 위기에 놓인 저소득 취약계층 등에게 전달하는 사업장이며, 기초푸드마켓은 저소득 취약계층 등이 개인 이용자의 접근성 강화 및 선택권 보장을 위하여 방문을 통해 필요한 식품 등을 선택토록 기부식품 등을 편의점 형태의 매장에 진열·배치하여 운영한다.

- 지역 내 식품 등 나눔 네트워크 구축 및 홍보를 통한 기부식품 등 모집·관리·배분
- 지자체 보유 정보를 활용하여 기부식품 등 이용자 발굴

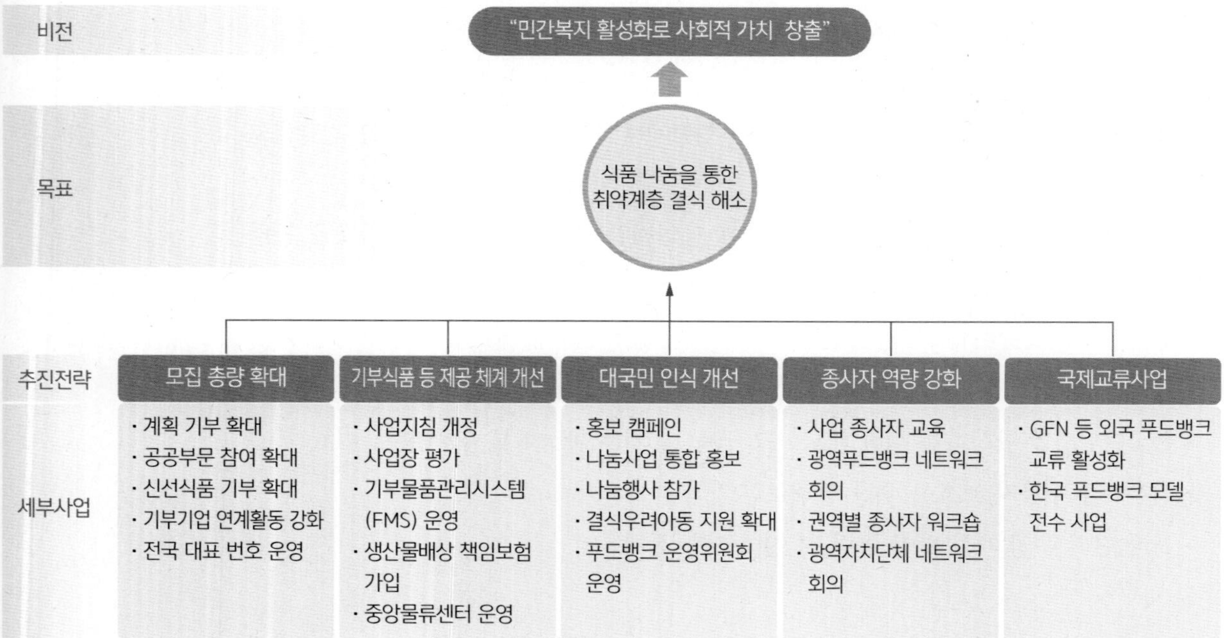

그림 12-6 푸드뱅크 비전과 전략
자료 : https://www.foodbank1377.org

푸드뱅크는 지방 이양 사업으로 전국푸드뱅크는 보건복지부의 지도·감독을, 각 시도 및 시·군·구의 푸드뱅크는 지방자치단체의 지도·감독을 받고 있다.

전국푸드뱅크의 중앙물류센터는 기부된 식품과 생활용품의 균형적 관리 및 효율적 배분으로 기부물품 수급조절 역할을 수행하며, 모집 규모, 이용 규모, 계절적·환경적 요인에 영향받지 않고 적정 물량을 결식계층에게 안정적·효율적으로 배분하는 역할을 한다. 전국 단위 물류허브(세종시 위치) 역할을 하고 있으며, 지역별 편차 해소를 위하여 균형 있게 물품을 배분하고 있다.

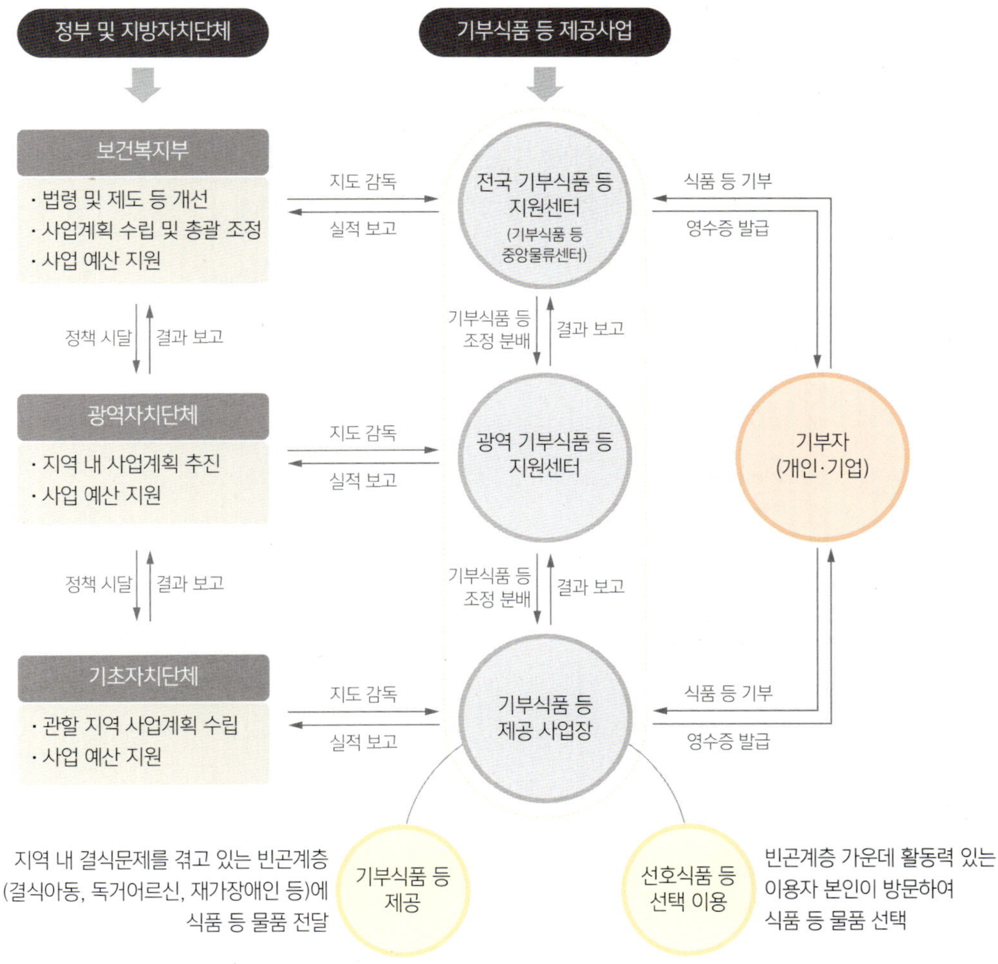

그림 12-7 푸드뱅크 사업 체계
자료 : https://www.foodbank1377.org

푸드뱅크에서의 진행하고 있는 특화사업은 다음과 같다.

(1) 긴급구호 지원사업

전국푸드뱅크에서는 2020년부터 긴급구호식품 지원을 위한 '이머전시 푸드팩 사업'을 운영한다. 복지사각지대에 놓인 분들이 긴급하게 먹을 수 있는 식품이 담긴 이머전시 푸드팩(Emergency Food Pack)을 매월 25개씩, 전국 10개 시·도 20개 푸드뱅크·마켓에서 상시 제공하고 있다. 또한 산불 및 폭우 등 재난·재해 상황 발생 시 해당 지역주민들을 위한 긴급 이머전시 푸드팩도 지원하고 있다.

(2) 국제교류사업

세계푸드뱅크들과 협력적 관계를 맺고 있는 전국푸드뱅크는 2019년 한국푸드뱅크 모델을 아시아 국가에 전수하기 시작하였다. 한국푸드뱅크의 운영 방식과 네트워크 체계를 소개하고 정부 간 협약을 통한 식품기부법 안내, 인적 교류와 관계자 초청 연수를 통해 푸드뱅크가 현지에 정착되도록 지원한다.

① 활동 방향

- 한국푸드뱅크 모델 전수를 통한 아시아 국가와의 협업과 파트너십 구축
- 세계푸드뱅크와의 유기적 네트워킹을 통한 인적 교류, 기부기업 연계
- SDG(Sustainable Development Goals) 2 '결식 해소' 달성을 위한 노력

② 주요 사업 내용

푸드뱅크 설립 및 고도화

- 푸드뱅크파트너 선정
- 현지 욕구 파악 조사
- 사업계획서 작성 지원
- 「식품등 기부 활성화에 관한 법률」 소개, 제도화를 위한 정부 간 업무 협약 추진
- 기부기업 발굴, 이용자·기부자 대상 홍보
- 사업 내용 컨설팅
- 한국 초청연수 및 현장학습, 국제 교류 세미나 등을 통한 인적 교류

네트워크 기능 강화

- Global Foodbanking Network을 비롯한 해외 푸드뱅크와의 인적 교류, 정보 교환
- 모델 공유 국가(2020년 6월 현재)

〈몽골〉

- 현지 TFT 구성(정부-NGO-학계 포함)
- 지역사회조사 실시(울란바토르 내 4개 구 대상)
- 식품기업 및 NGO 관계자 면담
- 한국사회복지협의회-몽골노동사회복지서비스청 푸드뱅크 협력 MOU 체결
- 몽골푸드뱅크 사업계획서 작성

〈베트남〉

- 한국사회복지협의회-베트남 노동보훈사회부 사회부조국 푸드뱅크 협력 MOU 체결
- 현지조사 및 사업계획서 작성 예정

그림 12-8 몽골 지역주민 심층 인터뷰 모습

그림 12-9 한-베 푸뱅크협력 MOU 체결식

(3) 결식우려아동 지원사업

보건복지부 발표에 따르면 연간 30만 명 이상의 아동들이 급식을 지원받고 있다. 이 아동들은 학교를 가지 않는 날에는 가정형편이나 돌봄 부재 등으로 인해 끼니를 거를 수밖에 없는 상황이다.

본 사업은 주말이나 공휴일에 보호자 부재 등으로 인하여 결식이 우려되는 아동에게 식사대용품이 담긴 푸드팩(호프 푸드팩, HOPE Food Pack)을 지원하여 결식문제를 완화하고 건강한 성장에 기여하기 위함에 그 목적이 있다.

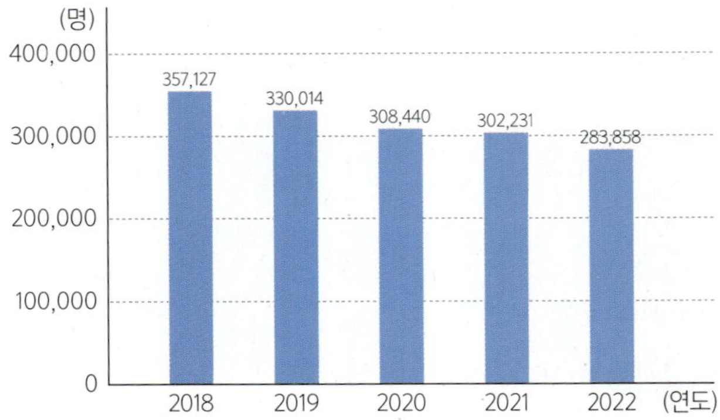

그림 12-10 연도별 아동급식 지원 현황
자료 : 보건복지부

결식우려아동 지원사업은 2018년 3개 지역 1,200명의 아동을 지원하는 시범사업을 시작으로 2019년 6개 지역 1,500명, 2020년에는 9개 지역 2,000명, 2021년에는 12개 지역 2,000명, 2022년에는 11개 지역 2,000명의 아동을 지원하고 있다.

표 12-3 결식우려아동 지원 현황

구분	2018년	2019년	2020년	2021년	2022년
지역	대전, 광주, 충남	서울, 인천, 대전, 광주, 충남, 충북	서울, 인천, 대전, 광주, 경기, 충북, 충남, 전북, 경북	서울, 대구, 인천, 대전, 광주, 세종, 경기, 경남, 충북, 충남, 전북, 경북	대구, 인천, 대전, 광주, 경기, 충북, 충남, 세종, 전남, 전북, 경남
아동 수	1,200	1,500	2,000	2,000	2,000

전국푸드뱅크로 기부된 물품은 지원지역별 광역푸드뱅크, 기초푸드뱅크·마켓으로 배분되어 전국 지역아동센터를 통해 아동들에게 전달된다.

푸드팩(Food Pack) 사업은 2022년도 푸드팩 만족도 조사 결과 지원 아동의 89.9%가 만족하고 있으며, 2019년도 정부 혁신 우수사례로 선정되는 등의 성과를 이룬바 있다.

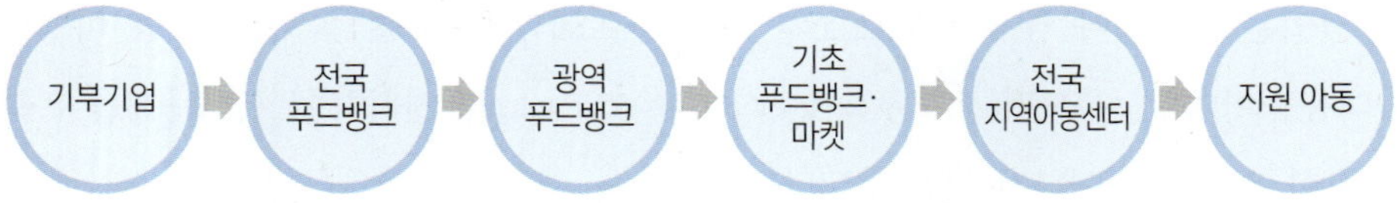

그림 12-11 전국푸드뱅크 기부물품의 결식우려아동 지원 과정

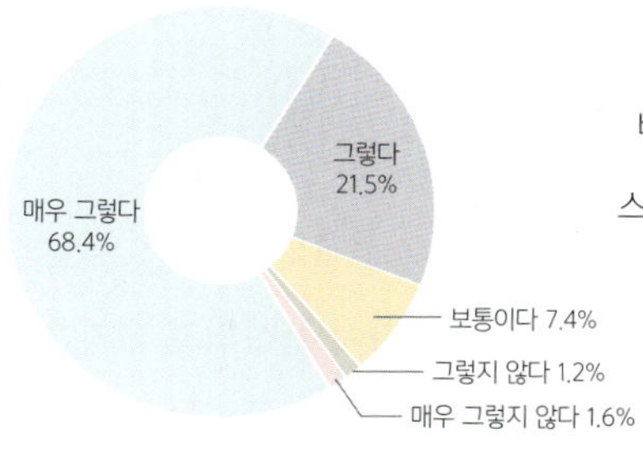

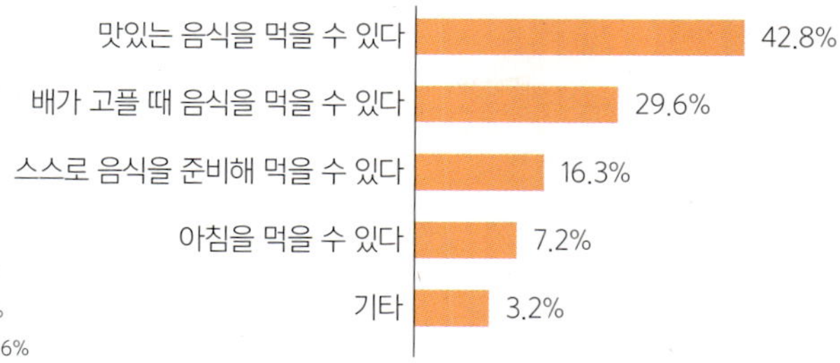

그림 12-12 푸드팩 사업의 성과

(4) 평가사업

푸드뱅크 사업은 기부식품 등 제공의 안정성과 사업장의 운영 내실화를 꾀하기 위해 3년마다 평가를 실시한다. 푸드뱅크·마켓의 법적 기준 준수, 운영 투명성, 모집 실적, 배분 실적 등을 평가해 우수 사업장에는 인센티브를, 하위 사업장에는 경영자문 컨설팅을 제공한다.

2012년 408개 사업장을 대상으로 첫 평가를 실시한 이래, 2015년 417개 사업장, 2018년 411개 사업장에 대한 평가는 푸드뱅크 사업의 질적 서비스 향상을 도모하는 데 크게 기여하였다. 특히 2018년 평가부터는 2016년 개정된 「식품등 기부 활성화에 관한 법률」에 관련 조항이 신설됨으로써 법적 근거를 확보하였다.

2022년 평가는 사업장의 시설·장비·인력 기준과 기부물품의 모집액, 배분액 등 기본적인 평가지표를 뛰어넘어 사회적 흐름에 따른 사업 고도화에 초점을 두고 있다.

단원정리

- 전 세계 기아 인구는 아프리카 대륙에서 가장 심각하며 아시아, 남미, 중동지역에 걸쳐 많은 것을 볼 수 있다. 부유한 선진국에서는 자국민들이 소비할 수 있는 것보다 더 많은 양의 식량이 생산되고 있지만, 식량이 가장 필요한 가난한 제3세계 국가의 국민들은 이를 구매할 능력이 없기 때문에 굶주리는 것이며, 이들의 빈곤은 국제적으로 부국과 빈국 사이의 경제적 불평등과 제3세계 국가 내에서의 계급 간 경제적 불평등 때문이라고 분석한다.

- 미량영양소의 섭취 부족은 에너지를 충분히 섭취한 경우에도 나타날 수 있으며, 하나 이상의 미량영양소가 부족하게 되면 체내 생리 기능이 저하되어 건강에 심각한 결과를 초래할 수 있다. 미량영양소의 결핍은 전염병에 감염될 확률을 높일 뿐만 아니라 실명과 빈혈 등의 질병에 직접적인 원인이 되기도 하고, 선천성 기형이나 심각한 경우 사망의 원인이 될 수 있다. 그러나 겉으로 보기에는 충분한 영양을 공급받고 있는 것으로 보이는 평균 체중의 사람에게서도 발생하므로 그 폐해가 즉각적으로 눈에 보이지 않아 '감춰진 기아'라고도 불린다.

- 여러 국제기구 및 기타 단체에서는 기아와 영양 부족, 미량영양소 부족 등의 영양문제를 개선하기 위해서 취약 집단에 식량을 제공하거나 영양 보충제 및 특정 영양성분을 강화하여 제공하고 있다.

연습문제

1 세계 인구의 약 25% 정도로 가장 흔하게 나타나고 있으며 영아나 성장기 어린이에게는 신체적 발달 지연, 주의력 저하, 학습 능력 저하 등의 정신적, 신경학적 기능 발달에 장애가 생길 수 있다. 또한 임산부에게는 조기 분만, 저체중아의 출산과 연관성이 있고 협심증, 심장비대 등이 발생할 수 있는 미량영양소 부족증은 무엇인가?

2 면역체계에 필수적인 영양요소이며 이 영양소의 결핍은 아동 실명 위험을 증가시키고, 설사와 같은 가벼운 질병으로 인한 사망 위험 역시 증가시킨다. 세계보건기구(WHO)에 따르면, 전 세계 2억 5천만 명 이상의 어린이들이 이것의 결핍으로 인한 문제를 겪고 있으며, 그 대부분은 아프리카와 남아시아에 거주하고 있는 것으로 나타났다. 이 영양소는 무엇인가?

3 보건위생 분야에서 국제적인 협력을 위해 1948년 설립된 국제연합(UN)의 전문기구이며, 국제보건사업의 지도 조정, 전염병과 풍토병 및 기타 질병 퇴치활동 등을 하는 국제기구는?

4 1946년 국제연합총회의 결의에 따라 전쟁 피해 아동과 청소년들의 구호를 위해 설립된 기구는?

정답과 풀이

1 철 결핍성 빈혈
2 비타민 A
3 세계보건기구(WHO)
4 국제연합 아동기금(UNICEF)

참고문헌

강민구·김오석·정희원 & 에밀 O. 후겐다이크, 한국노인의 노쇠유병률 추이, *Journal of Korean Medical Science* 24;38(29):e157, 2023. https://doi.org/10.3346/jkms.2023.38.e157

권태진, 동향과 분석: 2023년 북한의 농업 및 식량 상황 평가와 전망, KDI **북한경제리뷰** 2023. 12

김기랑·김현자·박소현·송수진·심재은·유현주, **지역사회영양학**, 파워북, 2023

김예슬·조성은, 북한 주민의 식생활과 영양 섭취, **보건복지포럼** 2022. 8

김화영·강명희·양은주·이현숙, **영양판정**, 교문사, 2021

대한모체태아의학회, OB statistics, maternal age rises again, 2022

대한산부인과학회, 임산부 비만관리 가이드, 2016

맹아름·이지현·윤은주, 식품안정성 수준에 따른 한국노인의 건강상태와 영양섭취현황: 제7기 (2016-2018) 국민건강영양조사 자료 활용, *Journal Nutrition Health* Vol.54(2):179-198, 2021

박홍식, 사회마케팅, 한국행정학보, 2008

보건복지부, 2005년 비만예방사업 안내, 2005

보건복지부, 2024년 노인보건복지 사업안내, 2024

보건복지부 건강정책국 건강증진과, 2024 건강검진 사업안내, 2024

보건복지부·한국건강증진개발원, 2023년 지역사회 통합건강증진사업 안내, 2023

보건복지부·한국건강증진개발원, 2024년 지역사회 통합건강증진사업 안내, 2024

식품의약품안전처, 2022년 어린이급식관리지원센터 가이드라인, 2022

식품의약품안전처, 2024년 어린이·사회복지 급식관리지원센터 통합가이드라인, 2024

서울시 시민건강국 식품정책과, 2022 서울시 먹거리 통계 조사 보고서, 2022

서울시 시민건강국 식품정책과, 2022 서울시 먹거리 통계 조사 추진계획, 2022

안소현·김혜경·김경민·윤진숙·권종숙, 사회인지론 모델을 적용한 나트륨 섭취 줄이기 소비자 영양교육 프로그램 개발-포커스 그룹 인터뷰에 기초하여, **대한지역사회영양학회지** 19(4), 342-360, 2014

이정희, 북한 어린이 영양실태 비교: 1998년~2012년 북한 어린이 영양조사 보고서 분석, KDI **북한경제리뷰** 2014. 4

임승주·안병일, 고령자의 식생활 및 식품 소비 행태에 대한 독거 효과 분석, **한국농식품정책학회** 49(4), 600-621, 2022

장남수·강명희·정혜경·양은주·이현숙·황지윤, 새로 쓰는 지역사회영양학, 교문사, 2023

최혜미·김경원·김창임·김희선·손정민·최경숙·현태선, **지역사회영양학**, 파워북, 2022

통계청, 영아사망·모성사망·출생전후기사망 통계, 2022

통계청, 인구동향조사, 시도/합계출산율 및 모(母)의 연령별 출산율, 2022

한국건강증진개발원, 국민건강증진종합계획(HP2020, 2011~2020) 최종 성과 분석보고서, 2022

한국건강증진개발원, 생애주기별 디지털 건강관리 핵심서비스 연구보고서, 2022

한국건강증진개발원, 제5차 국민건강증진종합계획(Health Plan 2030, 2021~2030) 개정판, 2022

한국건강증진개발원, 2022 영양플러스사업 추진 성과 자료집, 2023

황인경, 지역사회 보건소 중심 영양 사업의 현황과 발전방향, 보건연구정보, 2004

Bernstein and Munoz, Position of the Academy of Nutrition and Dietetics: Food and Nutrition for Older Adults: Promoting Health and Wellness, ***Journal of Academy of Nutrition and Dietetics*** Vol. 112(8), 1255-1277, 2012

Boyle MA, Holben DH., ***Community nutrition in action, 5th ed.***, Wadsworth, 2010

Commission on Health Research for Development(COHRED), A manual for research priority setting using the ENHR strategy, The Council on Health Research for Development, COHRED Document No. 2000. 3

Dignan MB, Carr PA. ***Program planning for health education and promotion, 2nd ed.***, Lea & Febiger, Philadelphia, 1992

Green LW, Kreuter MW., ***Health program planning: An educational and ecological approach, 4th ed.***, New York: McGraw-Hill, 2005

Green LW, Kreuter MW., ***Health promotion planning: An educational and ecological approach, 3rd ed.***, Mountain view, CA: Mayfield publishers, 1999

Jo EB, Shin JE, Ryou HJ, Kim KR, Song SJ, Kim HJ, Ahn JS, Kwon KI, Lee HY, Park SH., Using service design tools in community nutrition research: A case study in developing dietary guidelines for young adults, ***Korean Journal Community Nutrition*** 27(3):177-191, 2022

Medeiros LC, Butkus SN, Chipman H, Cox RH, Jones L, & Little DA., logic model framework for community nutrition education, ***Journal of Nutrition Education and Behavior*** 37(4),

197-202, 2005

Nieger BL, Thackeray R, Fagen MC., Basic priority rating model 2.0: current applications for priority setting in health promotion practice, ***Health Promotion Practice*** 12(2):166-171, 2011

Hawkes C, Smith TG, Jewell J, et al., Smart food policies for obesity prevention, ***Lancet*** 2015. http://dx.doi.org/10.1016/S0140-6736(14)61745-1

WHO, World Health Statistics 2022, 2022

국가법령정보센터 https://www.law.go.kr/

국민건강영양조사 원시자료 이용지침서 제9기 1차년도(2022), 2024. https://knhanes.kdca.go.kr/knhanes/sub03/sub03_02_05.do

국제연합식량농업기구 https://www.fao.org

국제연합아동기금 https://www.unicef.org

농촌진흥청 농식품올바로 https://koreanfood.rda.go.kr

보험연구원 https://www.kiri.or.kr

세계보건기구 http://www.who.int/en/

세계식량계획 http://ko.wfp.org/

식생활안전관리원 https://ccfsm.kohi.or.kr/index.do

어린이·사회복지급식관리지원센터 https://dietary4u.mfds.go.kr/menu.es?mid=a10202010000

질병관리청 국민건강영양조사 https://knhanes.kdca.go.kr

질병관리청 국민건강통계 https://www.khidi.or.kr/nutristat

질병관리청 만성질환통계 https://chs.kdca.go.kr/cdhs/biz/pblcVis/main.do

질병관리청 지역사회건강조사 https://chs.kdca.go.kr/chs/main.do)

KREI 한국농촌경제연구원, 2021 식품수급표 https://www.krei.re.kr/krei/index.do

통계청 국가통계포털, 인구통계연보 https://kosis.kr/index/index.do

통계청, 인구상황판, 2024 https://kosis.kr/visual/populationKorea/PopulationDashBoardMain.do

푸드뱅크 https://www.foodbank1377.org

한국농촌경제연구원, 식품수급표 https://www.krei.re.kr

한국보건사회연구원, 보건복지통계 https://data.kihasa.re.kr/kihasa/main.html

한국영양학회 http://www.kns.or.kr

Community tool box http://ctb.ku.edu/en

FAO 기아 지도 https://www.fao.org/fileadmin/templates/SOFI/2022/docs/map-pou-print.pdf

OECD, Health Status https://www.oecd.org

UN SDGs https://sdgs.un.org/goals

UNICEF, Korea Committee for UNICEF Annual Report 2022, 2023.
https://www.unicef.or.kr/data/upload/ebook/annual-reports/2022/korea

WHO, Maternal mortality, World Health Organization, 2023.
https://www.who.int/news-room/fact-sheets/detail/maternal-mortality.

찾아보기

| T |

| U |

| W |

저자 소개

박수진 현재 세명대학교 바이오식품영양학부 교수
숙명여자대학교 식품영양학과 학사
숙명여자대학교 식품영양학과 석사
경희대학교 동서의학대학원 임상영양학 박사
U.C.DAVIS (USA) Research Fellow

심유진 현재 숭의여자대학교 식품영양과 교수
연세대학교 식품영양학과 학사
연세대학교 식품영양학과 석사
연세대학교 식품영양학과 박사
전 연세대학교의료원 국민고혈압사업단 연구원

김미현 현재 경일대학교 식품개발학과 교수
이화여자대학교 식품영양학과 학사
이화여자대학교 식품영양학과 석사
이화여자대학교 식품영양학과 박사
매일유업 영양과학연구실 차장
University of Washington 방문교수

김현주 현재 대전보건대학교 식품영양과 교수
서울대학교 식품영양학과 학사
서울대학교 식품영양학과 석사
서울대학교 식품영양학과 박사
한남대학교 사회복지학과 박사

백진경 현재 을지대학교 식품영양학과 교수
충남대학교 식품영양학과 학사
연세대학교 식품영양학과 석사
연세대학교 식품영양학과 박사

NEXT 지역사회영양학

2024년 8월 25일 초 판 1쇄 인쇄
2024년 8월 30일 초 판 1쇄 발행

지은이 박수진 · 심유진 · 김미현 · 김현주 · 백진경
발행인 이 영 호
발행처 수 학 사
10881 경기도 파주시 회동길 56 기한재 1층
출판등록 1953년 7월 23일 제2020-000143호
전화번호 031) 946-4642(代) 팩스 031) 944-1457
http://www.soohaksa.co.kr
디자인 명연
© 박수진 외 2024 Printed in Korea
정가 28,000원

ISBN 978-89-7140-747-9 93590

이 책의 무단 전재와 복제 행위는 저작권법 제136조에 따라 5년 이하의 징역 또는 5천만 원 이하의 벌금에 처하거나 이를 병과할 수 있습니다.